别怕，

Excel Home◎编著

Excel VBA

其实 很简单 第3版

北京大学出版社

PEKING UNIVERSITY PRESS

内 容 简 介

对于大部分没有编程基础的职场人士来说，在学习VBA时往往会有很大的畏难情绪。本书正是针对这样的人群，用浅显易懂的语言和生动形象的比喻，并配以大量插画，讲解Excel VBA中看似复杂的概念和代码。从简单的宏录制与运行、VBA编程环境和基础语法的介绍，到常用Excel对象的操作与控制、事件的灵活使用、设计自定义的操作界面、调试与优化编写的代码，都进行了形象的介绍。

《别怕，Excel VBA其实很简单（第3版）》适合那些希望提高工作效率的职场人士，特别是经常需要处理和分析大量数据的用户，也适合高校师生阅读和学习。

图书在版编目(CIP)数据

别怕，Excel VBA其实很简单 / Excel Home编著. —3版. —北京：北京大学出版社，2020.8
ISBN 978-7-301-31400-5

Ⅰ.①别… Ⅱ.①E… Ⅲ.①表处理软件 Ⅳ.①TP391.13

中国版本图书馆CIP数据核字（2020）第115690号

书　　　名	别怕，Excel VBA其实很简单（第3版）	
	BIEPA, EXCEL VBA QISHI HEN JIANDAN (DI-SAN BAN)	
著作责任者	Excel Home　编著	
责 任 编 辑	张云静　吴秀川	
标 准 书 号	ISBN 978-7-301-31400-5	
出 版 发 行	北京大学出版社	
地　　　址	北京市海淀区成府路205 号　　100871	
网　　　址	http://www.pup.cn　　　新浪微博:@ 北京大学出版社	
电 子 邮 箱	编辑部 pup7@pup.cn　　总编室 zpup@pup.cn	
电　　　话	邮购部 010-62752015　发行部 010-62750672　编辑部 010-62570390	
印 刷 者	三河市北燕印装有限公司	
经 销 者	新华书店	
	787毫米×1092毫米　16开本　22.5印张　533千字	
	2020年8月第1版　2023年10月第6次印刷	
印　　　数	24001-27000册	
定　　　价	69.00元	

序一 / PREFACE ONE

今天是 2020 年 3 月 19 日。

十年前,我找到 Excel Home 论坛上的热帖作者叶枫老师,和他一起商谈图书选题,这个选题是他拿手的内容,也是我的夙愿——写一本小白也能轻松学会的 Excel VBA 图书。我们俩关于这本书的很多想法都非常一致,于是一拍即合,开始了编写过程。

愿望是美好的,道路是曲折的,经过一年多时间的各种修改和死磕,《别怕,Excel VBA 其实很简单》终于在 2012 年 9 月顺利出版了。从上市开始就特别火,甚至掀起了一股学习 Excel VBA 的热潮。网上的各种好评不计其数,很多读者自发为我们做宣传,大家亲切地称这本书是"小蓝书"。

2016 年 7 月,《别怕,Excel VBA 其实很简单》第 2 版上市,这是我们应广大学习者的要求,结合 Excel 升级版本对图书的内容进行了更新后推出的版本。

转眼间又过去了几年,《别怕,Excel VBA 其实很简单》累计销售超过 20 万册,叶枫老师的配套在线课程也非常受欢迎。看着越来越多的小伙伴加入 VBA 学习的队伍中,为提高工作效率而努力,我们感觉再多的辛苦也值得了。

在这儿年间,我们与读者、学员有了更多的线上互动,很多小伙伴给我们提了非常有价值的建议,加上 Office 版本也在不断更新,于是从 2018 年下半年开始,我们再一次开始了自我修炼的过程——升级图书。

这一次的升级工作量比上次更多,我们不但大规模调整了内容体系结构,希望讲解顺序能更适应初学者,而且在很多知识点上都更换了示例,改进了讲解方式。读者可能无法想象,这样一本 300 多页的图书,我们在升级的过程中曾一度先完成了 500 多页的书稿,然后再做减法,减回 300 多页。

唉，这么折腾是为哪般？说漂亮话应该叫"工匠精神"或者完美主义，其实我们自己很清楚，没别的，就是有强迫症，生怕写差了被人骂……

当然，还是那句话，所有的优化只有一个目标：更通俗易懂。

最后，愿天下小白都能更轻松地学习 Excel VBA！

Excel Home 创始人、站长　周庆麟

高效办公，一"码"当先

曾经

2010 年 8 月 5 日 20 时，办公室的冷气驱走了盛夏的高温，但驱不走成堆的工作任务。我和同事们正在加班，每个人都在电脑前紧张地忙碌着，希望能早点干完工作回家。

我今天的目标是完成生产成本核算系统的最后一个报表模块的开发。有了它，就可以方便地查询和计算每一种产成品在任意一个工序上的成本明细项目，还可以在不同月份之间进行结转、对比。

我喜欢在晚上写程序，因为晚上的办公室环境比白天好，白天太闹，只适合做些不太费脑子的活儿。

对了，还没交代我是干什么的，你不会以为我是程序员吧？

不，事实上，我是财务部的成本主管。我就职于一家制造型企业，有 IT 部门，但是没有程序员。说白了，我就是千百万个成天和 Excel 表格作斗争的小角色中的一员。

我们公司的产品有几十种，涉及的材料有几千种，每个产品又有 N 道工序，每道工序由数量不等的作业人员进行生产。我的工作，就是计算和分析所有产成品和半成品的生产成本，包括材料、人工和杂费。计算依据主要包括生产部门提交的各产品工序的工时记录表，仓库提交的材料进销数据，HR 部门提供的工资单明细。

这样的计算任务并不轻松，计算目标复杂，原始数据繁多，有些甚至不是电子文档，而且只有我一个人。再者，时间非常紧张，因为每个月交报表的时间是固定的。

也许你想问，这么复杂的计算用 Excel？你们公司难道没有 ERP 吗？

有的，而且声名不小，价格不菲。我不想说公司 ERP 的坏话，毕竟它还是有不小的作用。只是对我而言，它的线条有些粗，同时又有些笨拙，给不了我想要的结果。

所以，我只能依靠 Excel。

回想中学时的政治课本上说，资本家为了榨取更多的剩余价值，有两种方法：一是延长工作时间，二是提高生产效率。我现在清楚地认识到，为了及时准确地完成计算任务，方法同样有两个：加班，或者提高计算效率。

我当然不愿意加班，同时，加班的产出也是有限的，并不能解决任务重、时间紧的根本性问题。

所以，我必须提高效率。

于是，自从一年前接了这个活，我的 Excel 水平突飞猛进。从最初的焦头烂额，到现在的从容应对，我通过不断优化计算方法，完善成本核算模板，减轻工作量。

有人说，学好 Excel 可以以一当十。年轻的我凭着一腔热情，还真没有注意到公司的产品规模在不断扩大，计算任务随之加重，甚至本来有协助工作的同事被上司调派去负责别的内容，我依然可以按时交报表。

我的想法很简单，多做就是多学习，付出一定有回报。

我的成本核算模板，按产品区分，主要使用的是 Excel 的函数、公式和数据透视表，可以实现成本计算的半自动化——输入原始数据，自动生成结果。原始数据，一部分来源于上个月的成本数据，另一部分从 ERP 中导出。

模板完善后，我的工作重心不再是计算，而是处理这样或那样的原始数据。这是一件相当烦琐无聊的事情。导出、保存、打开、复制、粘贴、切换、关闭，奈何我 200 APM[①] 的手速，因为涉及几百个文件的数据处理，至少得一两天时间，处理过程中还很容易出错。

问题是，公司的产品数量一直在增加。

于是，我决定继续挖掘 Excel 的潜力，其实也是我自身的潜力。两个月以后，我用 Excel VBA 代码，替代了 80% 的成本原始数据处理工作。一次按键，数据按规定的路线在几百个 Excel 文件之间流转，就像欢乐的浪花在美丽的小湖中荡漾。

说真的，没有什么事情，比看着自己写的代码正常运行，让复杂无比的工作"灰飞烟灭"更有成就感了。

了解到 Excel VBA 与众不同的威力后，我的激情再一次被点燃，我决定要自己写一个成本计算分析系统，希望以后每个月的成本计算分析都是全自动的。

经过持续不断地学习和研究，我最终达成了这一目标。

现在

转眼间迈入 2020 年了。

我们都生活在信息社会中，生活在一个前所未见的充斥着海量数据的年代。无论是企业还是个人，每天都要接触无数以数据为载体的信息。

数据，甚至已经成为企业或个人的替代品。

不相信？

一家你未曾亲身到访甚至未曾接触过其产品的企业，对你来说意味着什么？它无非是财务报表或统计报表上的一堆林林总总的数据，诸如生产规模、员工人数、利润水平……

一个你未曾谋面也不曾听说的人，对你来说意味着什么？就好像进入婚恋网站搜索对象，这些陌生人只不过是个人指标数据的集合体，诸如身高、体重、职业、收入……

---

① APM，指每分钟击键次数。

想要在这样一个时代生存，处理数据的能力是必需的，因为实在有太多数据要处理了。广大的Excel用户，尤其是Excel的重度用户肯定对此深有体会。

作为Excel Home的站长和一名培训讲师，我接触过许多各式各样的数据处理要求，也体验或亲身参与过许多基于Excel的解决方案。这些宝贵经验让我对Excel提供的各项功能有更深的理解。

在Excel中制作计算模型，主力军非函数与公式莫属。300多个不同功能的函数在公式中灵活组合，可以创造无数种算法，再加上数组和名称的配合使用，几乎可以完成绝大多数计算任务。

想要便捷地分析数据和生成报表，不得不提到数据透视表，这是Excel最厉害的本领，厉害之处在于其功能强大的同时，使用起来却非常简单。

但如果只会这两样，仍然会有很多时候感到束手束脚，究其根本在于以下几方面：

1. 函数和公式只能在其所在的位置返回结果，而无法操作数据表格的任意位置，更不能操作表格的任意属性（如设置单元格的填充色）。
2. 函数和公式、数据透视表都需要规范的数据源，但往往我们工作量最大之处就在于获取和整理原始数据。比较麻烦的情况之一就是，原始数据很可能是位于某个文件夹下的几十份表格。
3. 使用函数和公式、数据透视表制作的解决方案，难以具备良好的交互性能。因为它们只能存在于单元格中，与普通数据是处于同一个平面的。
4. 对于业务流程较为复杂、数据项经常变化的计算很难处理。
5. 无法迅速省力地完成大量的重复操作。

所以，永远不要忘记Excel还有一个"杀手锏"级的功能——VBA。

VBA是什么，怎么用，在本书中会给出详细的答案。这里，我只想说，只有这个功能才真正让Excel成为无所不能的数据处理利器，才让我们有机会可以彻底地高效办公。

很多人认为VBA很神秘，认为会写代码是自己不可能实现的事情。虽然我不能保证人人都能学会VBA，但我可以保证如果你能学会函数和公式，你也能学会VBA，因为它们的本质是相同的。函数和公式无非是写在单元格中的一种简短代码罢了。

所以，如果你曾经觉得自己连Excel函数和公式也搞不定，现在却能熟练地一口气写下好几个函数嵌套的公式，那么你学VBA就不会有问题。

在我眼里，VBA就好像"独孤九剑"。这武功最大的特点是遇强则强，遇弱则弱。如果你每天面对的数据非常有限，计算要求也很简单，那么用VBA就是高射炮打蚊子了。但如果你是Excel重度用户，经常需要处理大量数据，而Excel的现有功能无法高效完成计算任务时，就可以考虑让VBA上场，一举定乾坤。

今时不同往日，互联网的发展使得技术和经验的分享非常方便。十年前你想用VBA实现任何一个小功能可能都需要先掌握全部语法，然后一行一行自己写代码，而现在Excel Home上有很多现成的用以实现不同目标的VBA代码，许多代码甚至已经到了拿来即用的程度。

所以，如果你的时间非常有限，也没有兴趣成为一个Excel开发者，你只需要快速地学习掌握Excel VBA的基本语法，然后到互联网上去淘代码来用到自己的工作中。如果你投入的时间多一点点，你会发现自己很快就能看懂别人的代码，然后做出简单的修改后为自己所用。这个过程，是不是和你当年学Excel函数和公式的经历很类似？

因为工作的关系，我接触过很多信息化工具，也了解过一些编程语言，我发现所有工具的本质是相通的。每种工具都有其优缺点，有其专属的场合。这种专属并非指不可替代，而是说最佳选择。

因此，我不赞成VBA至上的观点，因为尽管VBA无所不能，但如果我们事事都写代码，那还要Excel本身的功能干嘛？深入挖掘Excel自有功能的潜力是首选，尤其是多使用Excel新加入的Power BI组件。我也反对VBA无用的观点，你暂时用不上怎么能说明此工具无用？甚至说，你根本就不会用这工具，怎么知道你用不上？

用VBA，是为了更高效；不用，也是因为同样的目的。

但是，会了VBA，你将拥有更多种高效的选择。不会，你就没有。这一点，高效人士都懂。

Excel Home创始人、站长 周庆麟

前言 INTRODUCTION

本书是《别怕，Excel VBA其实很简单》（第2版）的升级版，沿袭了原书的写作风格，并且根据诸多读者的反馈进行了结构的调整与大量内容的改进。

本书以培养学习兴趣为主要目的，利用生动形象的比拟及浅显易懂的语言，深入浅出地介绍Excel VBA的基础知识，借助大量的实战案例来介绍VBA编程的思路和技巧，通过大量的练习题为读者提供练习和思考的空间，让读者亲自体验VBA编程的乐趣及方法。

此外，本书还借助互联网将图书内容进行延伸，以节省既不环保也不经济的纸张和油墨。在书中多处，您都可以看到特定图标，据此查看对应配套视频或图文学习资料，即可获取更多的补充知识点及习题答案。

 阅读对象

如果您是"表哥"或"表妹"，长期以来被工作中的数据折磨得头昏脑涨，希望通过学习VBA找到更高效的解决方法；如果您是大中专院校在校生，有兴趣学习Excel VBA，为今后的职业生涯先锻造一把利剑；如果您长期以来一直想学VBA，却始终入门无路，那么本书一定是您最佳的阅读宝典。

当然，在阅读本书之前，您得对Windows操作系统和Excel有一定的了解。

 写作环境

本书以Windows 10和Excel 2016为写作环境。

但使用Excel 2007、Excel 2010、Excel 2013或其他版本的用户也不必担心，因为书中涉及的知识点，绝大部分在其他版本的Excel中也同样适用。

 阅读建议

尽管我们按照一定的顺序来组织本书的内容，但这并不意味您需要逐页阅读，您完全可以根据自己的需要，选择要了解的章节内容来学习。当然，如果您是一名Excel VBA的初学者，按照章节顺序阅读一遍全书，会更有利于您的学习。

在书中，我们借助许多示例来学习和了解Excel VBA编程的方法和技巧。VBA编程是一门实践性很强的技能，强烈建议您在阅读和学习本书时，能配合书中的示例，亲自动手编写相应的代码，并调试实现结果，这样将会帮助您更快掌握和提升 VBA 编程的能力。

如果学习完本书，还想进行更深层次的学习或者获取更多的 VBA 实例，您可以阅读 Excel Home 编写的《Excel VBA 经典代码应用大全》。

 ## 致谢

本书由周庆麟策划及统稿，由罗国发进行编写。感谢美编任鹏完成了全书的精彩插画，这些有趣的插画让本书距离"趣味学习，轻松理解"的目标更进了一步。

Excel Home 论坛管理团队和 Excel Home 学院教管团队、微博（微信）小分队长期以来都是 Excel Home 图书的坚实后盾，他们是 Excel Home 大家庭中最可爱的人。最为广大会员所熟知的代表人物有朱尔轩、林树珊、刘晓月、吴晓平、祝洪忠、郭新建、杨彬、朱明、郗金甲、黄成武、孙继红、王鑫、李练等，在此向这些最可爱的人表示由衷的感谢。

感谢 Excel Home 全体专家作者团队成员对本书的支持和帮助。

衷心感谢 Excel Home 论坛的百万会员，是他们多年来不断地支持与分享，才营造出热火朝天的学习氛围，并成就了今天的 Excel Home 系列图书。

衷心感谢 Excel Home 微博的所有粉丝和 Excel Home 微信公众号的所有好友，你们的"赞"和"转"是我们不断前进的新动力。

 ## 后续服务

在本书的编写过程中，尽管我们团队的每一位成员都未敢稍有疏虞，但纰缪和不足之处仍在所难免。敬请读者能够提出宝贵的意见和建议，您的反馈将是我们继续努力的动力，本书的后继版本也将会更臻完善。

您可以访问 http://club.excelhome.net，我们开设了专门的版块用于本书的讨论与交流。您也可以发送电子邮件到 book@excelhome.net 或者 2751801073@qq.com，我们将尽力为您服务。

同时，欢迎您关注我们的官方微博（@Excelhome）和微信公众号（iexcelhome），我们每天都会更新很多优秀的学习资源和实用的 Office 技巧，并通过留言反馈与大家进行交流。

此外，我们还特别准备了 QQ 学习群，群号为：550205780，您可以扫码入群，与作者和其他同学共同交流学习。

最后祝广大读者在阅读本书后，都能学有所成！

本书配套学习资源获取说明

读者注意

本书正文中有如下标志的地方均有配套视频或图文资料，请读者根据以下提示获取。

第一步 ● 微信扫描下面的二维码，
关注 Excel Home 官方微信公众号

第二步 ● 进入公众号以后，
输入文字"别怕VBA"，单击"发送"按钮

第三步 ● 根据公众号返回的提示进行操作，即可获得本书配套的知识点视频讲解、练习题视频讲解、示例文件以及本书同步在线课程的优惠码。

目录 CONTENTS

6 第 6 章
执行过程的自动开关——对象的事件 179

7 第 7 章
VBA 过程的分类 211

8 第 8 章
通过窗体和程序互动 ·········· 263

1

VBA，一个让 Excel 更厉害的"外挂"

作为全球最受欢迎的数据处理和分析软件之一，Excel 的功能很丰富。在它众多的功能中，有人喜欢函数和公式，因为它们简单易学，计算能力还特别强；也有人喜欢数据透视表，因为它们操作简单，只需简单拖动几下鼠标，就能从各个角度对数据进行分析……

然而，在普通的 Excel 用户中，真正了解以及能使用 VBA 的人却不多，甚至很多人连 Excel 中拥有 VBA 这个功能都不知道。

那么，VBA 究竟是什么东西？它与函数和公式、数据透视表等功能有什么不同？和它们相比又有什么优势？

VBA 有多厉害？我不知道。我只知道在 Excel 中，手动操作能做到的，VBA 都能做到；函数和公式能做到的，VBA 也能做到；数据透视表能做到的，VBA 同样也能做到；甚至很多函数和公式、数据透视表等不能解决的问题，使用 VBA 也能解决。

VBA 究竟能做些什么？在 Excel 中怎样使用 VBA ？让我们先通过这一章的内容来简单感受一下。

学习建议

本章内容重在感受、了解在 Excel 中使用 VBA 的优势，所以学习时不必急于掌握文中案例涉及的知识点及有关概念，但为了便于学习后面章节的内容，学习完本章后，你需要掌握以下技能：

1. 会使用宏录制器将 Excel 中的操作转换成对应的 VBA 代码，并能找到这些代码保存的位置；

2. 会将录制的宏与按钮、图片、图形等关联起来，通过单击按钮、图片、图形等执行录制的宏。

第 1 节 知道吗？ Excel 还可以这样用

1.1.1 Excel 中，这些问题你会怎样解决

● 制作考场座位标签

最近，学校教务处的一个哥们儿遇到一个难题——根据考生的信息表，制作考场座位标签。我们先来看看他要制作什么样的考场座位标签，如图 1-1 所示。

这样的座位标签需要打印出来并逐条剪开，粘贴在考场中每张桌子上，以方便学生能在考试前快速找到自己的座位。当然，制作这样的考场座位标签之前，已经有了如图 1-2 所示的考生信息表。

	A	B	C	D	E	F
1	准考证号	班级	姓名	考场号	座位号	
2	16110197	九3	李松芸	160115	6	
3						
4	准考证号	班级	姓名	考场号	座位号	
5	16110260	九2	李万达	160113	2	
6						
7	准考证号	班级	姓名	考场号	座位号	
8	16110178	九3	王开伦	160116	11	
9						
10	准考证号	班级	姓名	考场号	座位号	
11	16110184	九1	张秀芳	160116	28	
12						
13	准考证号	班级	姓名	考场号	座位号	
14	16110171	九2	岑沁娜	160111	28	

图 1-1 考场座位标签

	A	B	C	D	E	F
1	准考证号	班级	姓名	考场号	座位号	
2	16110197	九3	李松芸	160115	6	
3	16110260	九2	李万达	160113	2	
4	16110178	九3	王开伦	160116	11	
5	16110184	九1	张秀芳	160116	28	
6	16110171	九2	岑沁娜	160111	28	
7	16110251	九4	刘晓钰	160116	3	
8	16110191	九2	罗云梅	160114	19	
9	16110258	九5	方志豪	160116	10	
10	16110181	九2	刘巧慧	160116	19	
11	16110165	九2	何荣平	160115	22	
12	16110255	九4	顾金定	160114	25	

图 1-2 考生信息表

说实话，解决这个问题的方法真的很多。

那么，我这位哥们儿为什么会觉得这是一个难题呢？原来他用的是所有方法当中最笨的一种：在第 2 条考生信息前插入两行空行→选中考生信息表中第 1 行的表头→复制表头→粘贴表头到插入的第二行空行中→设置用于间隔的空行格式。然后重复执行相同的操作……

"复制粘贴"大法操作虽然简单，但他手上却有全校 2500 多名考生的信息需要处理。

如果处理一条记录需要 4 秒钟，那么处理 2500 条记录需要：
4 秒 / 条 × 2500 条 = 10000 秒 ≈ 167 分钟。
167 分钟，已经能从广州飞到上海了！

这个问题，不知道你会用什么方法来解决？

如果使用 VBA 解决，无论要制作多少考生的座位标签，都只需要像图 1-3 那样，用鼠标单击一次按钮即可轻松解决。快查看本书的配套资料，看看我是怎么操作的。

演示教程

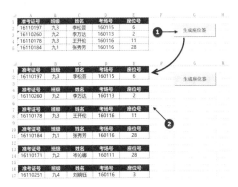

图1-3 用VBA一键制作考场座位标签

● 将多个工作簿中的数据合并到一张工作表中

我们再来看一个合并多个工作簿中数据的问题。如图1-4所示，在一个文件夹中，保存有多个Excel工作簿文件。

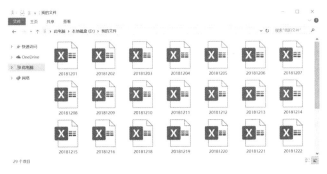

图1-4 文件夹中的多个Excel文件

在这些工作簿中，都只有一张保存数据的工作表，这些工作表的名称不一定相同，里面保存的数据信息量也不等，但这些工作表的结构都是完全相同的，如图1-5所示。

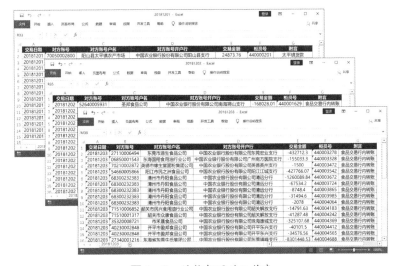

图1-5 结构相同的工作表

为了统一对这些数据进行汇总和分析，需要将各工作簿中保存的数据信息合并到一张工作表中，得到如图1-6所示的表格。

	A	B	C	D	E	F	G	H
1	交易日期	对方账号	对方账号户名	对方账号开户行	交易金额	柜员号	附言	
2	20181201	70050002800	阳山县太平镇农产市场	中国农业银行股份有限公司阳山县支行	24873.76	440000201	太平镇货款	
3	20181201	46310004984	顺德区大良社区水产中心	中国农业银行股份有限公司阳山县支行	1200632.22	4400003zY	9月基货款	
4	20181201	71300003697	韶关市第一食品店	中国农业银行股份有限公司韶关北江支行	5000000	440000401	交易金入账	
5	20181201	63630004719	吴川市吴阳镇农产市场	中国农业银行股份有限公司吴川吴阳支行	496181.66	440000501	货款	
6	20181201	10140005363	华润汕头康威食品公司	中国农业银行股份有限公司汕头大华支行	-36722.2	440000611	食品交易行内转账	
7	20181201	10140005363	华润汕头康威食品公司	中国农业银行股份有限公司汕头大华支行	-31610821.34	440000748	食品交易行内转账	
8	20181201	10140005363	华润汕头康威食品公司	中国农业银行股份有限公司汕头大华支行	-25312	440000872	食品交易行内转账	
9	20181201	10140005363	华润汕头康威食品公司	中国农业银行股份有限公司汕头大华支行	-929570.41	440000930	食品交易行内转账	
10	20181201	10140005363	华润汕头康威食品公司	中国农业银行股份有限公司汕头大华支行	-10377229.91	440001063	食品交易行内转账	
11	20181201	10140005363	华润汕头康威食品公司	中国农业银行股份有限公司汕头大华支行	-268253.1	440001178	食品交易行内转账	
12	20181201	10140005363	华润汕头康威食品公司	中国农业银行股份有限公司汕头大华支行	-205886.46	440001265	食品交易行内转账	
13	20181201	60460002755	东海景信食用油行业公司	中国农业银行股份有限公司湛江海田支行	-198499.2	440001381	食品交易行内转账	
14	20181201	60400016345	湛江市健宁食品公司	中国农业银行股份有限公司湛江赤坎支行	-84806	440001466	食品交易行内转账	
15	20181201	52640005931	圣邦食品公司	中国农业银行股份有限公司南海狮山支行	-127567.4	440001578	食品交易行内转账	
16	20181202	52640005931	圣邦食品公司	中国农业银行股份有限公司南海狮山支行	-168028.01	440001629	食品交易行内转账	
17	20181202	23700025499	惠州市新壹食用油行业公司	中国农业银行股份有限公司惠东县支行	-206342.3	440001767	食品交易行内转账	
18	20181202	52640005931	圣邦食品公司	中国农业银行股份有限公司南海狮山支行	-1017809.9	440001890	食品交易行内转账	
19	20181202	52640005931	圣邦食品公司	中国农业银行股份有限公司南海狮山支行	-8740.5	440001973	食品交易行内转账	
20	20181202	52640005931	圣邦食品公司	中国农业银行股份有限公司南海狮山支行	-150009.12	440002025	食品交易行内转账	
21	20181202	52640005931	圣邦食品公司	中国农业银行股份有限公司南海狮山支行	-120818.4	440002169	食品交易行内转账	

数据表

图1-6 汇总多工作簿数据所得的结果

这个问题，普通人是这样解决的：打开工作簿→复制其中的数据→将其粘贴到汇总表中→关闭工作簿，然后再重复相同的操作汇总另一个工作簿……

又是一个需要重复多次相同操作才能解决的问题，有更简单、更高效的解决办法吗？

我会VBA，根本难不倒我。
只要借助VBA给Excel增加一个汇总多工作簿数据的功能，单击几次鼠标即可轻松解决，数据如果发生变动，还可以随时更新结果。

演示教程

● 将指定名称的文件复制到另一个目录中

再来看一个复制文件的例子：在某个文件夹中，保存着若干张扩展名为".jpg"的图片文件，如图1-7所示。

图 1-7　保存在文件夹中的图片文件

在某张 Excel 工作表的 A 列，保存了文件夹中部分文件的名称（不含扩展名".jpg"），如图 1-8 所示。

现要将表格中 A 列列出的所有文件，从原文件夹中复制到某个新的文件夹中，如图 1-9 所示。

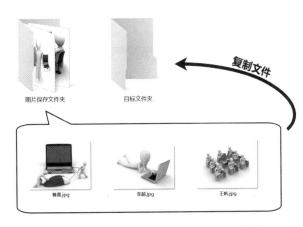

图 1-8　Excel 中保存的文件名称信息　　　　图 1-9　批量复制指定文件到新文件夹中

根据文件名在文件夹中查找图片文件→选择并复制文件→在目录文件夹中执行粘贴操作，然后再按相同的操作复制下一张图片……这是手动解决这个问题的方法。

查找、复制、粘贴……没想到一天时间就这样过去了。

如果需要复制的图片较多，全靠手动查找、选择、复制、粘贴的方法来解决这个问题，对任何人来说，都是一件麻烦的事。

觉得麻烦，那是因为你不会VBA。

如果使用VBA在Excel中设计一个批量复制文件的功能，要解决这个问题，也只需单击一次鼠标而已。

演示教程

1.1.2 ▷ VBA 究竟是怎样操作 Excel 的

看了前面的几个例子，你是不是也有这样的感觉？

VBA是什么东西？怎么这么厉害？它还可以做些什么？

VBA，能让强大的Excel如虎添翼，能将解决问题的操作化繁为简。

那么，VBA究竟是什么东西，它又是通过什么方式操作Excel的？

让我们以"制作考场标签"的问题为例，看看表格中的按钮背后有什么玄机：右键单击【生成座位签】按钮→执行右键菜单中的【指定宏】命令→在对话框中单击【编辑】按钮，即可在打开的新窗口中看到一堆代码，如图 1-10 所示。

图 1-10　查看【生成座位签】按钮对应的命令

在这个窗口中显示的，正是我们要学习的VBA代码，它们对应的是制作考场座位标签的操作。Excel之所以能在单击【生成座位签】按钮后，将所有考生信息转换为座位标签，就全靠这些代码。Excel 可以通过执行各种 VBA 代码来操作和控制 Excel，解决 Excel 中的各种问题。代码不同，执行的操作就不同，能完成的任务也不同。

> 我明白了。如果将解决一个问题所需操作对应的 VBA 代码写出来，再执行它们，就可以解决这个问题了。

> 对，学习编写能操作和控制 Excel 的代码，正是我们学习 VBA 的目的。

第 2 节　VBA 代码难写？别怕，Excel 可以自动生成它

1.2.1 ▸ 并非所有 VBA 代码都需要手动编写

无论要在 Excel 中执行什么操作，都可以通过执行与之对应的 VBA 代码来实现。

> 但重点是我不知道某个操作对应的 VBA 代码应该怎样写啊！

其实编写 VBA 代码远没有大家想象的那么难，只要认真学完本书，就能写出大部分常见操作对应的 VBA 代码。

> 而且并不是所有 VBA 代码都必须通过手写获得，对于很多操作对应的代码，Excel 甚至可以自动生成它们。

Excel 拥有一个能将手动操作"翻译"成 VBA 代码的工具——宏录制器，哪怕是对 VBA 一无所知的人，通过这个工具，也能获得许多操作对应的 VBA 代码。

1.2.2 ▸ 要录制 VBA 代码，应先添加【开发工具】选项卡

要在 Excel 中使用 VBA 的功能（包括宏录制器），通常会用到【功能区】中的【开发工具】选项卡，但在默认情况下，【功能区】中是看不到这个选项卡的，如图 1-11 所示。

图 1-11　Excel 2016 默认的【功能区】

可以按图 1-12 所示的步骤在【功能区】添加【开发工具】选项卡。

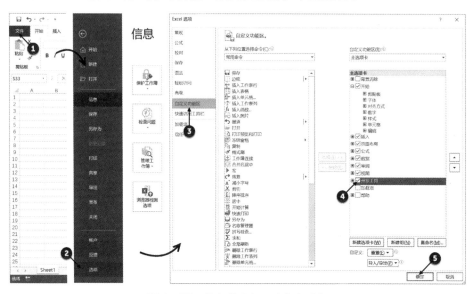

图 1-12　添加【开发工具】选项卡

添加【开发工具】选项卡后的【功能区】如图 1-13 所示。

图 1-13　【开发工具】选项卡及其中的命令

1.2.3 ▶ 将 Excel 中的操作 "翻译" 成 VBA 代码

下面，就以制作考场座位标签为例，看看怎样在 Excel 中录下解决这一问题的 VBA 代码。

读者可参考本书的配套资料，观看我的操作步骤。

演示教程

步骤一：选中考生信息表的A1单元格，依次单击【开发工具】→【录制宏】命令，调出【录制宏】对话框，如图1-14所示。

步骤二：在【录制宏】对话框中输入宏的名称，单击【确定】按钮，如图1-15所示。

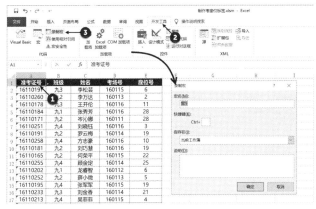

图1-14　调出【录制宏】对话框　　　　图1-15　设置宏的名称

提示： 用宏录制器获得的VBA代码，在Excel中称为宏。设置的"宏名"，就是替这组代码取的名字，设置宏名没有太多限制，但建议设置一个方便记忆和理解的名称。

步骤三：依次单击【开发工具】→【使用相对引用】命令，将引用样式切换为相对引用，如图1-16所示。

图1-16　切换引用样式

步骤四：执行一遍制作考场座位标签的操作。

（1）在第2条考生信息记录前插入两行空行，如图1-17所示。

图1-17　插入两行空行

（2）复制表头到第2条考生信息记录前的空行中，如图1-18所示。

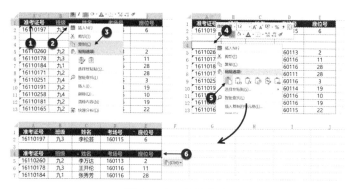

图1-18　复制表头

（3）设置相邻两条座位标签之间空行的边框线，如图1-19所示。

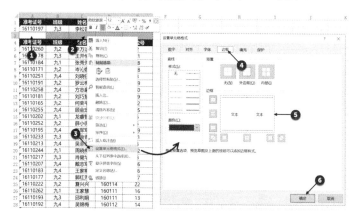

图1-19　设置空行的边框线

步骤五：选中A4单元格，即新复制所得表头的第一个单元格，依次单击【开发工具】→【停止录制】命令结束录制操作，如图1-20所示。

发现了吗？【录制宏】和【停止录制】命令共用一个按钮，当录制宏时，该按钮显示为"停止录制"，反之则显示为"录制宏"，大家可以通过该按钮的状态来判断是否正在录制VBA代码。

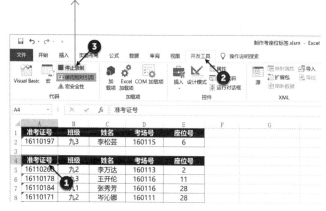

图1-20　停止录制宏

完成以上操作后，制作一条考场座位标签的操作，就被Excel"翻译"为VBA代码并保存下来了。

依次单击【开发工具】→【宏】命令，在调出的【宏】对话框中选择"制作考场座位标签"，单击【编辑】按钮即可在打开的窗口中看到录制所得的VBA代码，如图1-21所示。

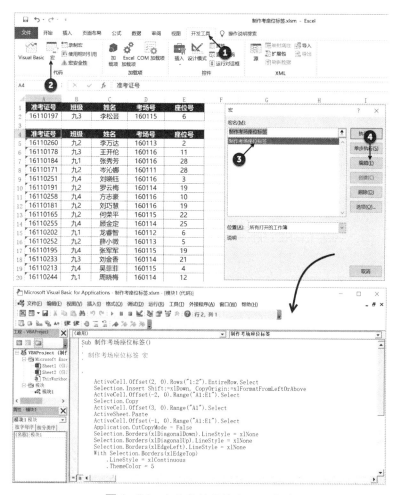

图1-21 查看录制所得的VBA代码

1.2.4 执行 VBA 代码，重现刚才的操作

下面我们通过执行录制所得的宏来制作考场座位标签。

步骤一：选中A4单元格，即考生信息表中最后一行表头的第一个单元格，依次单击【开发工具】→【宏】命令调出【宏】对话框，如图1-22所示。

选中最后一行表头的第1个单元格，这一步很关键，决定了执行宏后能否得到期望的结果。

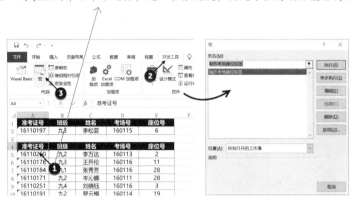

图1-22　调出【宏】对话框

步骤二：在对话框的【宏名】列表中选择"制作考场座位标签"，单击【执行】按钮就可以看到执行宏所得的结果了，如图1-23所示。

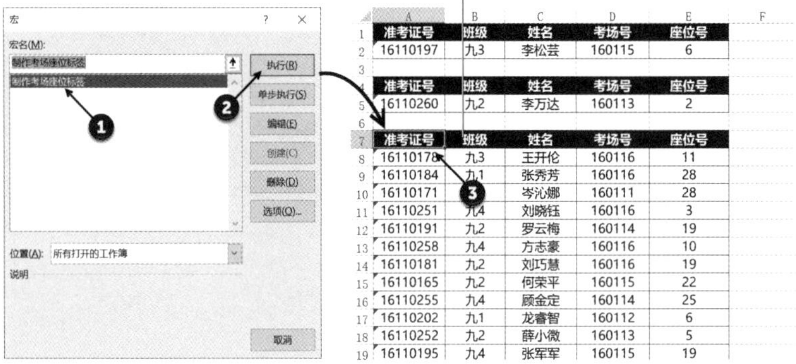

这就是执行宏后，Excel在工作表中制作的一条新座位标签。

图1-23　执行宏后的结果

如果要继续制作新的座位标签，在未执行其他操作的前提下，只需按图1-23中的操作，继续执行录制的宏就可以了。

考考你

先选中A1单元格，再启动宏录制器，分别开启和关闭【使用相对引用】命令来录制两个设置单元格格式的宏，再选中A1之外的任意单元格，分别执行录制所得的两个宏，看看所得的结果相同吗？通过对比，你能否发现在录制宏时，是否开启【使用相对引用】命令的区别？

演示教程

1.2.5▶ 使用按钮执行 VBA 代码，操作更简单

通过【宏】对话框的【执行】按钮来执行宏，如果需要反复执行同一个宏，因为操作步骤较多会感觉不够便捷。并且，当【宏】对话框中存在多个名称相似的宏时，可能无法方便地选择要执行的宏，如图 1-24 所示。

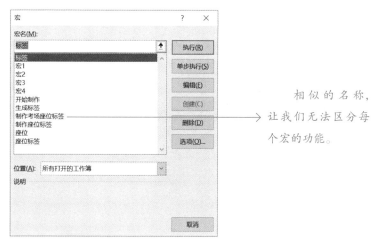

相似的名称，让我们无法区分每个宏的功能。

图 1-24 【宏】对话框中的多个宏名

无论出于什么目的，我们都希望能有一种更加直观、便捷的方式来执行宏，就像使用电视机遥控器操控电视机一样。

电视机遥控器的优势是直观形象，操作简单。就算是小孩子，也知道应该用哪个按钮控制声音，用哪个按钮更换频道。

所以，使用按钮来执行宏就是一种不错的选择，设置的步骤如下。

步骤一：依次单击【开发工具】→【插入】→【按钮】命令，在【表单控件】中选择按钮控件，如图 1-25 所示。

注意，工具箱中有表单控件和 ActiveX 控件两类控件。这两类控件的用法是有区别的，本例中插入的是表单控件中的按钮，千万别弄错了。

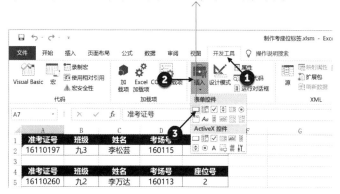

图 1-25 选择要插入的控件

步骤二：在工作表中合适的位置，按住鼠标左键，拖动鼠标在工作表中绘制一个按钮。当绘制完成后松开鼠标左键，在 Excel 自动弹出的【指定宏】对话框中，选择要与该按钮关联的宏，单击【确定】按钮，如图 1-26 所示。

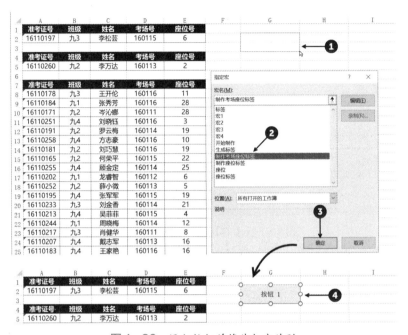

图 1-26 添加按钮并将其与宏关联

如果想更改与按钮关联的宏，可以用鼠标右键单击按钮，在右键菜单中单击【指定宏】命令调出【指定宏】对话框，在对话框中重新设置即可，如图 1-27 所示。

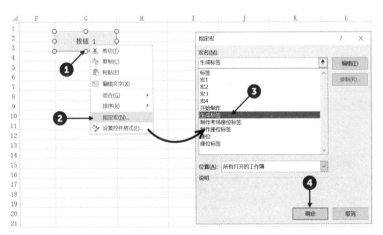

图 1-27 重新给按钮指定宏

步骤三：用鼠标右键单击按钮，让按钮进入可编辑状态，再用鼠标左键单击按钮表面，更改按钮上的标签文字，对按钮的用途进行说明，如图 1-28 所示。

当按钮处于编辑状态时，可以更改它的标签文字、调整它的大小及位置。编辑完成后，用鼠标单击工作表中任意位置，即可退出对按钮的编辑。

图 1-28　编辑按钮

步骤四：完成后，用鼠标左键单击一次按钮即可执行一次与该按钮关联的宏，如图 1-29 所示。

注意：无论用什么方法执行本例中的宏，开始前都应选中考生信息表中最后一行表头的第 1 个单元格，这一步很关键。

图 1-29　单击按钮执行宏

这样，只需连续单击该按钮执行宏，就可以把考生信息逐条转换为考场座位标签了。

2500 条记录，需要单击 2499 次按钮，你确定这种操作方式真的便捷、高效吗？

别着急，这里只是为了让大家了解自动获得 VBA 代码的方法。后面还会教大家，怎样修改这些代码，实现只单击一次按钮就能将所有考生信息转换为座位标签。

考考你

在工作簿中有一张名为"数据表"的工作表，表中 A:E 列保存了一些数据，如图 1-30 所示。

演示教程

交易日期	对方账号	对方账号户名	对方账号开户行	交易金额		交易日期	
20181218	06910002705	白云区第三食品店	中国农业银行股份有限公司广州竹料支行	6875571.97		20181218	
20181215	05740008890	残疾人康复中心	中国农业银行股份有限公司阳山县支行	3134			
20181215	05740008890	残疾人康复中心	中国农业银行股份有限公司阳山县支行	41240.66			
20181215	05740008890	残疾人康复中心	中国农业银行股份有限公司阳山县支行	5513.3		筛选数据到工作表	
20181215	05740008890	残疾人康复中心	中国农业银行股份有限公司阳山县支行	20043.08			
20181205	42840000949	禅城区朝阳批发市场	中国农业银行股份有限公司阳山县支行	2738932.25			
20181211	42840000949	禅城区朝阳批发市场	中国农业银行股份有限公司阳山县支行	309513.55			
20181222	42840000949	禅城区朝阳批发市场	中国农业银行股份有限公司阳山县支行	669835.44			
20181221	42200084152	禅城区苏李秀英批发市场	中国农业银行股份有限公司阳山县支行	1000000			
20181207	42900002108	禅城区向阳批发市场	中国农业银行股份有限公司佛山华轻支行	4000000			
20181211	42900002108	禅城区向阳批发市场	中国农业银行股份有限公司佛山华轻支行	2511649.49			
20181229	16850002664	潮州市潮安区彩塘农产市场	中国农业银行股份有限公司阳山县支行	1561040.09			
20181228	16900003266	潮州市潮安区龙湖农产市场	中国农业银行股份有限公司潮安金石支行	100000			
20181228	16900003266	潮州市潮安区龙湖农产市场	中国农业银行股份有限公司潮安金石支行	116008.85			

数据表 筛选结果 +

图 1-30 保存数据的工作表

请录制一个高级筛选的宏，并将其指定给工作表中的按钮，让单击该按钮后，能以 G1:G2 区域为筛选条件，将 A:E 列中保存的数据筛选到工作簿中名为"筛选结果"的工作表中，试一试，你能完成这个任务吗？

第 3 节　要保证 VBA 代码正常执行，这几点需要注意

1.3.1 ▶ 要保存 VBA 代码，应将文件保存为指定格式

> 有一点需要注意：并不是所有格式的 Excel 文件都能保存 VBA 代码。

如果 Excel 工作簿中包含 VBA 代码，选择将文件保存为"Excel 工作簿"类型（扩展名为".xlsx"），执行保存操作后，Excel 就会显示如图 1-31 的警告对话框。

对话框的提示很清楚：无法在这种类型的工作簿文件中保存 VBA 代码。

图 1-31 将含 VBA 代码的工作簿保存为 xlsx 类型的文件时

这时，如果单击对话框中的【是】按钮保存文件，Excel就会删除文件中的VBA代码。这会导致重新打开Excel工作簿后，已经设置好与宏关联的按钮失效。如果希望重新打开文件后添加的按钮依然能工作，应将工作簿保存为"启用宏的工作簿"类型（扩展名为".xlsm"），如图1-32所示。

启用宏的工作簿和普通工作簿的文件图标也不相同，如图1-33所示。大家可以通过文件图标区分这两种不同格式的文件。

图 1-32　将工作簿保存为启用宏的工作簿

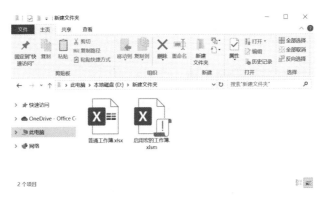

图1-33　不同格式的工作簿文件图标

　　将文件存储为早期的"Excel 97-2003 工作簿"格式（扩展名为".xls"），也可以在保存文件的同时，保存其中的VBA代码，但一般不建议这样做。至于原因，百度一下新、旧两种文件格式的区别就清楚了。

1.3.2 要执行 VBA 代码，需要设置启用宏

当执行一个宏时，有时可能会执行失败，并看到类似图1-34所示的对话框。

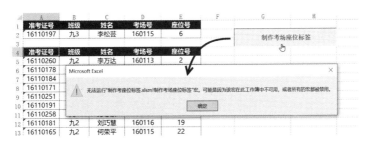

图 1-34　不能执行宏时的提示

这是因为Excel不知道执行这些宏后会执行什么操作,这些操作是否是恶意的。

> 有一种破坏力极强的病毒称为"宏病毒",百度一下它的名称,你一定能看到许多关于它的"风光"事迹。而宏病毒就是用现在我们学习的VBA编写的。

为了保证安全,Excel默认不允许执行文件中保存的VBA代码。但如果Excel文件中包含VBA代码,打开它时Excel就会通过图1-35所示的【安全警告】消息栏提示我们。

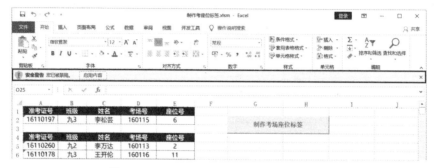

图1-35 Excel显示的【安全警告】消息栏

如果你确认文件中保存的VBA代码是安全的,可以单击该消息栏中的【启用内容】按钮,这样就可以执行文件中保存的VBA代码了。

如果希望在打开Excel文件时不显示【安全警告】消息栏而直接禁止执行代码,或者允许执行所有文件中保存的VBA代码而不必提示,可以在【信任中心】对话框的【宏设置】选项卡中进行设置,如图1-36所示。

【信任中心】对话框中的【宏设置】选项卡中共有4个选项,建议选择设置为第2项或第3项。如果希望Excel允许执行文件中的VBA代码而不进行任何提示,可以选择第4项,但这样更容易受到宏病毒的威胁。

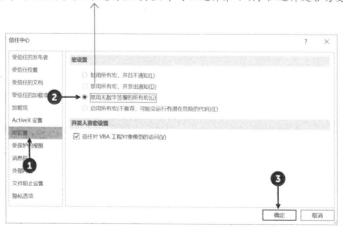

图1-36 【宏设置】选项卡

1.3.3 想直接启用宏？可以添加文件到受信任位置

如果在【宏设置】对话框中设置启用所有宏，可能会存在一定的安全隐患，但如果设置打开任意包含VBA代码的文件时，都手动选择是否启用宏，这种操作对大多数人来说又觉得麻烦。

> 我的要求可能有点苛刻：既希望尽量保证安全，又希望尽量减少选择和设置的步骤。可以做到吗？

> 当然可以，请了解Excel中的"受信任位置"的功能。

鱼和熊掌，本不可兼得。但幸运的是，Excel拥有"受信任位置"的功能，只要将某个目录设置为受信任位置，再将确认不含恶意代码的工作簿保存在该目录中。这样，无论图 1-36 中设置的是哪一项，打开该目录中的文件时，都不需再做任何设置或选择，就可以直接启用保存在其中的VBA代码。

设置受信任位置的步骤如下。

步骤一：调出【信任中心】对话框，切换到【受信任位置】选项卡，如图 1-37 所示。

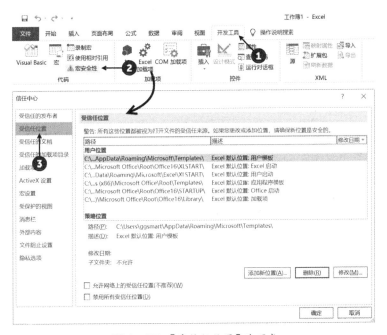

图 1-37　【受信任位置】选项卡

步骤二：单击对话框中的【添加新位置】按钮，在弹出的【Microsoft Office 受信任位置】对话框中设置信任的目录，如图 1-38 所示。

步骤 3 的复选框，可以根据实际需求选择是否勾选。

步骤 4 的设置可以省略。

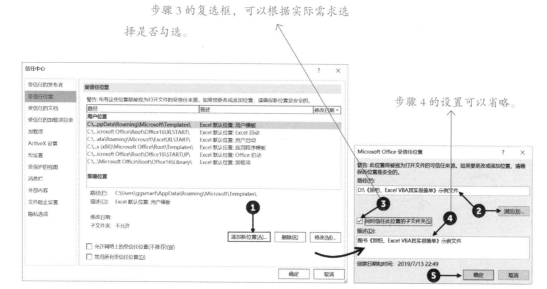

图 1-38　添加受信任的新位置

完成后，就可以在【受信任位置】选项卡中看到添加的目录了，如图 1-39 所示。

注意：如果要使用"受信任位置"的功能，就不能勾选"禁用所有信任位置"复选框。

图 1-39　【受信任位置】选项卡中的受信任位置

第4节　Excel 能生成 VBA 代码，又何必再学 VBA

1.4.1　录制的代码功能简单，不能解决所有问题

虽然使用宏录制器能将Excel中的大部分操作"翻译"成VBA代码，但如果要通过这种方式获得VBA代码，就必须将解决问题的操作至少执行一遍。

当将所有操作执行一遍后，问题已经解决了，那么获得的VBA代码还有什么用？

的确如此，而且某些任务，单纯使用录制和执行宏的方法是不能解决的，比如1.1.1小节中提到的批量复制文件的问题。遗憾吧？

就算是前面制作考场座位标签的问题，虽然可以借助录制的宏来简化执行的操作，但如果通过执行2499次宏来制作2500条考场座位标签，连续点2499次鼠标的操作也会让人崩溃的。

所以，面对众多复杂的问题，仅仅学会录制和执行宏的方法是远远不够的。

更何况，宏录制器并不能将所有操作或计算都准确地"翻译"成VBA代码，在学习和使用VBA的过程中，更多时候，宏录制器只用来帮助获得一些VBA的基础代码，降低编写代码的难度。

1.4.2　哪怕只做简单修改，也能让宏的威力大增

在Excel中录制的宏就像一首歌，执行宏就像播放音乐。

喜欢听的歌，设置循环播放，单击一次"播放"按钮，想听几遍就听几遍。录下的VBA代码单击一次按钮，可以执行2499次吗？

当然可以，而且比循环播放音乐更智能。我可以让VBA代码根据表中的数据，自动控制执行的次数。

如果想让制作考场座位标签的代码循环执行多次，一次性将工作表中所有的考生信息转

为考场座位标签，可以按如下的步骤修改录制所得的宏。

步骤一：依次单击【开发工具】→【宏】命令调出【宏】对话框，在对话框中选择宏的名称，单击【编辑】按钮调出保存宏的窗口，如图1-40所示。

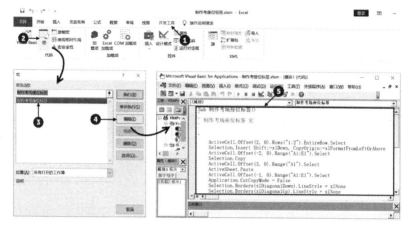

图1-40　调出保存宏的窗口

步骤二：在第一行代码"Sub 制作考场座位标签()"的后面添加两行新代码：

```
Dim i As Long
For i = 2 To ActiveCell.CurrentRegion.Rows.Count - 1
```

在最后一行代码"End Sub"的前面添加一行代码：

```
Next i
```

修改完成后的宏代码如图1-41所示。

图1-41　添加到宏里的VBA代码

步骤三：关闭保存代码的窗口，返回Excel界面，无论信息表中有多少条考生信息，单击一次按钮，执行宏后都能将所有考生信息转换为考场座位标签，如图 1-42 所示。

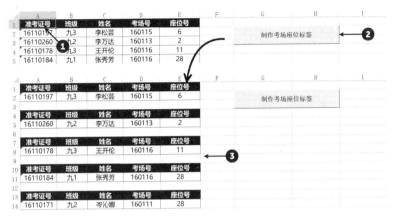

图 1-42　一次性生成所有考场座位标签

惊喜吗？只是简单修改了一下录制所得的宏，就能让它的威力增加无数倍，并且需要处理的数据量越大，使用它解决问题的优势就越明显。所以，哪怕只是为了让录制的宏更灵活、更适用，也应该掌握更多的VBA知识，学会怎样修改和设置它们，让它们更大程度地发挥作用。

也许你会有疑问：

在宏开头和结尾添加的几行代码是什么意思？根本看不懂！

在这里，我们只想让大家感受录制所得的宏和修改过的宏在执行效率上的差别。至于添加的几行代码是怎样控制代码执行的，待学完 4.3.1 小节中的内容，大家就清楚了。

1.4.3 学习 VBA，就是学习修改和编写 VBA 代码的方法

不管大家现在是否知道怎样修改录制所得的宏，或怎样编写能操作和控制Excel的VBA代码，但通过前面的例子，也应该感受到修改前后的宏在效率上的差别了吧。

事实上，VBA是一种编程语言，录制宏只是VBA应用的冰山一角，还存在许多的缺陷：如无法进行判断和循环，不能显示用户窗体，不能进行人机交互……要打破这些局限并让VBA程序更加自动化和智能化，仅仅掌握录制和执行宏的本领是远远不够的，还需要掌握VBA编程的方法，能根据需求熟练地编写VBA代码。

这就是我们学习VBA的目的。

第5节 话说回来，究竟什么是 VBA

1.5.1 ▸ VBA，是我们和 Excel 沟通的一种方式

要在 Sheet1 工作表的 A1 单元格中输入数值 100，通常是这样做的：激活 Sheet1 工作表→选中 A1 单元格→用键盘输入 100 →按 <Enter> 键。

> 这一连串的操作是为了告诉 Excel，我们要做什么、想达到什么目的。

Excel 在收到这些操作指令后，会将这些操作翻译成计算机的"语言"告诉计算机，让它按我们的意图执行相应的计算和操作，最后再将结果返回。

计算机同人类一样，也有自己的语言，我们可以使用它的语言和它沟通。在 Excel 中用宏录制器录下的 VBA 代码，就是用一种计算机语言编写的代码，执行这些代码，其实就是将这些代码包含的指令告诉计算机，让计算机完成任务。

所以，同手动操作一样，VBA 是我们与计算机互动的一种方式，是人与计算机进行沟通、交流的一种语言。

1.5.2 ▸ VBA，是一种计算机编程语言的名字

同人类一样，计算机有多种语言，编写 Excel 宏代码的这种语言称为 VBA 语言。

VBA 的全称是 Visual Basic for Applications，它是由微软公司开发、建立在 Office 中的一种应用程序开发工具。

在 Excel 中，可以利用 VBA 有效地扩展 Excel 的功能，设计和创建人机交互界面，打造自己的管理系统，帮助我们更有效地完成一些基础操作、函数公式等不能完成或很难完成的任务。

也可以说，VBA 是一个可以给 Excel"开挂"、让它本领更强的工具。

第 2 章

认识编程工具，了解 VBA 编程的步骤

工欲善其事，必先利其器。也就是说，要做好一件事情，准备工作非常重要。

学习和使用 VBA 当然也不例外。

应该在哪里编写 VBA 代码？用什么工具来编写 VBA 代码……为了能在 Excel 中熟练地使用 VBA 编程，先认识和了解 VBA 的编程工具是很有必要的。

准备好了吗？那就开始吧。

 学习建议

本章主要介绍 VBA 的编程工具——VBE，为了便于后面章节的学习，学习完本章内容后，你需要掌握以下技能：

1. 掌握打开 VBE 窗口的常见方法；
2. 熟悉 VBE 窗口的组成及各窗口的主要用途；
3. 掌握使用 VBA 编程的基本步骤，并能根据案例仿写简单的 VBA 过程。

2.1.1 应该在哪里编写 VBA 过程

使用宏录制器录下的宏，还有一个称呼——VBA过程。要使用VBA编程，首先得知道VBA过程保存在哪里。既然录制的宏就是VBA过程，那么宏保存在哪里，就可以将VBA过程写在哪里。

> 还记得怎样找到录制所得的VBA代码吗？如果你忘记了，可以在1.2.4小节中找到答案。

编辑和查看VBA代码的窗口称为VBE窗口（Visual Basic Editor），VBE就是VBA的编程工具，编辑、调试VBA代码，都在这个窗口中进行。

2.1.2 打开 VBE 窗口的几种常用方法

> 除1.2.3小节中提到的方法外，你还可以通过以下方法打开VBE窗口。

● 按 <Alt+F11> 组合键

启动Excel程序后，直接按<Alt+F11>组合键，如图2-1所示。

图 2-1　使用快捷键打开 VBE 窗口

◆ 执行【开发工具】→【Visual Basic】命令

依次单击Excel【功能区】中的【开发工具】→【Visual Basic】命令，如图 2-2 所示。

图 2-2　执行【Visual Basic】命令打开VBE窗口

◆ 执行【开发工具】→【查看代码】命令

依次单击Excel【功能区】中的【开发工具】→【查看代码】命令，如图 2-3 所示。

图 2-3　执行【查看代码】命令打开VBE窗口

◆ 执行工作表标签的右键菜单命令

用鼠标右键单击工作表标签，执行右键菜单中的【查看代码】命令，如图 2-4 所示。

图 2-4　执行工作表标签的右键菜单命令打开VBE窗口

2.1.3 VBE 窗口中都有什么

　　为了能熟练地使用VBE编写代码，我们先来看看VBE窗口中都有什么，各部分有什么用途。

　　现在大家只需简单了解即可，不用深究它们具体的用法。

◆ VBE 的窗口布局

默认情况下，在VBE窗口中能看到【工程窗口】(【工程资源管理器】)、【属性窗口】、

【代码窗口】、【立即窗口】、【菜单栏】和【工具栏】，如图 2-5 所示。

这些功能窗口都可以单独关闭，也可以拖到 VBE 窗口中的任意位置，或者调整它们的大小。VBE 会记住上次关闭该窗口前的布局设置。所以，如果你的 VBE 窗口和图 2-5 展示的不一致，说明曾经调整过它的布局。但是没关系，你可以根据需求将其调整为默认布局或其他任意样式。

演示教程

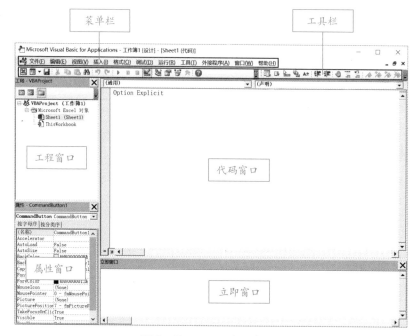

图 2-5　VBE 的窗口布局

◆ 菜单栏

VBE 的【菜单栏】包含 VBE 中各种组件的命令，单击某个菜单即可调出该菜单包含的命令，如图 2-6 所示。

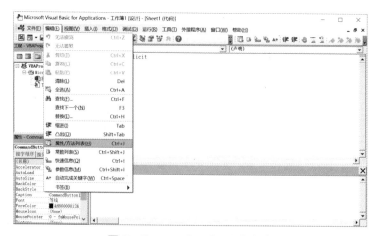

图 2-6　VBE 中的【编辑】菜单

◆ 工具栏

在默认情况下，【工具栏】位于【菜单栏】的下面，可以通过【视图】→【工具栏】菜单中的命令调出或隐藏某个工具栏，如图 2-7 所示。

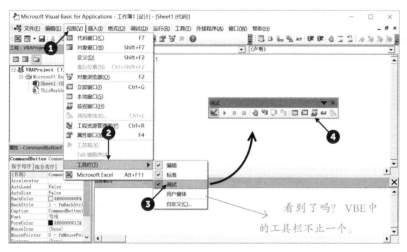

图 2-7　调出 VBE 的【视图】工具栏

◆ 工程窗口

【工程窗口】的作用类似于 Windows 系统的【资源管理器】，其中显示了当前所有打开的 Excel 工作簿、已加载的加载宏，以及这些工作簿或加载宏里面包含的各类对象。

在 Excel 中，一个工作簿就是一个工程，一个工程最多可以包含四类对象：Microsoft Excel 对象（包括 Sheet 对象和 ThisWorkbook 对象）、窗体对象、模块对象和类模块对象，如图 2-8 所示。

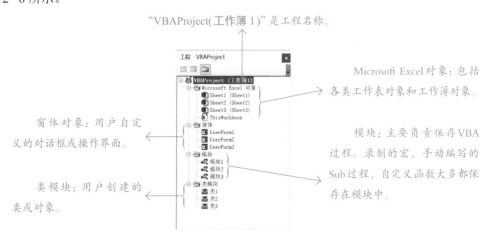

图 2-8　【工程窗口】中的各类对象

有一点需要注意：并不是所有工程都包含上述四类对象，新建的 Excel 文件就只包含 Excel 对象，其他对象需要自行添加。除类模块对象外，后面的章节会逐步介绍与这些对象有关的知识。

● 属性窗口

【属性窗口】是查看或设置对象属性的地方，对象的名称、外观及其他信息，都可以通过【属性窗口】设置，图 2-9 所示为通过【属性窗口】更改工作表标签名称的操作步骤。

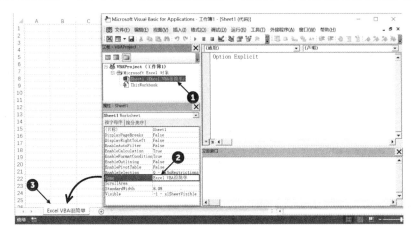

图 2-9　通过【属性窗口】更改工作表标签名称

● 代码窗口

【代码窗口】是编辑和查看 VBA 代码的地方，包含【对象列表框】【事件列表框】【边界标识条】【代码编辑区】【过程分隔线】和【视图按钮】等，如图 2-10 所示。

图 2-10　【代码窗口】的组成

【工程窗口】中的每个对象都拥有自己的【代码窗口】，也就是说，【工程窗口】中的每个对象都可以保存 VBA 代码。尽管如此，但并不是将 VBA 过程保存在任意对象中都可以正常执行，如第 6 章中介绍的事件过程就必须写在特定的对象中。

如果希望将 VBA 过程写在某个对象中，首先得在【工程窗口】中双击该对象，激活它的【代码窗口】。反过来，如果要查看某个对象中保存的 VBA 过程，也应先激活它的【代码窗口】。

如果一个对象的【代码窗口】已经激活，那么在【工程窗口】中，该对象的名称会被添加浅灰色的底纹，如图 2-11 所示。我们可以通过这一特征去判断当前打开的是哪个工程的哪个对象的【代码窗口】。当然，也可以从 VBE 的标题栏来了解这一信息。

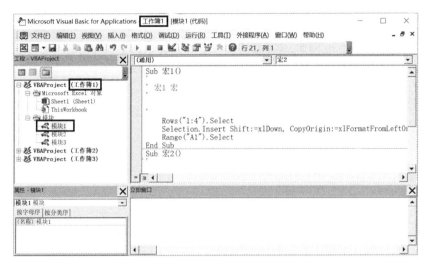

图 2-11　已激活的【代码窗口】所属的对象和工程

◆　立即窗口

【立即窗口】是一个可以即时执行代码的地方，只要在【立即窗口】中输入 VBA 代码，按 <Enter> 键后就可以看到执行该行代码所得的结果，如图 2-12 所示。

【立即窗口】其中一个很重要的用途是调试代码，大家可以在 9.3.1 小节中了解相关用法。

Range("A1:B10").Value = "Excel VBA其实很简单"

这行代码的作用是在活动工作表的 A1:B10 区域中输入"Excel VBA其实很简单"。

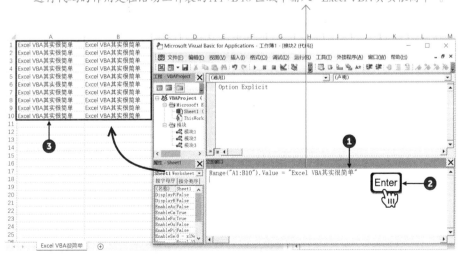

图 2-12　使用【立即窗口】执行 VBA 代码

第 2 节　怎样在 VBE 中编写一个 VBA 过程

2.2.1　一个 VBA 过程就是完成一个任务所需代码的组合

用 VBA 代码把完成一个任务所需要的操作和计算罗列出来，就得到一个 VBA 过程，一个 VBA 过程可以执行任意多的操作，包含任意多的代码。

为了方便讲述，我们暂且将 VBA 过程简称为过程。

> 在 VBA 中，过程有好几种，在第 1 章中录制的宏属于 Sub 过程，这是 VBA 中一种主要的过程，也是本书重点学习的内容。

2.2.2　实战演练，试写一个 Sub 过程

> 下面，我们新建一个 Excel 文件，试写一个 Sub 过程，目标是执行过程后，能显示一个对话框提示某些信息。
> 大家跟着我一起操作吧。

● 步骤一：添加保存过程的模块

如果没有特殊需求，通常都将 Sub 过程保存在模块对象中，所以在编写 Sub 过程前，得先插入一个模块。插入模块，有两种方法可以选择。

方法一：在 VBE 窗口中依次单击【插入】→【模块】菜单命令，如图 2-13 所示。

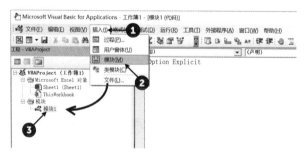

图 2-13　利用菜单命令插入模块

方法二：在【工程窗口】中的空白处单击鼠标右键，依次单击【插入】→【模块】菜单命令，如图 2-14 所示。

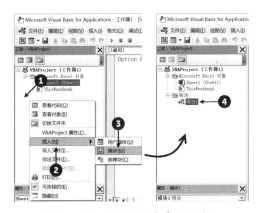

图 2-14 利用右键菜单插入模块

● 步骤二：在模块中添加 Sub 过程

新插入的模块，VBE 会自动激活它的【代码窗口】。此时，依次单击【插入】→【过程】菜单命令，调出【添加过程】对话框，如图 2-15 所示。

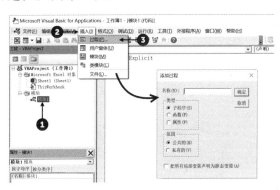

图 2-15 调出【添加过程】对话框

在【添加过程】对话框中设置要插入的过程信息，单击【确定】按钮，即可在当前激活的【代码窗口】中插入一个新的 Sub 过程，如图 2-16 所示。

这是每个 Sub 过程都必须包含的开始和结束语句，如果你已经熟悉它们的结构了，也可以直接在【代码窗口】中输入它们。

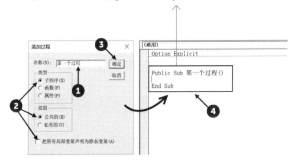

图 2-16 在【代码窗口】中插入的 Sub 过程

最后，将创建并显示对话框的 VBA 代码写到这两行代码中间，如：

英文半角双引号中的文字是对话框中显示的提示信息，可以随意更改。

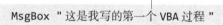

MsgBox "这是我写的第一个 VBA 过程"

MsgBox 是 VBA 中的一个函数，使用它可以创建一个对话框，8.2.3 小节中将详细介绍它的用法。

这样，一个 Sub 过程就写好了，如图 2-17 所示。

图 2-17　编写完成的 Sub 过程

● 步骤三：执行编写的 Sub 过程

将鼠标光标定位到过程中的任意位置，依次单击【运行】→【运行子过程/用户窗体】菜单命令，或者直接按<F5>键即可执行该过程，如图 2-18 所示。

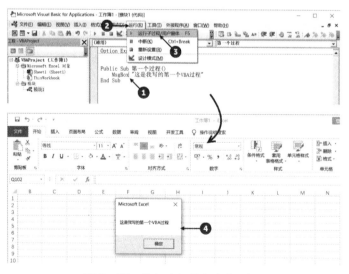

图 2-18　执行过程创建的对话框

在 VBE 窗口中，也可以单击【标准】工具栏中的【运行子过程/用户窗体】按钮来执行一个 Sub 过程，如图 2-19 所示。

图 2-19　通过工具栏中的命令执行过程

执行 Sub 过程的方法有多种，如第 1 章介绍的借助【宏】对话框中的按钮、插入的表单控件等，都可以执行 Sub 过程，你可以试试用不同的方法来执行编写的过程。

使用 Excel VBA 编程的基本步骤就是这样，没想象中的复杂吧？

考考你

　　了解 Excel VBA 编程的基本步骤后，请写一个名为"新建工作表"的 Sub 过程，目标是在活动工作簿中新建一张工作表，并将工作表的名称改为"VBA 其实很简单"。

　　如果你不知道新建工作表、更改工作表标签名称的 VBA 代码怎样写，可以借助宏录制器来获得它们，试一试，你能完成这个任务吗？

演示教程

3

用 VBA 代码操作和控制 Excel

学习 VBA，就是学习编写能操作和控制 Excel 的 VBA 代码。

在 Excel 中可执行的操作有很多，如打开或关闭工作簿、新建或删除工作表、在单元格中输入数据、设置单元格的格式……不同操作对应的 VBA 代码也不相同。

怎样才能快速、准确地写出不同操作对应的 VBA 代码？这一章，我们就一起来学习这些内容。

 学习建议

本章是使用 VBA 编程的基础知识，也是本书的重点章节。学习时，建议仔细阅读各小节的内容，动手编写并执行各示例中的代码，检验代码的执行效果。必要时可以多读几遍本章内容，通过做笔记或其他方式，总结、归纳好本章内容中的重要概念及知识点。

学习完本章内容后，你至少需要掌握以下技能：

1. 理解对象、集合、属性、方法等概念以及它们之间的关系；

2. 理解 Excel 中不同对象的层次关系，能正确编写 VBA 代码引用指定的工作簿、工作表、单元格等常用对象；

3. 能编写 VBA 代码操作或设置 Excel 应用程序、工作簿、工作表、单元格等常用对象，完成一些常见的操作。

第1节 操作 Excel，就是在操作各种不同的对象

3.1.1 打个比方，使用 VBA 编程就像在厨房烧菜

看看冰箱里有什么东西，能否应付今天的晚餐？

要烧菜，得提前准备烧菜所需的各种材料。

要炒一盘鱼香肉丝，得先打开冰箱，取出瘦肉、葱、蒜……然后洗、切等准备一番，接着下锅细炒，最后大勺一挥，一盘色香味美的鱼香肉丝才能摆上饭桌，如图 3-1 所示。

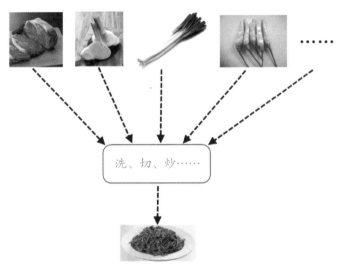

图 3-1 烧菜的步骤

烧菜的过程，就是对各种材料进行加工、组合的过程。VBA 编程就像烧菜，过程中用 VBA 代码处理、操作和计算的"材料"，称为对象。

3.1.2 对象，就是用 VBA 代码操作和控制的东西

对象的英文原名叫"Object"。

Excel 中的每个操作都和对象有关：打开工作簿（工作簿是对象）、复制工作表（工作表是对象）、删除单元格（单元格是对象）……

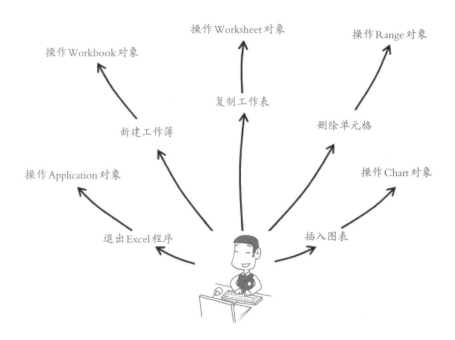

操作 Workbook 对象
操作 Worksheet 对象
操作 Range 对象
复制工作表
新建工作簿
删除单元格
操作 Application 对象
操作 Chart 对象
退出 Excel 程序
插入图表

如果想在活动工作簿中，给名为"Sheet1"的工作表的 A1 单元格输入数值 100，VBA 代码可以写为：

这部分代码用来设置要输入的数据。

```
Application. ActiveWorkbook.Worksheets("Sheet1").Range("A1").Value = 100
```

这部分代码指的是"活动工作簿中名为'Sheet1'的工作表中的'A1'单元格"这个对象。

如果要用 VBA 代码操作或设置某个对象，就得写出类似结构的代码，在代码中提供两个信息：一是指明要操作或设置的对象，即引用对象；二是指明要在这个对象上执行的操作或设置，即用何种方法操作对象，或通过哪个属性来设置对象。

下面，我们就来学习怎样使用 VBA 引用、操作或设置对象。

第2节 引用对象，就是指明要操作的是哪个对象

只有准确地指明要操作的对象，Excel 在执行操作时才不会出现张冠李戴的错误，如果把应该输入 A1 单元格的数据，输到 B1 单元格中，那就麻烦了。

使用 VBA 代码指明某个对象的身份，称为引用对象。

> 要准确地引用到对象，需要先了解集合、对象间的层次关系和对象模型等概念。接下来，就让我们来解锁这项技能。

3.2.1▸ 集合，是对同类型对象的统称

集合是对同种类型多个对象的统称，但集合本身也是对象。

要弄清集合与对象之间的关系，可以先打一个比方：如果一个苹果是一个对象，那么一盘苹果就是一个集合。这个集合里包含多个苹果，"苹果"是这个集合的名称，盘子中的每个苹果都是这个集合里的成员，如图 3-2 所示。

一个苹果是单个对象　　　一盘苹果是多个苹果组成的集合

图 3-2　单个对象与集合

但是，"苹果"这个集合里并不包含梨、橘子或其他东西，因为它们与"苹果"不是同一类，不是"苹果"这个集合中的成员。

与此类似，在 Excel 中可以同时打开多个工作簿，这些所有打开的工作簿都属于"工作簿"类别的对象，组成工作簿集合，在 VBA 中表示为"Workbooks"。同理，一个工作簿中所有的工作表组成了工作表集合，在 VBA 中表示为"Worksheets"……

3.2.2▸ 区别集合中不同的对象

集合中可能包含多个对象，那怎样表示其中某个特定的对象呢？

我们可以再举一个例：桌子上有两个盘子，第 1 个盘子装苹果，第 2 个盘子装梨，如图 3-3 所示。

图 3-3　苹果和梨

如果想请家里的小朋友帮忙拿盘子里最上面的那个苹果，应该怎么说呢？

> 宝贝，能帮我把桌子上第 1 个盘子里最上面的苹果拿过来吗？谢谢。

你可能会这样说。

这里，"盘子"是一个集合，"第 1 个盘子"指明需要在"盘子"这个集合中的哪个成员里去取东西。同样，"苹果"也是一个集合，而"最上面的苹果"也指明了要取的是"苹果"这个集合里的哪个成员。

这里的"第 1 个"和"最上面"，都是要引用的对象，是相对于它所在集合中的其他对象而言，具有的独一无二的特征。要想将某个对象与集合中的其他对象区别开，就得通过该对象独一无二的特征去区分。

🔹 利用索引号区分不同的对象

如图 3-4 所示，当前同时打开了 5 个工作簿，这 5 个工作簿组成了 Workbooks 集合。

图 3-4　同时打开的多个工作簿

对于集合中的每个工作簿，VBA 会按打开的先后顺序，从自然数 1 开始为各个工作簿编序号，这个序号称为对象在集合中的索引号。

如打开的第 1 个工作簿的索引号是 1，第 2 个工作簿的索引号是 2……以此类推。因此，在 Workbooks 集合中，每个工作簿对象的索引号都是唯一的，所以就可以借助索引号区分集合中的每个对象，如想表示当前打开的第 3 个工作簿——Workbooks 集合中的第 3 个成员，可以将代码写为：

```
Workbooks(3)
```

其中，"Workbooks"是集合名称，括号中的数字"3"是对象在集合中的索引号。更改索引号，就能更改引用的对象，在图 3-4 中，如果想引用当前打开的第 5 个工作簿，代码可以写为：

```
Workbooks(5)
```

🔹 利用名称区分不同的对象

Workbooks 集合，表示的是当前已经打开的所有工作簿。因为不能同时打开相同名称的多个工作簿，所以对于 Workbooks 集合中的每个对象来说，它们的名称一定是唯一的。因此，除索引号外，还可以通过工作簿的名称来区分集合中不同的工作簿对象。

如图 3-4 中的第 3 个工作簿的名称为"工作簿 3"，要引用它时，代码还可以写为：

```
Workbooks("工作簿 3")
```

其中，括号中的"工作簿 3"是表示工作簿名称的字符串（VBA 中的字符串应写在一对英文半角双引号之间），和在 Excel 的标题栏中看到的文件名称是相同的，如图 3-5 所示。

图 3-5　标题栏中的工作簿名称

通过索引号或名称引用集合中的某个对象，这是在 VBA 中引用对象最常用的两种方法。

考考你

在图 3-6 所示的工作簿中，一共包含 5 张工作表，这 5 张工作表就组成一个 Worksheets 集合。

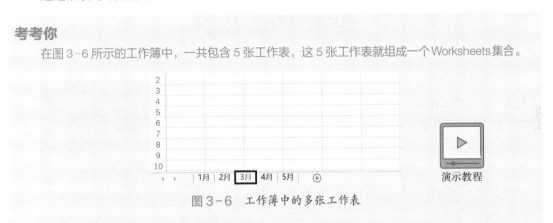

图 3-6　工作簿中的多张工作表

如果想用 VBA 代码引用其中的第 3 张，即标签名称为"3 月"的工作表，你知道 VBA 代码可以怎样写吗？

3.2.3　Excel 中不同对象间的层次关系

在 VBA 中，Excel 的工作簿、工作表、单元格是对象，图表、透视表、图片也是对象，甚至单元格的边框线，插入的批注也是对象……可以说，Excel 就是一个由各种不同对象堆砌而成的世界，要弄清楚不同对象之间的关系，可以先想一想家中的厨房。

厨房里放着冰箱，冰箱里有盘子，盘子里装着鸡蛋。无论是厨房、冰箱、盘子还是鸡蛋，都可以看成是对象，这些不同对象之间的层次关系如图 3-7 所示。

冰箱作为对象，它里面还包含其他对象（盘子），同时，它自己也被包含在另一个对象中（厨房）。

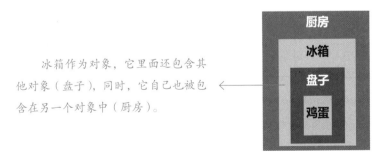

图 3-7　厨房中各种对象间的层次结构图

厨房作为对象，里面除了冰箱,可能还有消毒柜、微波炉等其他对象，冰箱里除了有装着鸡蛋的盘子，可能还有装着牛奶的瓶子，如图3-8所示。

厨房和冰箱作为对象，不仅可以包含其他对象，还可以包含多个不同的对象。

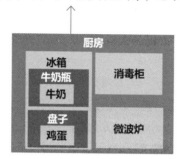

图3-8　厨房中各种对象间的层次结构图

在VBA的眼中，Excel就类似一间"厨房"，"厨房"里包含工作簿对象，工作簿对象中又包含工作表对象，工作表对象中包含单元格对象……如图3-9所示。

我们可以换一种形式，用树状图来描述Excel中不同类型对象之间的层次关系，如图3-10所示。

图3-9　Excel中各种对象的层次关系

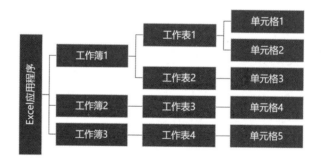

图3-10　Excel中不同对象间的层次关系

在VBA中，这种不同类型对象之间的排列方式称为对象模型。一个完整的Excel对象模型，也类似于这个树状图，树状图的起点就是"Excel应用程序"，即Application对象。

当然，Excel VBA中的对象远不止Excel应用程序、工作簿、工作表、单元格等，大家可以在Excel VBA的在线帮助中看到所有对象及各对象之间的关系，网址为：https://docs.microsoft.com/zh-cn/office/vba/api/overview/excel/object-model，如图3-11所示。

手机扫码获取页面网址

展开"Application 对象"节点，可以查看该对象包含的属性、方法、事件及其他信息。

选择"Application"对象下的任意属性，如 ActiveCell，即可在页面右侧查看该属性的信息。

图 3-11　通过 VBA 的在线帮助查看对象的信息

提示： 自 Excel 2013 起，Excel VBA 使用的是在线帮助，默认在 Web 浏览器中显示。所以，要查看 VBA 的帮助信息，需要先让计算机连接上 Internet。然后在 VBE 窗口中，依次执行【帮助】→【Microsoft Visual Basic for Applications 帮助】菜单命令（或者按<F1>键）就能打开 Excel VBA 的在线帮助页面，如图 3-12 所示。

图 3-12　打开 VBA 帮助页面

因为微软官方可能会修改或调整网页中的信息，所以你在帮助页面看到的内容可能与图 3-11 展示的不完全一致。

对象模型中拥有的信息太多了，根本记不住啊！

谁说需要记住的? 谁说的?

了解不同对象之间的层次关系, 而不是记住它们的名字, 这才是重点。

对象模型中的对象的确很多, 但对初学 VBA 的我们来说, 没必要花太多精力去了解和掌握所有的对象。只需知道 Excel 中的各种对象都包含在 Excel 应用程序中, 按层次排列起来, 就像一张树状图, 现在的我们暂时了解这些信息就够了。

3.2.4 指明某个对象在对象模型中的位置

我有问题: Worksheets(1) 表示工作簿中的第 1 张工作表, 但我同时打开了多个工作簿, Worksheets(1) 究竟表示的是哪个工作簿中的第 1 张工作表呢?

就像一棵树上的同一位置不可能存在两片树叶一样, 在 Excel 的对象模型中的同一个位置, 也只可能存在一个对象。虽然每个工作簿都拥有第 1 张工作表, 但是对每个工作簿来说, 有且只有一个"第 1 张工作表", 想让 VBA 准确地知道要操作的是哪个工作簿的"第 1 张工作表", 只要指明这张工作表在对象模型中的位置就可以了。

在 VBA 中, 要准确地指明某个对象在对象模型中的位置, 得从对象模型的起点开始, 逐层指明各层对象的身份。

图 3-13 所示为 Excel 中工作簿、工作表、单元格等对象组成的一个简易的层次结构图。

假设这个"A1"就是要引用的单元格。

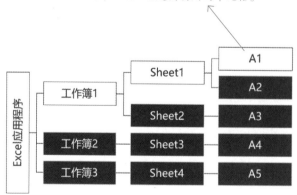

图 3-13　Excel 中的对象层次结构

如果要指明"A1"单元格在对象模型中的位置, 需要从最顶层的"Excel 应用程序"开始, 写清楚"A1"位于哪个工作簿的哪张工作表中, 如:

Excel 应用程序 . 工作簿 1 . Sheet1 . A1

各层不同的对象之间，用点"."作为分隔符。

3.2.5 ▶ 正确引用对象，需要同时指明对象的位置及身份

怎样才能准确地引用到对象呢？我们可以先想想怎样取到冰箱中装着鸡蛋的盘子，从取盘子的方法中寻找答案。

要吃鸡蛋，可以请家中的小朋友去取。

宝贝，你去厨房，把冰箱里装着鸡蛋的盘子拿来。

像这样，盘子存放的地点（厨房里的冰箱中）、盘子的特征（装着鸡蛋）都要描述清楚，这样，小朋友才不会去消毒柜里取，也不会取来装着瘦肉的盘子。

引用对象也一样，只有让Excel清楚地知道，我们要操作的是对象模型中哪个位置、哪个集合中的哪个对象，在执行操作的时候才不会出错。也就是说，引用对象需要解决两个问题：一是指明该对象在对象模型中的位置；二是将该对象与所处集合中的其他对象区别开。

在图 3-13 所示的对象结构中，如果想引用A1 单元格，完整的VBA 代码应该写为：

"工作簿 1"是工作簿的名称，用来确定要引用工作簿集合中的哪个成员。

Worksheets 是工作表集合，代表指定工作簿中的所有工作表。

位于代码最后一节的对象Range("A1")，就是这行代码引用到的对象。

`Application.Workbooks("工作簿 1").Worksheets("Sheet1").Range("A1")`

Application 对象代表Excel 应用程序，是 Excel VBA 中对象模型的最顶层。

Workbooks 是工作簿集合，代表所有打开的工作簿。

不同级别的对象之间用点"."连接。

考考你

参照这行代码，你能写出引用图 3-13 所示的对象结构中，A2、A3、A4 和A5 单元格的VBA 代码吗？

演示教程

3.2.6▸ 引用对象，代码可以更简单

严格地说，在VBA中，为了保证能准确地引用到要操作的对象，需要从对象模型的最顶层开始，按从大到小的顺序，逐层写清楚要引用对象的位置。

> 但这不是必须的，当引用活动对象时，可以省略一部分代码。

就像给同城的朋友寄快递时，通常不用写国家、省份而只用写市、县、街道地址一样，在VBA中引用对象时，并不是每次都必须严格地从Application对象开始，如前面引用A1单元格的代码，通常会将其写为：

```
Workbooks(" 工作簿 1").Worksheets("Sheet1").Range ("A1")
```

如果"工作簿1"是活动工作簿，代码还可以写为：

```
 Worksheets("Sheet1").Range ("A1")
```

如果"Sheet1"工作表是活动工作表，代码甚至还可以简写为：

```
Range ("A1")
```

也就是说，当引用的是活动对象中包含的某个对象时，可以省略要引用对象的上一级对象。但是，对于VBA初学者，建议刚开始只省略Application对象，其他对象还是严格引用，否则，过多的省略容易导致引用错误，也会养成不好的编程习惯。

除此之外，对活动工作簿、活动工作表、活动单元格等特殊对象，在VBA中还有更为简单的引用方式，你可以在3.7.5小节的表3-7中找到相应的方法。

第3节 对象的属性与方法

3.3.1▸ 对象的属性，就是对象包含的内容或具有的特征

⬥ 可以通过对象的属性来设置对象

每个对象都有属性，对象的属性可以理解为这个对象的特征（如颜色、大小）或包含的内容（如存储在其中的数据、包含在其中的下级对象）。

如果把一件衣服看成是一个对象，那么组成衣服的袖子、衣领、纽扣、口袋等就是衣服的属性；衣服的颜色、尺寸等外观信息也是衣服的属性。

与此类似，在 Excel 中，工作表包含单元格，所以单元格是工作表的一个属性；单元格中保存有数据，数据就是单元格的一个属性；单元格可以设置不同字体，字体是单元格的一个属性；字体还可以设置颜色，颜色是字体的一个属性……

在编写 VBA 代码时，对象和属性之间用点"."分隔，对象在前，属性在后，如：

Name 是工作表对象（Worksheet 对象）的一个属性，代表工作表的标签名称。

```
Worksheets("Sheet1").Name
```

Worksheets("Sheet1") 表示活动工作簿中标签名称为"Sheet1"的工作表，是一个对象。

可以通过设置对象的属性来设置对象。如想将 Worksheets("Sheet1") 的标签名称更改为"abc"，代码可以写为：

```
Worksheets("Sheet1").Name="abc"
```

当然，对象的某些属性是只读属性，对于只读属性，我们只能获得该属性的值，而不能设置它。

💧 对象和属性是相对而言的

> 单元格包含在工作表中，所以它是工作表的一个属性。可是，单元格不应该是对象吗？怎么又是属性？

有一点需要注意，对象和属性是相对而言的。对象的属性都会有一个或多个返回结果。对象的某些属性，返回的是另一个对象，如 Worksheet 对象的 Range 属性，返回的是 Range 对象（单元格）。

Range 对象（单元格）是 Worksheet 对象（工作表）的属性，但它本身也是一种对象，作为一种对象，它也有自己的属性，如 Font（字体），而 Font 也是对象，也有自己的属性，如 Color（颜色）。

对象和属性是相对而言的，单元格相对于字体来说是对象，相对于工作表来说是属性。

3.3.2 对象的方法，就是可以在对象上执行的操作

对象的方法用于操作对象。

如剪切单元格，剪切是在单元格上执行的操作，就是单元格对象的一个方法；选中工作表，选中是在工作表上执行的操作，也是工作表对象的一个方法；保存工作簿，保存也是工

作簿对象的一个方法……

同属性一样，对象和方法之间用点"."连接，对象在前，方法在后。如选中 A1 单元格，写成 VBA 代码为：

Select 是方法名称，表示要执行的是"选择"操作。

```
Range("A1").Select
```

Range("A1") 是活动工作表中的 A1 单元格，是要执行 Select 方法的对象。

当要使用 VBA 操作某个对象时，就需要调用与该操作对应的方法，调用对象的方法后，都会有一个与之对应的操作结果。

3.3.3 怎样辨别方法和属性

对象的属性和方法都是写在对象名称后面，并且都使用点"."作为分隔符，如：

```
Range("A1").Value
Range("A1").Select
```

其中 Value 是 Range("A1") 的属性，返回保存在 A1 单元格中保存的数据，而 Select 是 Range("A1") 的方法，表示选中 A1 单元格的操作。

都位于对象名称的后面，都使用点"."作为分隔符，那么怎么知道 Value 是 Range("A1") 的属性，还是方法呢？

其实，在大多数场合并没有必要准确地区分它们，但如果想知道某个代码关键字是属性还是方法，可以通过 VBA 的帮助信息来了解，如图 3-14 所示。

除此之外，还有一种便捷的方法可以辨别属性和方法。

当在【代码窗口】中输入代码时，如果在某个对象的后面输入点"."（或按 <Ctrl+J> 组合键），VBE 就会自动显示一个【属性/方法】列表，列表中带绿色图标的项是方法，带手形灰色图标的是属性，如图 3-15 所示。

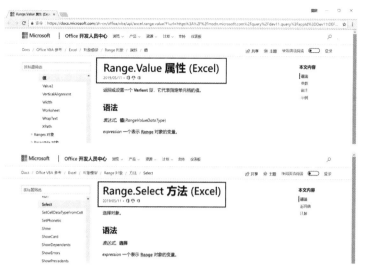

图 3-14　VBA 的帮助信息

第 1 项 Activate 前的图标是绿色的，所以它是 Range 对象的方法。

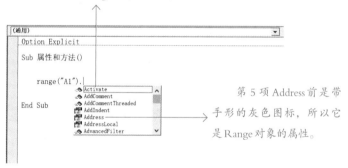

第 5 项 Address 前是带手形的灰色图标，所以它是 Range 对象的属性。

图 3-15　对象的【属性/方法】列表

提示： 如果在对象的后面输入点后没有显示【属性/方法】列表，应先在 VBE 的【选项】对话框的【编辑器】选项卡中勾选【自动列出成员】复选框，如图 3-16 所示。

图 3-16　设置自动列出成员

第4节 用VBA代码操作工作簿对象

3.4.1 工作簿对象与工作簿集合

在VBA中，一个Workbook对象代表一个打开的工作簿，而Workbooks是所有打开的工作簿组成的集合。Workbook对象是Workbooks集合中的一个成员，Workbooks中可以包含一个或多个Workbook对象。

> 我明白了，没s的表示单个对象，有s的表示多个对象的组合，跟英语里面可数名词的单数和复数一样。

是的，但是有一点要注意：Workbooks集合本身也是一种对象，是由多个Workbook对象组成的特殊对象。

3.4.2 引用工作簿对象的两种方法

引用工作簿，就是指明工作簿的身份，需要用到它的Item属性。

> 引用工作簿的方法有两种，不同的方法适用于不同的问题情境，大家需要掌握两种引用方法的特点，结合问题需求选择使用。

● 使用索引号引用工作簿

对象的索引号是一个正整数，用于指明对象在所属集合中的位置。如果要引用Workbooks集合中的第3个Workbook对象，可以将代码写为：

3就是工作簿的索引号，索引号告诉VBA，现在引用的是工作簿集合中的第3个工作簿。

↑

```
Workbooks.Item(3)
```

在实际编写代码时，通常会省略属性名称Item，将代码写为：

```
Workbooks(3)
```

但是有一点需要注意：工作簿的索引号可能会因为打开或关闭其他工作簿而发生改变。所以，如果会频繁打开或关闭工作簿，使用相同的索引号，并不一定能引用到同一个工作簿。

这就像在人来人往的餐厅，不同时刻，"3号桌的客人"指向的不一定是同一个客人。

♦ 利用工作簿名称引用工作簿

如果知道工作簿的名称，也可以通过工作簿名称来引用工作簿，如想引用名称为"工作簿1"的工作簿，可以将代码写为：

括号中的参数是表示工作簿名称的字符串，应写在一对英文半角双引号之间。

```
Workbooks.Item("工作簿 1")
```

在实际写代码时，通常会省略属性名称Item，将代码写为：

```
Workbooks("工作簿 1")
```

在使用名称引用工作簿时，如果系统设置了显示已知类型文件的扩展名，当引用一个已经保存的工作簿时，文件名称还应带上扩展名，如：

```
Workbooks("工作簿 1.xlsm")
```

启用宏的 Excel 文件扩展名为 ".xlsm"。

注意：如果系统未设置显示已知类型文件的扩展名，在通过文件名称引用工作簿时，文件名称是否带扩展名，执行代码时都不会出错。但因为Excel文件的扩展名包含多种（如".xls"".xlsx"".xlsm"等），如果同时打开多个主名称相同，但扩展名不同的文件，如"工资表.xlsx"和"工资表.xlsm"，使用代码Workbooks("工资表")不一定能引用到想引用的工作簿。所以，通过文件名称引用一个已经存在的文件时，最好在文件名称中带上扩展名。但对于未保存过的工作簿，无论系统是否设置显示已知类型文件的扩展名，文件名称都不能带扩展名。

3.4.3 ▶ 引用特殊的工作簿对象

对于某些特殊的工作簿对象，除可以通过索引号或文件名称引用之外，还有一些简单的方法可以使用。那么，哪些工作簿对象才是特殊的工作簿呢？在这里，我们介绍两类。

一类是活动工作簿。可以使用Application对象的ActiveWorkbook属性引用它，将代码写成下面两行之一：

```
Application.ActiveWorkbook
ActiveWorkbook
```

另一类是执行的 VBA 代码所在的工作簿。可以使用 Application 对象的 ThisWorkbook 属性来引用它，将代码写成下面两行中的其中之一：

```
Application.ThisWorkbook
ThisWorkbook
```

考考你

ThisWorkbook 和 ActiveWorkbook 都是 Application 对象的属性，都返回 Workbook 对象。那么它们之间具体有什么区别？

打开一个工作簿，进入 VBE，新建一个模块，在该模块中输入下面的过程：

演示教程

```
Sub 工作簿()
    Workbooks.Add
    MsgBox "代码所在的工作簿为： " & ThisWorkbook.Name
    MsgBox "当前活动工作簿为： " & ActiveWorkbook.Name
    ActiveWorkbook.Close savechanges:=False
End Sub
```

执行这个过程，观察 Excel 显示的对话框中的信息，看看自己能否找到 ThisWorkbook 与 ActiveWorkbook 之间的区别。

3.4.4 打开一个现有的工作簿

手动打开一个 Excel 文件，只要执行【文件】→【打开】命令，再选择要打开的文件即可，如图 3-17 所示。

图 3-17　手动打开文件的命令

手动的谁都会，可是怎样用 VBA 打开一个文件呢？

怎样将手动操作转为 VBA 代码，方法忘记了吗？ Excel 中可是有现成的工具可以使用的。

想知道打开 Excel 工作簿文件的 VBA 代码应该怎样写，可以使用宏录制器，将打开一个文件的操作录下来，从获得的代码中寻找答案。

```
Sub 打开文件()
'
' 打开文件 宏
'
    ChDir "D:\"
    Workbooks.Open Filename:="D:\示例文件.xlsm"
    Windows("工作簿1").Activate
End Sub
```

演示教程

在录制所得的宏中，这行就是打开 D 盘根目录下，名为"示例文件 .xlsm"工作簿的 VBA 代码。

显然，要打开一个工作簿文件，可以用 Workbooks 对象的 Open 方法：

Open 是 Workbooks 对象的方法，用这个方法可以执行打开工作簿的操作。

Filename 参数与它的参数值之间用":="连接。

```
Workbooks.Open Filename:="D:\示例文件.xlsm"
```

Filename 是 Open 方法的参数，与方法名称之间用空格分隔。

写在英文半角双引号间的字符串是 Filename 参数的值，用于指定要打开的文件名称（包含路径及扩展名）。

所以，使用 Workbooks 对象的 Open 方法打开工作簿的代码结构为：

```
Workbooks.Open Filename:= 含路径的名称
```

更改 Filename 参数的值即可更改打开的工作簿，如要打开 F 盘根目录下的"工资表 .xlsx"，代码为：

```
Workbooks.Open Filename:= "F:\工资表.xlsx"
```

也可以省略参数名称 Filename，将代码写为：

```
Workbooks.Open  "F:\工资表.xlsx"
```

除 Filename 参数外，Open 方法还有 14 个参数，用来决定以何种方式打开指定的文件（如设置以只读方式打开工作簿文件）。但平时很少用到这些参数，大家可以借助 VBA 帮助来了解这些参数的用法。

3.4.5 ▶ 关闭打开的工作簿

🔹 关闭打开的所有工作簿

如果要关闭所有打开的工作簿，可以用 Workbooks 集合的 Close 方法，将代码写为：

```
Workbooks.Close                           ' 关闭打开的所有工作簿
```

🔹 关闭打开的某个工作簿

如果只希望关闭打开的某个工作簿，也是调用该工作簿对象的 Close 方法，如：

```
Workbooks(" 工作簿 3").Close     ' 关闭名称为 " 工作簿 3" 的工作簿
Workbooks(3).Close              ' 关闭打开的第 3 个，即索引号是 3 的工作簿
```

🔹 设置关闭工作簿时保存更改

图 3-18　是否保存工作簿更改的提示对话框

用 Close 方法关闭工作簿，如果工作簿被更改过而没有保存，Excel 会通过对话框询问是否保存更改，如图 3-18 所示。

如果希望用 VBA 关闭某个工作簿时，同时决定是否保存对工作簿的更改，可以通过设置 Close 方法的 SaveChanges 参数来解决，如：

将参数 savechanges 的值设为 True，VBA 会在关闭工作簿前先保存工作簿，如果不想保存，就将参数值设为 False。注意，参数名称与参数值之间的连接符是 ":="。

```
Workbooks(" 工作簿 1").Close savechanges:=True     ' 关闭并保存对工作簿的修改
```

也可以省略参数名称 savechanges，将代码写为：

```
Workbooks(" 工作簿 1").Close True
```

注意：Workbooks 集合的 Close 方法并没有 savechanges 参数，写代码时千万别给它设置参数。

所以，如果调用 Workbooks 集合的 Colse 方法关闭打开的所有工作簿，只能逐一手动确认是否保存对工作簿的更改。

3.4.6 ▶ 新建一个工作簿文件

新建一个工作簿，就是在集合 Workbooks 中增加一个成员。在一个集合中增加成员，通常可以用该集合的 Add 方法。

● 新建一个空白工作簿

可以直接调用 Workbooks 对象的 Add 方法，而不设置任何参数，如：

```
Workbooks.Add
```

执行该行代码后，Excel 将创建一个新的空白工作簿，效果与按图 3-19 所示的步骤，即在 Excel 中依次单击【文件】→【新建】→【空白工作簿】命令得到的结果相同。

图 3-19　手动新建空白工作簿

● 将已有文件作为模板来创建工作簿

如果要将某个现有的文件作为模板来新建工作簿，可以通过 Add 方法的 Template 参数设置，如：

```
Workbooks.Add Template:="D:\ 我的文件 \ 模板 .xlsm"
```

也可以省略参数名称 Template，将代码写为：

```
Workbooks.Add "D:\ 我的文件 \ 模板 .xlsm"
```

参数是一个表示现有的 Excel 文件的名称的字符串（包含路径的和扩展名），应写在一对英文半角双引号之间。VBA 中的文本字符串都应写在英文半角双引号之间。

执行这行代码后，Excel 将以"D:\我的文件\模板 .xlsm"这个文件为模板创建工作簿，这样新建所得的工作簿将与"D:\我的文件\模板 .xlsm"完全相同。

3.4.7 ▶ 保存对工作簿的修改

要保存对工作簿的修改，可以使用 Workbook 对象的 Save 方法，如：

```
ThisWorkbook.Save                    ' 保存代码所在的工作簿
Workbooks(" 工作簿 1").Save           ' 保存名称为 " 工作簿 1" 的工作簿
```

使用 Save 方法保存工作簿，与手动执行【文件】→【保存】命令或按 <Ctrl+S> 组合键的效果是相同的。

3.4.8 ▶ 将工作簿另存为新文件

如果是首次保存新建的工作簿，或者想将一个现有的工作簿另存为一个新文件，应该使用 SaveAs 方法，使用 SaveAs 方法的效果，与手动执行【文件】→【另存为】命令所得的效果相同。

如想将代码所在的工作簿，通过另存为的方式保存到 D 盘根目录中，文件名称为 "叶枫 .xlsm"，代码为：

```
ThisWorkbook.SaveAs Filename:="D:\ 叶枫 .xlsm"
```

Filename 参数用于指定文件保存的路径及名称。

3.4.9 ▶ 另存为新文件后不关闭原文件

使用 SaveAs 方法将工作簿另存为新文件后，Excel 将关闭原文件并自动打开另存为所得的新文件。如果希望继续保留原文件不打开新文件，应该使用 SaveCopyAs 方法，如：

```
ThisWorkbook.SaveCopyAs Filename:="D:\ 叶枫 .xlsm"
```

3.4.10 ▶ 将工作簿切换为活动工作簿

虽然可以同时打开多个工作簿文件，但同一时刻只能有一个工作簿是活动的。如果想让不活动的工作簿变为活动工作簿，可以用 Workbook 对象的 Activate 方法激活它，如：

```
Workbooks(" 工作簿 1").Activate        ' 让 " 工作簿 1" 成为活动工作簿
```

3.4.11 ▶ 获取工作簿文件的信息

如果想在 VBA 过程中获得某个工作簿的名称、保存的路径等信息，可以访问 Workbook 对象相应的属性来获得，如：

```
Sub  文件信息 ()
    Range("B2").Value = ThisWorkbook.Name          '获得工作簿的名称
    Range("B3").Value = ThisWorkbook.Path          '获得工作簿文件所在的路径
    Range("B4").Value = ThisWorkbook.FullName      '获得带路径的工作簿名称
End Sub
```

执行这个过程后的效果如图 3-20 所示。

图 3-20 获取工作簿对象的信息

第5节 用 VBA 代码操作工作表对象

一个 Worksheet 对象代表一张普通的工作表，Worksheets 是指定工作簿中所有 Worksheet 组成的集合。

3.5.1 引用工作表的三种方法

引用工作表的方法共有三种，大家需要掌握三种方法的区别以及每种方法的优势，写代码时结合实际问题需求来选择使用。

◆ 通过索引号引用工作表

同工作簿一样，工作簿中的每张工作表都拥有索引号，如图 3-21 所示。

它是工作簿中的第 3 张工作表，所以它的索引号是 3。

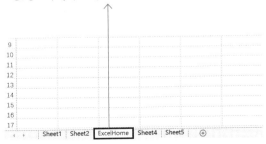

图 3-21 工作表的索引号和标签名称

如果要引用活动工作簿中的第 3 张工作表，可以将代码写为：

```
Worksheets.Item(3)              '引用活动工作簿中的第 3 张工作表
```

通常我们会省略Item属性的名称，将代码写为：

```
Worksheets(3)                   '引用活动工作簿中的第 3 张工作表
```

◆ 通过标签名称引用工作表

在同一工作簿中，工作表的标签名称一定是唯一的，所以，也可以通过标签名称来引用工作表。如想引用活动工作簿中标签名称为"ExcelHome"的工作表，可以将代码写为：

```
Worksheets.Item("ExcelHome")    '引用活动工作簿中标签名称为 "ExcelHome" 的工作表
```

但通常我们会将代码写成：

```
Worksheets("ExcelHome")         '引用活动工作簿中标签名称为 "ExcelHome" 的工作表
```

◆ 通过代码名称引用工作表

工作表的代码名称可以在VBE的【工程窗口】或【属性窗口】中看到，如图 3-22 所示。

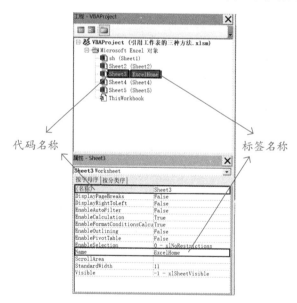

图 3-22　工作表的代码名称和标签名称

使用代码名称引用工作表，只需直接写代码名称即可，如：

```
Sheet3.Range("A1").Value=100    '在代码名称为 Sheet3 的工作表的 A1 单元格输入 100
```

注意，这里的"Sheet3"是工作表的代码名称，而不是标签名称。

如果想通过 VBA 代码获得某张工作表的代码名称，可以访问它的 CodeName 属性，如：

`MsgBox ActiveSheet.CodeName`　　　　　' 用对话框显示活动工作表的代码名称

执行这行代码的效果如图 3-23 所示。

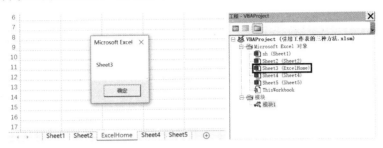

图 3-23　获得工作表的代码名称

工作表的代码名称，不会随工作表标签名称或索引号的改变而改变，并且代码名称只能在【属性窗口】中修改，因此，当工作表的标签名称或索引号不能固定时，通过代码名称引用工作表是更合适的选择。

　　　　　插入、重命名、删除、复制、移动、隐藏、激活……这些都是常在工作表上执行的操作，下面我们就一起来看看怎样用 VBA 代码执行这些操作。

　　　　　动起手来，跟着我一起操作。

3.5.2 用 Add 方法新建工作表

● 在活动工作表前新建一张工作表

直接调用 Worksheets 集合的 Add 方法，将在活动工作表前插入 1 张新工作表，如：

`Worksheets.Add`　　　　　' 在活动工作表前插入一张新工作表

● 在指定位置新建工作表

如果想在指定位置插入工作表，可以通过 Add 方法的 before 或 after 参数设置，如：

`Worksheets.Add before:=Worksheets(1)`　　　　　' 在第一张工作表前插入 1 张新工作表

before 或 after 参数用来指定插入工作表的位置，只能选用一个。

`Worksheets.Add after:=Worksheets(1)`　　　　　' 在第一张工作表后插入 1 张新工作表

⬥ 新建指定数量的工作表

如果要同时插入多张工作表，可以通过 Add 方法的 Count 参数指定，如：

```
Worksheets.Add Count:=3          ' 在活动工作表前插入 3 张工作表
```

Count 参数可以省略，如果省略，Excel 默认插入 1 张工作表。

考考你

在实际使用时，可以同时给 Worksheets 对象的 Add 方法设置多个参数（各参数间用逗号分隔）。如果要在活动工作簿的第一张工作表前，一次性插入两张新工作表，你知道代码应该怎样写吗？

演示教程

3.5.3▶ 通过 Name 属性更改工作表的标签名称

如果想通过 VBA 代码更改工作表的标签名称，可以设置 Worksheet 对象的 Name 属性，如要将活动工作簿中第 2 张工作表的标签名称更改为"工资表"，可以将代码写为：

```
Worksheets(2).Name = " 工资表 "
```

如果是新建的工作表，可以在新建工作表后，通过一行新代码设置其标签名称，如：

```
Worksheets.Add before:=Worksheets(1)      ' 在第 1 张工作表前新建 1 张工作表
ActiveSheet.Name = " 工资表 "               ' 将新建的工作表更名为 " 工资表 "
```

新插入的工作表会自动切换为活动工作表，所以无论新插入的工作表位于什么位置，名称是什么，都能用 ActiveSheet 引用到它。

也可以在新建工作表的同时直接对其命名，如：

```
Worksheets.Add(before:=Worksheets(1)).Name = " 工资表 "
```

Add 方法返回的是一个 Worksheet 对象（新插入的工作表），直接设置该对象的 Name 属性，就能更改新插入的工作表的标签名称。

注意：此时 Add 参数应写在括号中。

3.5.4▶ 用 Copy 方法复制工作表

Worksheet 对象的 Copy 方法用于执行复制工作表的操作。

◆ 将工作表复制到指定位置

复制工作表，一般需要通过 before 或 after 参数指定要将工作表复制到什么位置，如：

```
Worksheets(3).Copy before:=Worksheets(1)        '将第 3 张工作表复制到第 1 张工作表前
```

before 或 after 参数告诉 VBA，应该把复制所得的工作表
放在什么位置，两个参数同时只能使用一次。

```
Worksheets(2).Copy after:=Worksheets(3)        '将第 2 张工作表复制到第 3 张工作表之后
```

考考你

如果想把活动工作簿中第 2 张工作表复制到第 3 张工作表之后，并将复制所得的工作表标签名称
更改为"复制结果"，如图 3-24 所示。

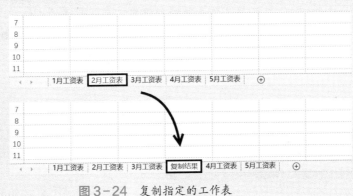

图 3-24　复制指定的工作表

你能写出解决这个问题的过程吗？

◆ 将工作表复制到新工作簿中

如果不给 Copy 方法设置参数，Excel 将把指定的工作表复制到一个新工作簿中，如：

```
Worksheets(1).Copy        '将第 1 张工作表复制到新工作簿中
```

执行这行代码后，Excel 会将活动工作簿中第 1 张工作表复制到一个新工作簿中，复制
所得的工作表标签名称与原工作表的标签名称完全相同，并且新工作簿中只包含复制所得的
工作表，如图 3-25 所示。

图 3-25 将工作表复制到新工作簿中

科普一个知识点：无论将工作表复制到哪里，复制所得的工作表都会自动切换为活动工作表。所以在执行复制工作表的代码后，都可以用 ActiveSheet 引用到复制所得的工作表。

考考你

如果想将活动工作簿中标签名称为"1 月工资表"的工作表，以工作簿的形式保存在 D 盘根目录下，文件名称为"1 月工资表.xlsx"，新工作簿中工作表的名称为"1 月工资表备份"，并且在执行过程后，"1 月工资表.xlsx"文件呈关闭状态，效果如图 3-26 所示。

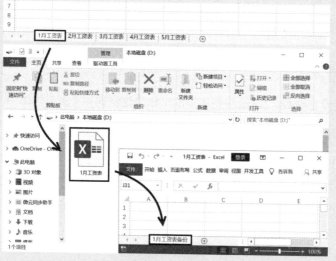

演示教程

图 3-26 将工作表另存为工作簿

你能写出解决这个问题的过程吗？

3.5.5 ▶ 用 Move 方法移动工作表

Worksheet 对象的 Move 方法用于执行移动工作表的操作，它的用法与 Copy 方法类似，可以通过 before 或 after 参数设置要将工作表移动到的目标位置，也可以不给 Move 方法设置参数，将工作表移动到新工作簿中，如：

```
Worksheets(3).Move before:=Worksheets(1)    '将第 3 张工作表移动到第 1 张工作表前
Worksheets(2).Move after:=Worksheets(3)     '将第 2 张工作表移动到第 3 张工作表之后
Worksheets(1).Move                          '将第 1 张工作表移动到新工作簿中
```

同 Copy 方法一样，使用 Move 方法移动工作表后，移动后的工作表将自动切换为活动工作表，可以用 ActiveSheet 引用它。

考考你

如果要将工作簿中名为"工资表"的工作表移动到新工作簿中，并将其重命名为"工资表备份"，同时将新工作簿保存到 D 盘根目录下，文件名称为"工资表备份文件.xlsx"，要求保存所得的工作簿是关闭状态，但代码所在工作簿仍可以继续操作。你能写出解决这个问题的过程吗？

演示教程

3.5.6 ▶ 用 Delete 方法删除工作表

Worksheet 对象的 Delete 方法用于执行删除工作表的操作，如：

```
Worksheets("Sheet1").Delete              '删除标签名称为 "Sheet1" 的工作表
```

同手动删除工作表一样，如果删除的工作表中包含数据，用 Delete 方法删除工作表时，Excel 会弹出一个如图 3-27 所示的警告对话框。

图 3-27　删除工作表前的警告提示对话框

只有单击对话框中的【删除】按钮，Excel 才会执行删除工作表的操作。

　　如果你希望执行 VBA 代码后直接删除工作表而不作任何提示，需要设置 Application 对象的 DplayAlerts 属性来解决，可以在 3.7.2 小节中找到设置方法。

3.5.7 ▶ 设置 Visible 属性，隐藏或显示工作表

要隐藏或显示工作表，需要设置Worksheet对象的Visible属性。如果想隐藏活动工作簿中的第 1 张工作表，可以使用下面 3 行代码中的任意一行：

```
Worksheets(1).Visible = False
Worksheets(1).Visible = 0
Worksheets(1).Visible = xlSheetHidden
```

这三行代码的作用，都等同于按图 3-28 所示的步骤，依次单击【开始】→【格式】→【隐藏和取消隐藏】→【隐藏工作表】命令的方法来隐藏工作表。

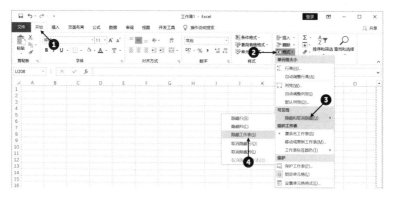

图 3-28　用菜单命令隐藏工作表

这样隐藏工作表后，可以依次单击【开始】→【格式】→【隐藏和取消隐藏】→【取消隐藏工作表】命令重新显示它。如果不希望别人能通过该命令重新显示隐藏的工作表，可以使用下面两行代码的任意一行来隐藏工作表：

```
Worksheets(1).Visible = xlSheetVeryHidden
Worksheets(1).Visible = 2
```

这两行代码是等效的，但与之前三行代码的作用并不相同。通过这种方式隐藏的工作表，只能通过VBA代码，或在VBE的【属性窗口】中设置工作表的Visible属性重新显示它，如图 3-29 所示。

可以在【属性窗口】中设置
Worksheet对象的 Visible属性来
隐藏或显示工作表。

图 3-29　在【属性窗口】中隐藏或显示工作表

想用VBA代码显示已经隐藏的第 1 张工作表，可以用下面 4 行代码中的任意一行：

```
Worksheets(1).Visible = True
Worksheets(1).Visible = xlSheetVisible
Worksheets(1).Visible = 1
Worksheets(1).Visible = -1
```

3.5.8 ▶ 激活工作表的两种方法

激活工作表就是将工作表切换为活动工作表。在 VBA 中，使用 Worksheet 对象的 Activate 和 Select 方法都可以将一张工作表切换为活动工作表。

如要激活活动工作簿中的第 1 张工作表，可以使用下面两行代码之一：

```
Worksheets(1).Activate
Worksheets(1).Select
```

多数时候，执行这两行代码的效果相同，但 Activate 和 Select 两种方法是有区别的。

考考你

想知道Worksheet对象的Activate和Select方法之间有什么区别吗？执行下面的操作，看看能否从中找到答案。

演示教程

步骤一：隐藏工作簿中的第 1 张工作表，分别执行下面的两行代码激活它，看看能完成吗？

```
Worksheets(1).Activate
Worksheets(1).Select
```

步骤二：试试用两种不同的方法同时选中活动工作簿中的所有工作表，看看能选中吗？

```
Worksheets.Activate
Worksheets.Select
```

通过对比，你发现Activate和Select方法之间的区别了吗？把你的结论写下来。

3.5.9 ▶ 通过 Count 属性，获得工作簿中包含的工作表数量

Worksheets 对象的 Count 属性返回 Worksheets 集合中的成员个数，即指定工作簿中包含的工作表数量，如：

第一行的Dim语句用于声明一个可以存储数据的变量ShtCount，你可以在第 5 章中了解并学习变量的用法。

```
Sub 工作表数量()
    Dim ShtCount As Integer
```

```
    ShtCount = Worksheets.Count              '将工作表数量保存在变量 ShtCount 中
    MsgBox "工作簿中一共有   " & ShtCount & "   张工作表!"
End Sub
```

其他集合（如 Workbooks）也有 Count 属性，改变集合的名称，就可以求其他集合包含的成员个数。

执行这个过程的效果如图 3-30 所示。

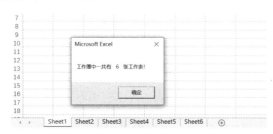

图 3-30　求工作簿中包含的工作表数量

考考你

演示教程

　　如果想在工作簿中最后一张工作表之后插入一张新工作表，就得将最后一张工作表设置为 Worksheets.Add 方法的 after 参数。学习 Count 属性后，你知道怎样借助该属性来引用工作簿中的最后一张工作表吗？

　　试一试，写一个过程，让执行过程后，能在活动工作簿最后一张工作表之后新建一张名为 "ExcelHome" 的工作表。

3.5.10 ▸ Sheets 与 Worksheets 集合的异同

你可能在别人写的代码中，看到过使用 Sheets 代替 Worksheets 来引用工作表，如：

```
MsgBox "第 3 张工作表的标签名称是:" & Sheets(3).Name
MsgBox "第 3 张工作表的标签名称是:" & Worksheets(3).Name
```

并且在同一个工作簿中执行这两行代码后，都能得到如图 3-31 所示的对话框。

从代码执行的结果来看，Sheets(3) 和 Worksheets(3) 引用的都是活动工作簿中的第 3 张工作表。

图 3-31　用对话框显示活动工作簿中第 3 张工作表的标签名称

当访问 Sheets 与 Worksheets 集合的 Count 属性时，也会发现它们包含的成员个数是相同的，如：

```
Sub 集合成员个数 ()
    MsgBox "Sheets 包含的成员个数是 :" & Sheets.Count & Chr(10) _
        & "Worksheets 包含的成员个数是: " & Worksheets.Count
End Sub
```

执行这个过程的结果如图 3-32 所示。

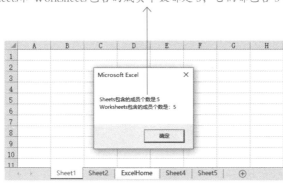

图 3-32　求集合中的成员个数

很多迹象都给我们一种错觉：Sheets 与 Worksheets 引用的是相同的对象，它们之间没有什么区别。

但是事实并非如此，Sheets 与 Worksheets 是两种完全不同的集合。

Excel 中一共有 4 种不同类型的工作表，用右键单击工作表的标签，执行其中的【插入】命令后，可以在打开的【插入】对话框中看到这 4 种不同类型的工作表，而 Sheets 是这 4 种类型的工作表组成的集合，Worksheets 只是普通工作表组成的集合，如图 3-33 所示。

图 3-33　Sheets 与 Worksheets 集合

也就是说，Worksheets 集合只是 Sheets 集合中一种类型的工作表，Sheets 集合包含的成员个数可能比 Worksheets 包含的成员个数多。

在前面的例子中，Sheets 和 Worksheets 返回的结果相同，是因为工作簿中只包含 Worksheet 这一类型的工作表。在工作簿中插入了其他类型的工作表，再执行过程后就可以看到它们的区别了，如图 3-34 所示。

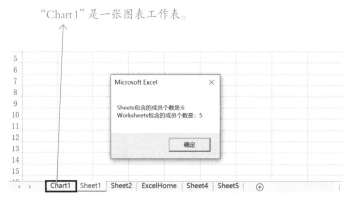

图 3-34　Sheets 与 Worksheets 集合

所以，如果工作簿中只包含 Worksheet 这类工作表，使用 Sheets 和 Worksheets 引用到的工作表相同，但并不意味着在任何场合都能用 Sheets 代替 Worksheets。

第 6 节　用 VBA 代码操作单元格对象

工作表中每个保存数据的单元格区域都是 Range 对象，Range 对象包含在 Worksheet 对象中。

> Range 对象是 Excel 中最常用的一类对象，也是学习 Excel VBA 编程中的重点内容。
> 所以，在学习时，一定要归纳好每一部分的知识点哦。

3.6.1 ▶ 通过地址引用某个范围的单元格

在 VBA 中，可以通过 Worksheet 对象的 Range 属性来引用单元格，这也是引用单元格最常用的一种方法。

> Range 属性的参数有很多种设置方法。不同设置方法引用到的单元格区域也不同。下面我们列举的是常见的一些写法，大家要认真区分它们，千万别混淆了。

◆ 引用某个固定的单元格区域

将表示单元格地址的字符串（A1 样式）设置为 Range 属性的参数，即可引用到该地址表示的单元格区域，如：

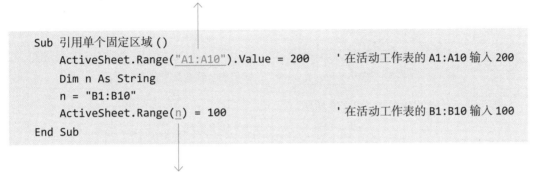

参数是表示单元格地址（A1 样式）的字符串。

```
Sub 引用单个固定区域()
    ActiveSheet.Range("A1:A10").Value = 200        ' 在活动工作表的A1:A10输入200
    Dim n As String
    n = "B1:B10"
    ActiveSheet.Range(n) = 100                     ' 在活动工作表的B1:B10输入100
End Sub
```

参数是表示单元格地址的字符串变量。

如果一个单元格区域已经被定义为名称，如图 3-35 所示。

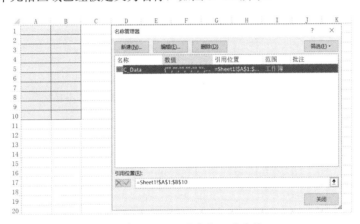

图 3-35　将 A1:B10 区域定义为名称 C_Data

要引用该名称表示的单元格，也可以将 Range 的参数设置为表示名称名的字符串，如：

省略了 Range 对象的上一级对象（父对象）的名称，说明引用的是活动工作表中的 Range 对象。

```
Sub 使用名称引用单元格()
    Range("C_Data").Value = 100        ' 在名称 "C_Data" 表示的单元格中输入数值100
End Sub
```

◆ 引用多个不连续的单元格区域

如果要引用多个不连续的单元格区域，可以将 Range 的参数设置为一个用逗号分隔的、由多个单元格地址（A1 样式）组成的字符串，如：

注意：无论有多少个区域，参数都只是一个字符串，参数中各个区域的地址间用逗号分隔。

```
Sub 引用多个不连续的单元格区域()
    Range("A1:A4,B6:E10,C2:F4").Select        '选中多个不连续的单元格区域
End Sub
```

千万不要把代码看成：

Range("A1:A4","B6:E10","C2:F4")，它们包含的参数个数不一样。

执行这行代码的效果如图3-36所示。

执行代码后，同时选中了3个区域。

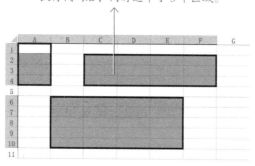

图3-36   选中A1:A4、B6:E10和C2:F4三个区域

● 引用多个区域的公共区域

如果要引用多个区域的公共区域，可以将Range的参数设置为一个用空格分隔的、由多个单元格地址组成的字符串，如：

注意：所有单元格地址都应写在一对双引号之间，是一个字符串，各个单元格地址之间用空格分隔。

```
Sub 引用多个区域的公共区域()
    Range("B1:B10 A4:D6").Value = 100        '在两个单元格区域的公共区域中输入100
End Sub
```

执行这个过程后的效果如图3-37所示。

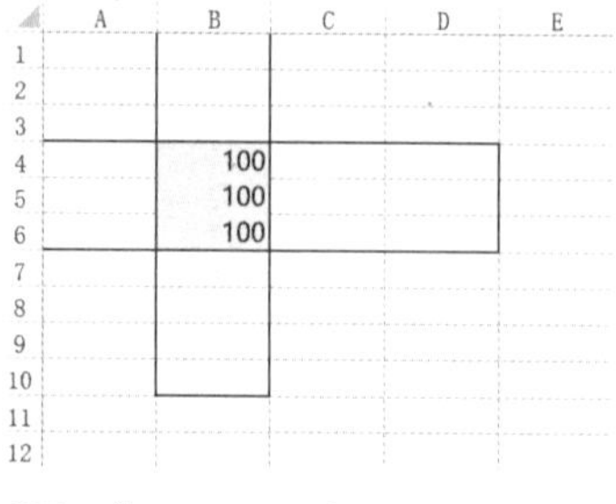

● 引用两个区域围成的最小矩形区域

如果替Range设置两个用逗号隔开的参数，引用到的是这两个区域围成的矩形区域，如：

图3-37   在B1:B10和A4:D6的公共区域
中输入数值100

一共给Range设置了两个参数，两个参数间用逗号","分隔。

```
Sub 引用多个区域的公共区域()
    Range("B6:B10", "D2:D8").Select    ' 引用 B6:B10 与 D2:D8 围成的矩形的区域
End Sub
```

Range属性返回的，是包含参数中两个单元格区域的最小矩形区域。

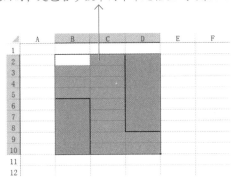

图 3-38　引用两个单元格区域围成的矩形区域

3.6.2 ► 通过索引号引用单个单元格

Worksheet对象和Range对象都拥有Cells属性。该属性可以通过单元格所在的行、列号，或单元格的索引号来引用单元格。Cells属性只能引用单个单元格，但是因为其参数可以使用变量，所以使用起来最灵活。

💧 通过行、列号引用工作表中的某个单元格

如果要在活动工作表中第 3 行与第 4 列交叉的单元格——D3 中输入 20，可以将代码写为：

3 是行号，4 是列号，它们分别是要引用的单元格所在的行和列。

```
Sub 用Cells属性引用单元格()
    ActiveSheet.Cells(3, 4).Value = 20    ' 在第 3 行与第 4 列交叉的单元格中输入 20
End Sub
```

Cells属性有两个参数：第 1 个参数是单元格所在行的行号，第 2 个参数是单元格所在列的列号。

执行这个过程后的效果如图 3-39 所示。

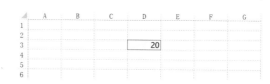

图 3-39　在第 3 行与第 4 列交叉的单元格中输入 20

使用 Cells 属性引用单元格时，表示行号的参数（第 1 参数）只能设置为数字，但第 2 参数可以设置为数字，也可以设置为表示列标的字母，如前面的代码还可以写为：

3 是行号，D 是列标。

```
ActiveSheet.Cells(3, "D").Value = 20        ' 在第 3 行与 D 列交叉的单元格中输入 20
```

◆ 通过行、列号引用区域中的某个单元格

Range 对象的 Cells 属性，返回的是该 Range 对象中指定行与列交叉的单元格。如想在 B3:F9 中第 2 行与第 3 列交叉的单元格中输入数值 100，代码可以写为：

```
Sub 引用区域中的某个单元格 ()
    Range("B3:F9").Cells(2, 3).Value = 100
End Sub
```

执行这个过程的结果如图 3-40 所示。

B3:F9 中第 2 行与第 3 列交叉的单元格，就是工作表中的 D4 单元格。

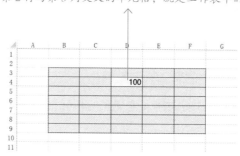

图 3-40　通过 Cells 属性引用区域中的某个单元格

◆ 通过索引号引用单个单元格

Worksheet 对象的 Cells 属性，返回指定工作表中所有单元格组成的集合，可以通过索引号引用该集合中的某个单元格，如：

2 是要引用的单元格的索引号，所以这行代码引用的是 ActiveSheet 中的第 2 个单元格。

```
Sub 使用索引号引用单元格 ()
    ActiveSheet.Cells(2).Value = 200        ' 在活动工作表的第 2 个单元格输入 200
End Sub
```

等等，我有个疑问：第 2 个单元格是哪个单元格？ Excel是按什么规则确定单元格的索引号的？

想知道Cells(2)引用的是哪个单元格，可以先执行这个过程，看看被写入数据的是哪个单元格，如图 3-41 所示。

图 3-41　在活动工作表的第 2 个单元格输入 200

显然，工作表中索引号是 2 的单元格是B1。

只要改变代码中的索引号，再观察执行代码的结果，即可知道Excel是怎样为单元格编索引号的：Excel按从左到右，从上到下的顺序为单元格编索引号，即A 1 为第 1 个单元格，B 1 为第 2 个单元格，C 1 为第 3 个单元格……A 2 为第 16385 个单元格……如图 3-42 所示。

如果要引用D 6 单元格，索引号应设置为 81924，可以将代码写为：Cells(81924)。

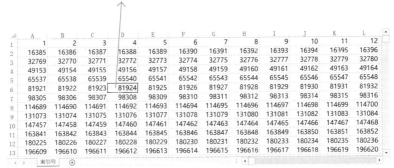

图 3-42　工作表中各单元格的索引号

在VBA中， 如果引用的是Worksheet对象的Cells属性， 可设置的索引号为 1 到 17179869184（1048576 行×16384 列） 的自然数， 如果引用的是Range对象的Cells属性，索引号的范围通常为 1 到这个区域包含的单元格的个数。

3.6.3 ▸ 引用工作表或区域中的所有单元格

如果不给Cells属性设置参数，返回的是指定工作表或区域中的所有单元格，如：

```
ActiveSheet.Cells.Select          ' 选中活动工作表中的所有单元格
Range("B3:F9").Cells.Select       ' 选中 B3:F9 中的所有单元格
```

演示教程

3.6.4 引用固定区域的快捷方式

在 VBA 中，可以直接将 A1 样式的单元格地址，或名称名写在中括号里来引用某个固定
的单元格区域，这是更为简单、快捷的引用方式，如：

```
[B2]                          'B2 单元格
[A1:D10]                      'A1:D10 区域
[A1:A10,C1:C10,E1:E10]        ' 三个区域组成的合并区域
[B1:B10 A5:D5]               ' 两个区域的公共区域
[n]                          ' 被定义为名称 n 的区域
```

　　这种方法虽然方便，但有一个缺陷：因为不能在中括号中使用
变量，所以这种引用方式缺少灵活性，不能借助变量更改要引用的
单元格，只适合引用一个固定的 Range 对象。

3.6.5 引用整行单元格

在 VBA 中，Worksheet 对象的 Rows 属性返回工作表中所有行组成的集合，如：

```
ActiveSheet.Rows.Select              ' 选中活动工作表中的所有行
```

效果等同于 ActiveSheet.Cells.Select

如果要引用工作表中的指定行，可以通过行的名称（行号）或索引号指定，如：

Rows 返回它的父对象（ActiveSheet）中所有行组成的集合。

```
ActiveSheet.Rows("3:3").Select       ' 选中活动工作表的第 3 行
```

```
ActiveSheet.Rows("3:5").Select       ' 选中活动工作表的第 3 行到第 5 行
```

参数是表示行的名称的字符串，应写在英文半角双引号间。

```
ActiveSheet.Rows(3).Select           ' 选中活动工作表中的第 3 行
```

3 是索引号，表示 ActiveSheet.Rows 中的第 3 行，表示索引号的数字不能写在引号之间。

如果引用Range对象的Rows属性，返回的是该Range对象中的指定行，如：

```
Rows("3:10").Rows("1:1").Select          '选中第 3 行到第 10 行中的第 1 行
```

执行这行代码后的结果如图 3-43 所示。

执行代码后，Excel选中第 3 行到第 10 行中的第 1 行，即工作表中的第 3 行。

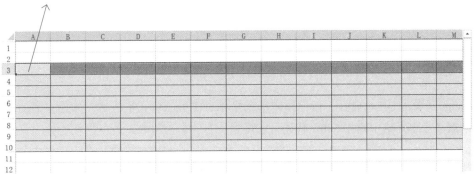

图 3-43　引用区域中的指定行

3.6.6 ▶ 引用整列单元格

Columns属性返回指定 Worksheet对象（或Range对象）中的指定列，其用法与Rows属性的用法类似，如：

```
ActiveSheet.Columns.Select             '选中活动工作表中的所有列
ActiveSheet.Columns("F:G").Select      '选中活动工作表中的 F 到 G 列
ActiveSheet.Columns(6).Select          '选中活动工作表中的第 6 列
Columns("B:G").Columns("B:B").Select   '选中 B:G 列中的第 2 列
```

考考你

学会怎样引用整列单元格后，你能将表 3-1 中的信息补充完整吗？试一试。

演示教程

表 3-1　引用工作表中的指定列

要完成的操作	完成操作所需的代码
用两种方法引用活动工作表的 B 列	
引用活动工作表中的 B 到 D 列	
引用活动工作表中 B 到 E 列的第 2 列	

下面，我们接着来学习几个Range对象的常用属性，这些属性单独看可能会感觉没什么用，但请相信我，它们在用VBA解决问题的过程中非常有用，这一点通过后面章节的例子你一定能感受得到。所以，请一定认真学习，并认真编写代码，完成练习，对这些属性有个印象。

3.6.7 ▶ 通过 Offset 属性引用相对位置的单元格

Range对象的Offset属性，返回指定单元格相对位置的单元格区域。如想在活动单元格下方的第4个单元格中输入500，代码可以写为：

```
Sub 引用相对位置的单元格 ()
    ActiveCell.Offset(4, 0).Value = 500
End Sub
```

Offset通过括号中的两个参数确定偏移的行、列数。

执行这个过程的效果如图3-44所示。

C3是活动单元格，活动单元格下方的第4个单元格（C7）就是Offset属性返回的单元格。

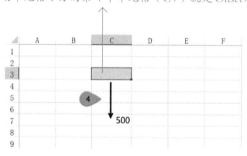

图 3-44　Offset 属性返回的结果

Offset属性有两个参数，分别用来设置返回的单元格相对于指定单元格，在垂直或水平方向上偏移的行、列数，如要在活动工作表B2单元格下方第3行和右边第4列交叉的单元格中输入数值100，代码可以写为：

```
Sub 引用相对位置的单元格 ()
    Range("B2").Offset(3, 4).Value = 100
End Sub
```

Offset属性的两个参数分别用来设置在Offset属性的父对象——在B2单元格的基础上，于垂直方向和水平方向上偏移的行、列数。其中，第1参数3表示向下偏移3行，第2参数4表示向右偏移4列。

从 B2 单元格（Offset 属性的父对象）出发，向下偏移 3 行（Offset 属性的第 1 参数），再向右偏移 4 列（Offset 属性的第 2 参数），得到的 F5 单元格就是 Offset 属性返回的结果，也是要输入数据的单元格，执行这个过程的效果如图 3-45 所示。

Offset 属性的父对象 Range("B2") 是偏移出发的起始位置。

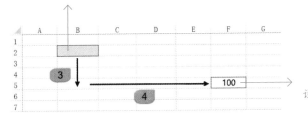

F5 是按 Offset 的参数设置偏移后得到的单元格。

图 3-45　Offset 属性返回的结果

Offset 属性的参数可以设置为正整数、负整数或 0，VBA 通过参数绝对值的大小确定偏移的行、列数，通过参数中数值的符号确定偏移的方向。如果 Offset 属性的参数是正数，表示向下或向右偏移；如果参数为负数，表示向上或向左偏移；如果参数为 0，则不偏移，如：

```
Sub 引用相对位置的单元格 ()
    Range("D7:F8").Offset(-5, -2).Value = 200
End Sub
```

第 1 参数是 -5，表示应在 D7:F8 区域的基础上向上偏移 5 行，第 2 参数是 -2，表示应在 D7:F8 区域的基础上向左偏移 2 列，所以 Offset 属性返回的是 B2:D3 区域。

执行这个过程的效果如图 3-46 所示。

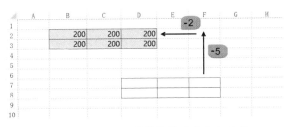

图 3-46　Offset 属性偏移的方向和距离

Offset 属性返回的区域包含的行、列数，与它的父对象的区域包含的行、列数相同，可以是单个单元格，也可以是单元格区域。

3.6.8 ▶ 重新设置引用的单元格区域的行、列数

Range 对象的 Resize 属性可以将指定的单元格按指定行、列数进行扩展，得到一个新区域，如：

Resize 属性把 B2 单元格当成返回区域最左上角的第 1 个单元格。

```
Sub 扩大单元格区域()
    Range("B2").Resize(5, 4).Select    '选中以 B2 为左上角单元格的 5 行 4 列的区域
End Sub
```

Resize 属性的两个参数分别用来指定返回区域的行、列数，第 1 参数用于确定行数，第 2 参数用于确定列数，两个参数都应设置为正整数。

执行这个过程的效果如图 3-47 所示。

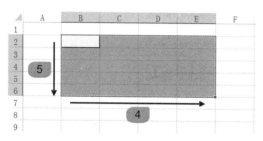

图 3-47　使用 Resize 属性扩展单元格区域

如果 Resize 属性的参数小于其父对象的区域包含的行、列数，Resize 属性将返回一个较小的单元格区域，如：

B2:E6 中最左上角的单元格是 B2，所以 B2 是 Resize 属性返回区域中最左上角的单元格。

```
Sub 缩小单元格区域()
    Range("B2:E6").Resize(2, 1).Select    '选中以 B2 为左上角单元格的 2 行 1 列的区域
End Sub
```

Resize 属性返回的是一个 2 行 1 列的区域。等同于下面的代码：

Range("B2:E6").Cells(1).Resize(2, 1).Select

执行这个过程的效果如图 3-48 所示。

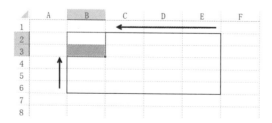

图 3-48　使用 Resize 属性重设单元格区域的大小

3.6.9 ▶ 引用工作表中已经使用的区域

Worksheet 对象的 UsedRange 属性，返回工作表中已经使用的单元格围成的矩形区域，如：

```
Sub 引用工作表中已经使用的区域()
    ActiveSheet.UsedRange.Select          ' 选中活动工作表中已使用的单元格区域
End Sub
```

执行这个过程后的效果如图 3-49 所示。

执行过程后被选中的区域，就是 UsedRange 属性返回的区域。

工号	部门	姓名	职务	底薪	加班工资	应发金额	扣除	实发金额
A001	办公室	罗林	经理	3500	250	3750	180	3570
A002	办公室	赵刚	助理	3000	300	3300	150	3150
A012	人力资源部	沈妙	职工	2250		2250	160	2090
A013	销售部	王惠君	经理	3200	150	3350	130	3220
A014	销售部	陈云彩	助理	3100		3100	110	2990
A015	销售部	吕芬花	职工	2500	80	2580	90	2490
A016	销售部	杨云	职工	2600		2600	80	2520
A017	销售部	严玉	职工	2550		2550	150	2400
A018	销售部	王五	职工	2300	200	2500	45	2455

图 3-49　选中 UsedRange 属性返回的区域

UsedRange 属性返回的，总是包含工作表中已使用的所有单元格围成的最小矩形区域，无论这些区域中间是否存在空行、空列或空单元格，如图 3-50 所示。

工作表中只使用了 C7 和 F9 两个单元格，UsedRange 属性返回的是包含这两个单元格的最小矩形区域——C7:F9 区域，尽管这个区域间包含空行、空列和空单元格。

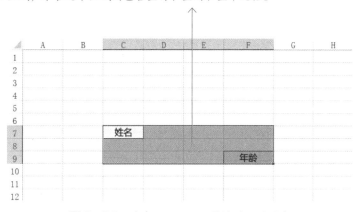

图 3-50　选中 UsedRange 属性返回的区域

需要注意的是，UsedRange 属性返回的是所有已使用的单元格围成的最小矩形区域，已使用的单元格不仅包含已写入数据、插入过批注的单元格，还包含设置过格式（包括添加底纹、边框、调整过行高）的单元格，如图 3-51 所示。

B10 被添加过底纹，第 3 行调整过行高，所以它
们都包含在 UsedRange 属性返回的区域中。

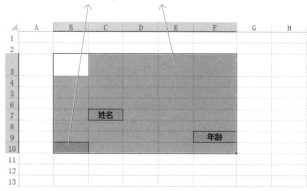

图 3-51　选中 UsedRange 属性返回的区域

如果工作表是一张新工作表，UsedRange 属性返回的是 A1 单元格。

考考你

借助 UsedRange 属性，可以方便地获得工作表中已使用的区域信息，如包含的行、列数，包含的单元格个数，其首行、末行的行号，首列、末列的列号等信息，你能写出获得这些信息的 VBA 代码吗？

演示教程

1. 活动工作表中已使用区域包含的行数：

_____

2. 活动工作表中已使用区域包含的列数：

_____

3. 活动工作表中已使用区域包含的单元格个数：

_____

4. 活动工作表中已使用区域第一列和最后一列的列号：

_____

5. 活动工作表中已使用区域第一行和最后一行的行号：

_____

如果你不知道怎样获得某个单元格的行、列号，可以在 3.6.14 小节中找到解决的办法。

3.6.10 ▶ 引用包含某个单元格的连续区域

Range 对象的 CurrentRegion 属性，返回包含指定单元格在内的一个连续的矩形区域，如：

这部分代码返回的区域，等同于在选中 C5 单元格的同时，按一次<Ctrl+A>组合键或者定位【当前区域】选中的单元格区域。

```
Sub 选中指定单元格区域 ()
    Range("C5").CurrentRegion.Select                    ' 选中 C5 单元格所在的区域
End Sub
```

执行这个过程的效果如图 3-52 所示。

Range("C5").CurrentRegion 返回的，是包含 C5 在内的连续的矩形区域，即：A1:E10 区域。

序号	商品代码	库存数量	销售数量	备注
1	BG-001	654	148	
2	BG-002	520	147	
3	BG-003	554	143	
4	BG-004	587	149	
5	BG-005	643	143	
6	BG-006	763	104	
7	BG-007	485	103	
8	BG-008	775	126	
9	BG-009	608	117	

序号	商品代码	库存数量	销售数量	备注
1	BG-001	654	148	
2	BG-002	520	147	
3	BG-003	554	143	
4	BG-004	587	149	
5	BG-005	643	143	
6	BG-006	763	104	
7	BG-007	485	103	
8	BG-008	775	126	
9	BG-009	608	117	

序号	商品代码	库存数量	销售数量	备注
1	BG-001	654	148	
2	BG-002	520	147	
3	BG-003	554	143	

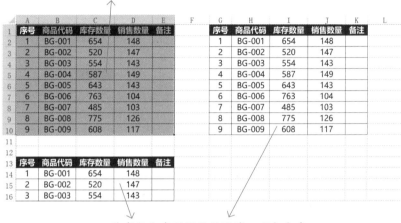

被空行和空列隔开的区域，不包含在 Range("C5").CurrentRegion 返回的区域中。

图 3-52　选中 CurrentRegion 属性返回的单元格区域

3.6.11 获得某个单元格最尾端的单元格

如图 3-53 所示，如果在 E6 单元格中，按<End+方向键>(上、下、左、右方向键：↑↓←→)，即可选中该单元格所在行、列首末端的四个单元格：E1、E10、A6、I6。

工号	部门	姓名	职务	底薪	加班工资	应发金额	扣除	实发金额
A001	办公室	罗林	经理	3500	250	3750	180	3570
A002	办公室	赵刚	助理	3000	300	3300	150	3150
A012	人力资源部	沈妙	职工	2250	110	2360	160	2200
A013	销售部	王惠君	经理	3200	150	3350	130	3220
A014	销售部	陈云彩	助理	3100	60	3160	110	3050
A015	销售部	吕芬花	职工	2500	80	2580	90	2490
A016	销售部	杨云	职工	2600	60	2660	80	2580
A017	销售部	严玉	职工	2550	140	2690	150	2540
A018	销售部	王五	职工	2300	200	2500	45	2455

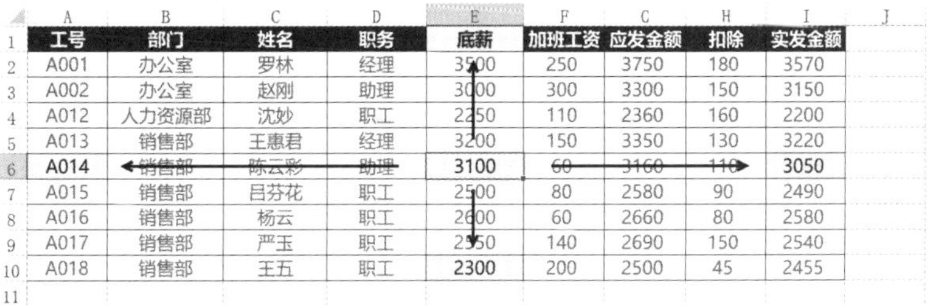

图 3-53　E6 单元格及其首末端的单元格

这与 Range 对象的 End 属性的返回结果相同。所以，希望通过 VBA 获得某个单元格所在行或列的首末端单元格，就可以使用 Range 对象的 End 属性，如：

参数 xlDown 告诉 VBA，End 属性返回的是 C3 下端的单元格。

```
Sub 最尾端单元格 ()
    MsgBox Range("C3").End(xlDown).Address
End Sub
```

End 属性返回的，是在 C3 单元格中按 <End+ 下方向键(↓)> 后选中的单元格。

执行这个过程的效果如图 3-54 所示。

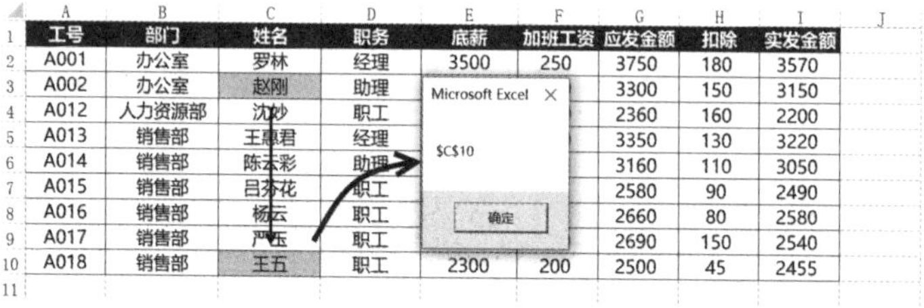

图 3-54　End 属性返回单元格的地址

End 属性的参数一共有四个可选项（可以设置为常量名称，也可以设置为对应的数值），分别用于指定要返回的是上、下、左、右哪个方向末端的单元格，如表 3-2 所示。

表 3-2　End 属性的参数及说明

常量名称	常量对应的数值	参数说明
xlToLeft	-4159	返回左端单元格，等同于在单元格中按 <End+ 左方向键(←)> 后选中的单元格
xlToRight	-4161	返回右端单元格，等同于在单元格中按 <End+ 右方向键(→)> 后选中的单元格
xlUp	-4162	返回上端单元格，等同于在单元格中按 <End+ 上方向键(↑)> 后选中的单元格
xlDown	-4121	返回下端单元格，等同于在单元格中按 <End+ 下方向键(↓)> 后选中的单元格

考考你

如果在活动工作表中，只使用过如图 3-55 所示的单元格区域。你知道下面的代码返回的是哪个单元格吗？先猜一猜，再执行代码验证自己的猜想是否正确。

```
Range("E6").End (xlUp)
Range("E6").End (xlDown)
Range("E6").End (xlToLeft)
Range("E6").End (xlToRight)
Range("D15").End (xlUp)
Range("D15").End (xlDown)
Range("D15").End (xlToLeft)
Range("D15").End (xlToRight)
```

演示教程

工号	部门	姓名	职务	底薪	加班工资	应发金额	扣除	实发金额	备注		
A001	办公室	罗林	经理	3500	250	3750	180	3570			
A002	办公室	赵刚	助理	3000	300	3300	150	3150			
A012	人力资源部	沈妙	职工	2250	110	2360	160	2200			
A013	销售部	王惠君	经理	3200	150	3350	130	3220			
A014		陈云彩	助理	3100	60	3160		3160			
A015	销售部	吕芬花	职工	2500	80	2580	90	2490			
A016	销售部	杨云	职工	2600	60	2660	80	2580			
A017	销售部	严玉	职工	2550	140	2690	150	2540			
A018	销售部	王五	职工	2300	200	2500	45	2455			

图 3-55　工作表中已使用的单元格区域

考考你

　　如果要通过 VBA 在某张数据表中增加一条新记录，就得先确定要写入数据的单元格位置，即第一行空行的行号。

　　比如，在图 3-56 所示的工作表中，就应将新的记录写入工作表的第 11 行。如果在往数据表中写入数据之前，并不知道工作表中保存了多少条数据，你能想到哪些办法，获得应该写入新记录的行号？

演示教程

工号	部门	姓名	职务	底薪	加班工资	应发金额	扣除	实发金额	
A001	办公室	罗林	经理	3500	250	3750	180	3570	
A002	办公室	赵刚	助理	3000	300	3300	150	3150	
A012	人力资源部	沈妙	职工	2250	110	2360	160	2200	
A013	销售部	王惠君	经理	3200	150	3350	130	3220	
A014	销售部	陈云彩	助理	3100	60	3160	120	3040	
A015	销售部	吕芬花	职工	2500	80	2580	90	2490	
A016	销售部	杨云	职工	2600	60	2660	80	2580	
A017	销售部	严玉	职工	2550	140	2690	150	2540	
A018	销售部	王五	职工	2300	200	2500	45	2455	

图 3-56　保存数据的工作表

3.6.12 ▶ 修改单元格中保存的数据

　　如果单元格是一个瓶子，Value 属性就是装在瓶子里的东西。在单元格中输入或修改数据，都是在设置 Range 对象的 Value 属性，如：

```
Sub 在A1单元格中输入数据()
    Range("A1").Value = "Excel VBA 其实很简单"
End Sub
```

　　执行这个过程后，Excel 会在活动工作表 A1 单元格中输入"Excel VBA 其实很简单"，效果如图 3-57 所示。

图 3-57　在 A1 单元格中输入数据

也可以设置一个单元格区域的Value属性，批量在多个单元格中输入数据，如：

```
Sub 在多个单元格中输入数据()
    Range("A1:D5").Value = "Excel VBA 其实很简单"
End Sub
```

执行这个过程的效果如图3-58所示。

图3-58 在单元格区域中输入数据

如果想获得某个单元格中的数据，也是通过访问它的Value属性获得，如：

```
Sub 获得单元格中保存的数据()
    Range("C5").Value = Range("B1").Value
End Sub
```

执行这个过程后，Excel会将活动工作表B1中保存的数据，写入活动工作表的C5单元格，效果如图3-59所示。

图3-59 将单元格中保存的数据写入另一个单元格

Value属性是Range对象的默认属性，在写代码时，有时可以省略属性名称，如：

```
Range("A1") = "Excel VBA 其实很简单"           ' 在 A1 单元格输入数据
Range("C5") = Range("B1")                      ' 将 B1 单元格中保存的数据写入 C5 单元格
```

但是在某些时候，如果省略了属性名称Value，Excel会无法分辨Range("A1")表示的是A1单元格本身，还是其中保存的数据，从而导致代码执行出错。所以，省略属性名称并不是一个好习惯，为了保证在执行代码时不出现意外错误，当在VBA代码中表示单元格中存储的数据时，建议保留Value属性的名称而不要省略它。

考考你

在VBA中，有一些和Value属性很相似的属性容易让人混淆，如Text属性、Formula属性等。

比如，当在A1单元格中输入"Excel VBA其实很简单"后，执行下面的过程后，可以发现Range("A1")的Value、Text和Formula属性返回的结果都是相同的，如图3-60所示。

演示教程

```
Sub 单元格中的内容()
    Range("C1").Value = Range("A1").Value
    Range("C2").Value = Range("A1").Text
    Range("C3").Value = Range("A1").Formula
End Sub
```

图 3-60　Value、Text 和 Formula 属性返回的结果

那么这三个属性之间究竟有什么区别呢？ 我们可以换个例子重新试一次。

在 A1 单元格中输入公式 "=0.1+0.3"，再设置 A1 单元格的格式为 "时间"，如图 3-61 所示。

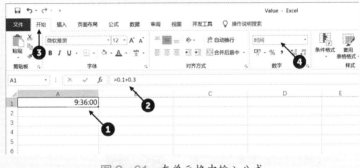

图 3-61　在单元格中输入公式

然后再执行上面的过程，观察所得的结果，看看能否从中找到 Value、Text 和 Formula 属性的区别，将你发现的结论写下来。

3.6.13 ▶ 求某个区域中包含的单元格个数

Range 对象的 Count 属性返回指定区域中包含的单元格个数，如果想知道 A1:D10 区域一共包含多少个单元格，可以将代码写为：

```
Sub 单元格个数()
    MsgBox Range("A1:D10").Count
End Sub
```

执行这个过程的效果如图 3-62 所示。

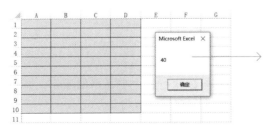

Count 属性返回的是集合中包含的成员个数。Range("A1:D10") 中包含 40 个单元格，所以它的 Count 属性返回的结果为 40。

图 3-62　获得 A1:D10 中包含的单元格个数

除 Range 对象外，Worksheets、Workbooks、Rows、Columns 等集合都有 Count 属性，都可以通过 Count 属性获得其中包含的成员个数，如：

```
ActiveSheet.UsedRange.Rows.Count         '活动工作表中已使用区域包含的行数
ActiveSheet.UsedRange.Columns.Count      '活动工作表中已使用区域包含的列数
```

3.6.14 ▶ 获得单元格的行、列号、地址等信息

如果想了解指定单元格在工作表中的行号、列号、单元格地址等信息，可以分别访问它的 Row、Column 和 Address 属性获得，如：

ActiveCell 是对活动单元格的引用。

```
Sub 获取单元格的位置信息()
    Range("H1").Value = ActiveCell.Row          '获得活动单元格行号
    Range("H2").Value = ActiveCell.Column       '获得活动单元格列号
    Range("H3").Value = ActiveCell.Address      '获得活动单元格的地址
End Sub
```

执行这个过程的效果如图 3-63 所示。

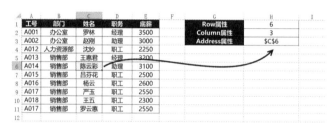

图 3-63　获得单元格的行、列号及地址

选中、复制、粘贴、剪切、删除……这些都是日常对单元格执行的操作，你一定非常熟悉这些手动操作了。借助录制宏的功能，你也一定能轻松获得这些操作对应的 VBA 代码。

所以，接下来的学习你一定会很轻松，但请记得完成我们安排的练习哦。

3.6.15 ▶ 选中或激活单元格

使用 Range 对象的 Activate 和 Select 方法都可以执行选中单元格的操作，如要选中活动工作表中的 A1:F5 区域，代码可以写为下面两行中的任意一行：

```
Range("A1:F5").Select
Range("A1:F5").Activate
```

分别执行这两行代码都能得到图 3-64 所示的效果。

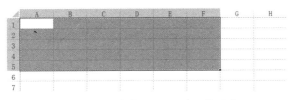

图 3-64 选中 A1:F5 单元格区域

考考你

使用 Range 对象的 Activate 和 Select 方法都能选中 A1:F5 区域，但这两种方法的功能并不完全相同，我们可以通过一个简单的例子来感受一下。

先选中 A1:F5 区域后，再分别执行下面的两行代码：

演示教程

```
Range("B3").Activate
Range("B3").Select
```

执行这两行代码所得的结果相同吗？ 从中你能否发现 Select 和 Activate 方法的区别？ 把你发现的结论写下来。

3.6.16 ▶ 复制单元格区域

使用 Range 对象的 Copy 方法可以执行复制单元格的操作，如要将 A1 复制到 E1 中，代码可以写为：

Range("A1")是要复制的单元格。

Destination:=Range("E1")是要执行粘贴操作的目标单元格。其中 Destination 是参数名称，写代码时可以省略。

```
Sub 复制单元格()
    Range("A1").Copy Destination:=Range("E1")
End Sub
```

Copy 方法告诉 Excel，这行代码执行的是复制单元格的操作。

执行这个过程的效果如图 3-65 所示。

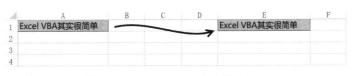

图 3-65 用 Copy 方法复制单元格

因为参数名称 Destination 可以省略,所以,复制单元格的代码总是可以写成这样的结构:

> 源单元格区域 .Copy 目标单元格

参照前面的例子,你能写一个过程,让执行过程后,能将活动工作簿中第 1 张工作表里的 A1：E10 区域,复制到第 2 张工作表的 A1：E10 区域中吗？

演示教程

在使用 Copy 方法复制单元格时,无论要复制的区域包含多少个单元格,在设置目标区域时,可以只指定一个单元格作为目标区域的最左上角单元格,如：

> H1 就是目标区域最左上角的单元格。

```
Sub 复制区域 ()
    Range("A1:E10").CurrentRegion.Copy Range("H1")
End Sub
```

执行这个过程的效果如图 3-66 所示。

> 执行复制单元格的操作后,Excel 会把源区域中包括数值、格式、公式等全部内容粘贴到目标区域。

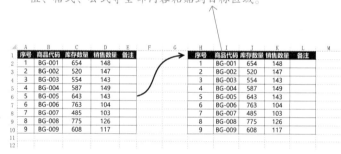

图 3-66　用 Copy 方法复制单元格

如果在活动工作簿的第 1 张工作表中,保存了行、列数不确定的数据,现要将这些数据复制到第 2 张工作表中（目标区域的最左上角单元格为 A1）,你知道代码应该怎样写吗？

如果第 2 张工作表中已有数据,要将第 1 张表中的数据复制到第 2 张工作表的第一行空行中,你知道代码应该怎样写吗？

演示教程

3.6.17 ▶ **选择性粘贴单元格中的内容**

如果在复制单元格时,只需要粘贴源区域中的数值、格式等多个内容的其中之一,可以通过 Range 对象的 PasteSpecial 方法执行选择性粘贴命令来实现。

如果只想将 A1:E10 区域中的数值复制到 H1 中，而不复制格式等其他信息，代码可以写为：

```
Sub 选择性粘贴数值 ()
    Range("A1:E10").Copy
    Range("H1").PasteSpecial Paste:=xlPasteValues
End Sub
```

Paste 是 PasteSpecial 方法的一个参数，用于设置要粘贴已复制区域中的什么信息，将参数值设置为 xlPasteValues，表示只粘贴已复制区域中的数值。

考考你

1.借助录制宏的功能，你能写出只将 A1:E10 区域的格式复制到 H1:L10 中，而不复制其他内容的 VBA 代码吗？

演示教程

2.从录制宏生成的代码可以看出执行选择性粘贴命令的 PasteSpecial 方法有四个参数：Paste、Operation、SkipBlanks 和 Transpose。其中，Paste 参数用于设置要粘贴已复制区域中的内容，多录制几个不同的宏，通过对比你能否从中找到其他三个参数的用途？

演示教程

3.6.18 ▸ 剪切单元格区域

Range 对象的 Cut 方法用于执行剪切单元格的操作，其用法与 Copy 方法类似，如：

```
Range("A1:E5").Cut Destination:=Range("G1")    ' 把 A1:E5 剪切到 G1:K5
Range("A1").Cut Range("G1")                     ' 把 A1 剪切到 G1
Range("A6:E10").Cut Range("G6")                 ' 把 A6:E10 剪切到 G6:K10
```

3.6.19 ▸ 删除指定的单元格

Range 对象的 Delete 方法用于执行删除单元格的操作，如：

```
Sub 删除单元格 ()
    Range("B4").Delete                ' 删除 B4 单元格
End Sub
```

执行这个过程后，VBA 会将活动工作表中的 B4 单元格删除，删除 B4 后，B4 下方的同列单元格自动上移，效果如图 3-67 所示。

图 3-67　删除 B4 单元格

如果希望删除单元格后，被删除单元格右侧的单元格左移，代码应该怎么写？

如果是手动删除单元格，Excel 会显示图 3-68 所示的【删除】对话框，让我们选择删除单元格后的操作方式。

图 3-68　删除单元格的对话框

但是直接调用 Range 对象的 Delete 方法删除单元格，Excel 并不会显示该对话框，也无法手动选择删除单元格后处理其他单元格的方式。如果希望让 Excel 在删除指定的单元格后，按自己的意愿处理其他单元格，就得在 VBA 代码中写清自己的意图。

考考你

无论希望删除指定单元格后按什么方式处理其他单元格，都可以先手动删除单元格，再借助宏录制器获得相应的 VBA 代码。

你能借助宏录制器，写出执行表 3-3 中的操作对应的 VBA 代码吗？

演示教程

表 3-3　删除单元格及对应的 VBA 代码

要执行的操作	完成操作所需要的 VBA 代码
删除 B4 单元格，删除后右侧单元格左移	
删除 B4 单元格，删除后下方单元格上移	
删除 B4 单元格所在的行	
删除 B4 单元格所在的列	

3.6.20 ▶ 清除单元格的内容或格式

一个单元格中不仅有数据，还有格式、批注、超链接等。不同的内容，可以通过执行【功能区】中不同的命令来清除它们，如图 3-69 所示。

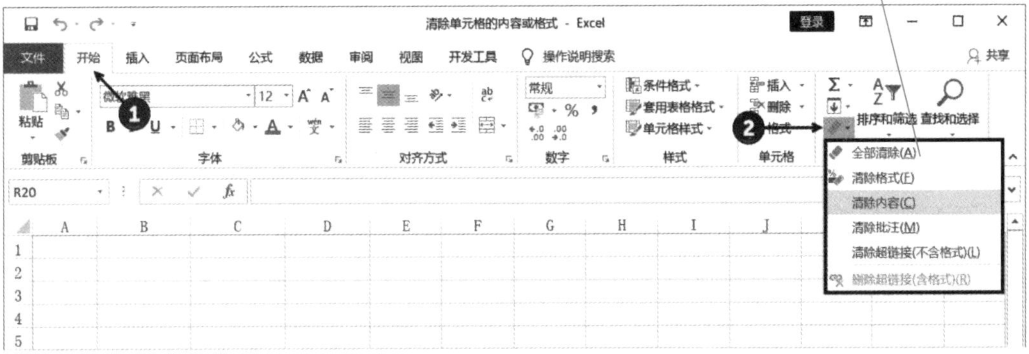

无论要清除单元格中保存的数据，还是单元格的格式，都可以在这里执行相应的命令来解决。

图 3-69　【功能区】中的清除命令

考考你

无论是清除单元格中的内容、格式还是其他内容，相应的 VBA 代码都可以通过录制宏的方式得到。试一试，你能借助录制宏，写出表 3-4 中的操作对应的 VBA 代码吗？

演示教程

表 3-4　要执行的操作及对应的 VBA 代码

要执行的操作	操作对应的 VBA 代码
清除 B2 单元格中的所有信息（包括批注、内容、格式、超链接等）	
清除 B2 单元格中的批注	
清除 B2 单元格中保存的数据	
清除 B2 单元格的格式	
清除 B2 单元格中的超链接	

第 7 节 ▶ 用 VBA 代码操作 Excel 应用程序

在 VBA 中，Application 对象代表 Excel 程序本身，对 Excel 程序的设置和修改，都是在操作 Application 对象。

下面，我们就来了解Application对象的几个常用属性，看看可能会在什么问题情境中用到它们。

3.7.1 ▶ 通过 ScreenUpdating 属性禁止更新屏幕上的内容

默认情况下，在Excel中每执行一个操作，如在单元格中输入数据、清除单元格中的内容、设置单元格格式、新建工作表、打开工作簿等，Excel都会将操作所得的结果输出到屏幕上，更新屏幕上显示的内容。大家可以执行下面的过程看一看。

```
Sub 屏幕更新()
    Cells.Clear
    MsgBox "刚才清除工作表中的所有数据及格式，你能看到结果吗？"
    Range("A1:B10").Value = 100
    MsgBox "刚才在A1:B10输入了数值100，你能看到结果吗？"
    Range("A1:B10").Interior.Color = 65535
    MsgBox "刚才替A1:B10区域添加了底纹，你能看到结果吗？"
End Sub
```

在这个过程中，第1、3、5行代码分别执行了清除工作表中所有数据及格式、在A1:B10区域中输入数据、设置A1:B10区域的底纹颜色的操作。在执行这个过程时，每执行一步操作，VBA都会用MsgBox函数创建一个对话框提示我们观察执行代码后的结果，如图3-70所示。

演示教程

执行过程时，每执行完一行代码，Excel都会把所得的结果输出、显示到屏幕上，让我们能看到执行代码的结果。

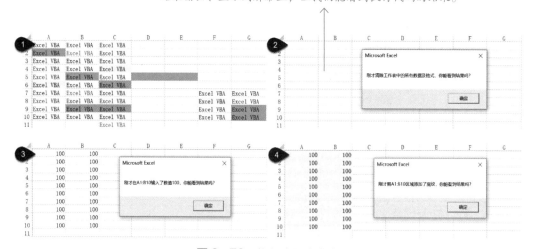

图3-70　执行过程的结果

可是，很多问题都只需要最后的结果，中间的结果是什么我们并不关心。

比如在使用 VBA 代码打开不同的工作簿、读取或往其中输入数据，或者通过 VBA 代码解决一个问题时，中间需要新建一些临时的工作表或文件等，但并不希望在执行这些操作时，计算机将这些操作所得的结果显示到屏幕上，而只希望看到过程执行结束后的最终结果。这时，就可以通过 Application 对象的 ScreenUpdating 属性关闭屏幕更新，让 Excel 只执行代码对应的操作，不将操作结果显示到屏幕上。

Application 对象的 ScreenUpdating 属性是控制屏幕更新的开关。如果将 ScreenUpdating 属性设置为 False，Excel 会关闭屏幕更新，执行过程时，将看不到代码执行的效果。反之，如果将 ScreenUpdating 属性设置为 True，Excel 会开启屏幕更新，执行过程时就能看到过程中每一行代码操作和计算的效果。默认情况下，ScreenUpdating 属性的值为 True，如果不希望将过程中间的计算和操作结果显示到屏幕上，应在过程中将 ScreenUpdating 属性设置为 False，如：

如果将 ScreenUpdating 属性设置为 False，在重新开启屏幕更新前，
在屏幕上看不到这行代码之后的操作所得的结果。

```
Sub 关闭屏幕更新 ()
    Application.ScreenUpdating = False
    Cells.Clear
    MsgBox "刚才清除工作表中的所有数据及格式，你能看到结果吗？"
    Range("A1:B10").Value = 100
    MsgBox "刚才在 A1:B10 区域输入了数值 100，你能看到结果吗？"
    Range("A1:B10").Interior.Color = 65535
    MsgBox "刚才替 A1:B10 区域添加了底纹，你能看到结果吗？"
    Application.ScreenUpdating = True
End Sub
```

演示教程

如果在过程中将 ScreenUpdating 属性设置为 False，应在过程结束前将其重新设置为 True。

当执行这个过程时，只有单击最后一个对话框中的【确定】按钮，待过程执行结束，才能在工作表中看到执行过程所得的结果，如图 3-71 所示。

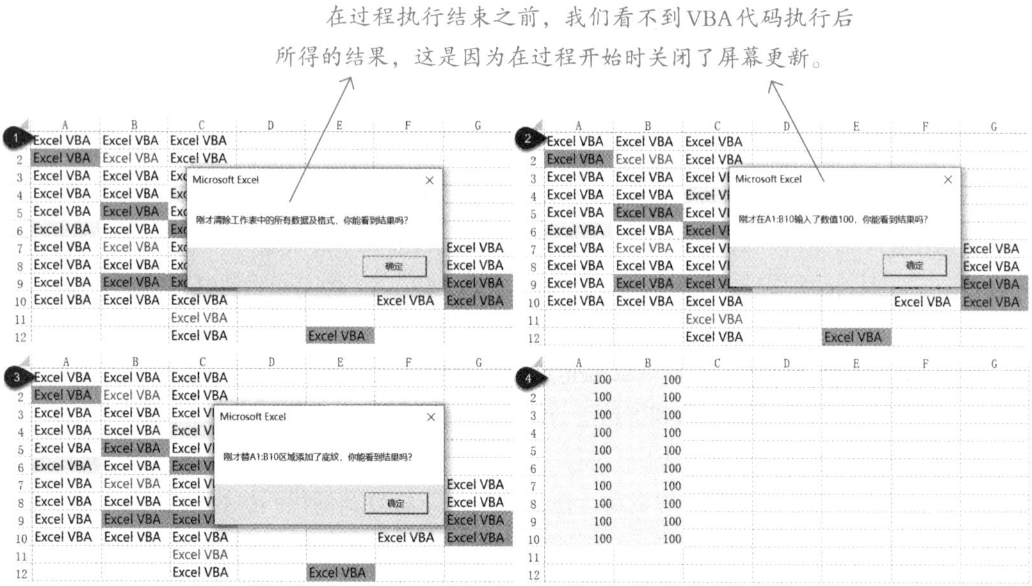

在过程执行结束之前，我们看不到VBA代码执行后
所得的结果，这是因为在过程开始时关闭了屏幕更新。

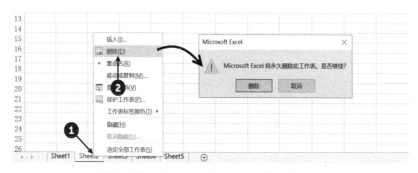

图 3-71　在过程中关闭了屏幕更新

3.7.2 ▶ 设置 DisplayAlerts 属性禁止显示警告对话框

当在Excel中执行某些破坏性较大、不能撤销的操作，如删除工作表时，Excel就会显示一个警告对话框，告知执行这个操作后可能产生的后果，让我们再次确认是否要执行该操作，如图 3-72 所示。

图 3-72　删除工作表时显示的警告对话框

使用VBA删除工作表，Excel也会显示这样的警告对话框。

可是，如果VBA过程需要删除 100 张工作表，并且已经确认这些工作表是必须删除的，执行过程后也要做出 100 次选择吗？

如果不想在执行 VBA 过程时显示类似的警告对话框，可以设置 Application 对象的 DisplayAlerts 属性为 False，如：

```
Sub 删除第 2 张工作表 ()
    Application.DisplayAlerts = False
    Worksheets(2).Delete
    Application.DisplayAlerts = True
End Sub
```

Application 对象的 DisplayAlerts 属性默认值为 True，如果将其设置为 False，执行过程时将不会显示任何提示和警告对话框。但是，如果将 DisplayAlerts 属性设置为 False，应在过程执行结束之前将其设置为 True。

3.7.3 ▶ 通过 WorksheetFunction 属性使用工作表函数

在过程中合理使用函数，能减少编写代码的工作量，但遗憾的是，并不是所有的计算问题在 VBA 中都能找到合适的函数来解决。

如想统计 A1：B50 区域中大于 1000 的数值有多少个，在 VBA 中，就没有现成的函数可供使用。

统计大于 1000 的数值个数，不是可以使用 COUNTIF 函数来解决吗？

COUNTIF 是 Excel 的工作表函数，不能在 VBA 中直接使用工作表函数。除了 COUNTIF 函数，其他很多常用的 Excel 工作表函数，如 SUMIF、TRANSPOSE、VLOOKUP、MATCH 等函数在 VBA 中也没有。

这些都是在 Excel 中使用频率很高的函数，几乎每个使用 Excel 的人都会用到，VBA 中没有这些函数实在太遗憾了。

如果不能在 VBA 中使用这些工作表函数的确是一件非常遗憾的事，但幸运的是，在 VBA 中，可以通过 Appplication 对象的 WorksheetFunction 属性来调用 Excel 中的大部分工作表函数。

如想使用工作表中的 COUNTIF 函数统计 A1：B50 区域中大于 1000 的数值个数，可以将代码写为：

因为工作表函数是 WorkSheetFunction 对象的成员，所以工作表函数名称前应加上这部分代码："Application.WorksheetFunction."。

```
Sub 统计个数()
    Dim MyCount As Integer
    MyCount = Application.WorksheetFunction.CountIf(Range("A1:B50"), ">1000")
    MsgBox "A1:B50 中大于 1000 的单元格个数为：" & MyCount
End Sub
```

函数的参数如果是单元格区域，应按 VBA 中引用单元格的方式编写代码。

但是，并不是所有的工作表函数都能通过 WorksheetFunction 属性来调用，当在【代码窗口】中输入"Application.WorksheetFunction."后，VBE 在【代码窗口】中列出的函数，才是能使用的工作表函数，如图 3-73 所示。

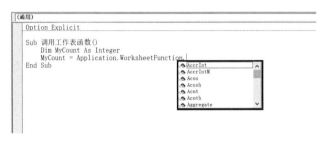

图 3-73　WorksheetFunction 的成员

也可以调出 VBE 的【对象浏览器】，在其中查看 WorkSheetFunction 对象的所有成员，这些成员就是能通过 Application 对象的 WorkSheetFunction 属性使用的工作表函数，操作步骤如图 3-74 所示。

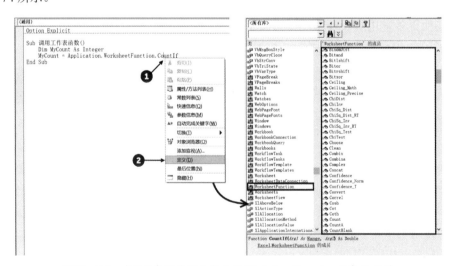

图 3-74　在【对象浏览器】中查看 WorksheetFunction 对象的成员

3.7.4 ▸ 更改 Excel 的程序界面

同其他对象一样，Application 对象也拥有许多属性，可以通过这些属性来设置 Excel 程序。如想让 Excel 以全屏模式显示，可以设置 Application 对象的 DisplayFullScreen 属性为 True，如：

```
Sub 全屏显示()
    Application.DisplayFullScreen = True
End Sub
```

执行这个过程的效果如图 3-75 所示。

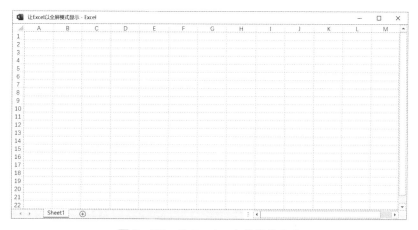

图 3-75　让 Excel 以全屏模式显示

许多设置 Excel 外观的 VBA 代码，都可以通过录制宏的方式获得，在学习和使用 Excel VBA 的过程中，录制宏也是获得 VBA 代码的一种主要方式。

考考你

1. 进入 VBE，在【立即窗口】中执行表 3-5 中的每行代码，然后把看到的结果写下来，将表格补充完整。

演示教程

表 3-5　设置 Excel 的界面

在【立即窗口】中执行的代码	观察区域	代码执行后的效果
Application.Caption = "我的 Excel"	标题栏	
Application.Caption = "Microsoft Excel"	标题栏	
Application.DisplayFormulaBar = False	编辑栏	
Application.DisplayStatusBar = False	状态栏	
Application.StatusBar = "正在计算，请稍候……"	状态栏	
Application.StatusBar = False	状态栏	
ActiveWindow.DisplayHeadings =False	行标和列标	

2. 试一试，你能借助录制宏的功能，将表 3-6 中列出的操作翻译成VBA代码吗？

演示教程

表 3-6　设置Excel的界面

代码执行后的效果	代码
隐藏工作表标签	
隐藏水平滚动条	
隐藏垂直滚动条	
隐藏网格线	

3.7.5 ▸ Application 对象的子对象

Application是Excel所有对象的起点，它就像一棵大树的树根，工作簿、工作表、单元格等对象都是这棵大树的枝丫，即Application对象的子对象。可以通过引用Application对象的不同属性来获得这些不同的子对象。如：

```
Application.Workbooks ("工作簿1")          '名称为"工作簿1"的工作簿对象
```

严格来说，在VBA中引用一个对象，也应从Application对象开始，逐层引用对象，指明对象所处的位置，如：

```
Application.Workbooks("工作簿1").Worksheets("Sheet1").Range ("A1")
```

但对一些特殊的对象，在引用时也不必按这种严谨的方式去引用，如想在当前选中的单元格中输入数据300，因为"选中的单元格"是一个特殊的对象，所以，代码可以写为下面两行中的任意一行：

Application对象的Selection属性返回工作簿中选中的对象。

```
Application.Selection.Value = 300
Selection.Value = 300
```

VBA中能直接引用的常用特殊对象如表 3-7 所示。

表 3-7　Application 对象的常用属性

属性	返回的对象
ActiveCell	活动单元格
ActiveChart	活动工作簿中的活动图表

续表

属性	返回的对象
ActiveSheet	活动工作簿中的活动工作表
ActiveWindow	活动窗口
ActiveWorkbook	活动工作簿
Charts	活动工作簿中所有的图表工作表
Selection	活动工作簿中所有选中的对象
Sheets	活动工作簿中所有Sheet对象，包括普通工作表、图表工作表、Ms Excel4.0 宏表工作表和Ms Excel 5.0 对话框工作表
Worksheets	活动工作簿中的所有Worksheet对象（普通工作表）
Workbooks	打开的所有工作簿

4

第 4 章

VBA 中常用的语句结构

　　还记得在第 1 章，修改名为"制作考场座位标签"的宏吗？一个原本功能很简单的宏，只在其中加入几行简单的代码，就让其威力大增，本领超强。

　　你一定很好奇：加入的几行代码究竟有什么用？

　　其实，加入的几行代码，是 VBA 中一种极常用的语句结构——循环语句。利用循环语句，能有效解决许多重复的操作和计算问题。

　　那么，怎样用好 VBA 中的循环及其他语句结构，让我们能有效解决 Excel 中的各种问题呢？

　　这一章，就让我们一起来学习 VBA 中常用的语句结构及其用法。

 学习建议

　　本章主要介绍 VBA 中常用的判断、循环等基本语句结构，借助这些语句，可以解决许多使用录制宏不能解决的问题，这些语句结构也是让 VBA 过程从普通化身神奇的关键武器。能否熟练掌握这些语句结构的用法，直接决定能否编写 VBA 过程解决问题。

　　在学习时，建议认真编写代码解决示例及练习中的每个问题，在解决问题的过程中，归纳、总结各语句结构的用途和用法。

　　学习完本章内容后，你需要掌握以下技能：

　　1. 会使用 If…Then 语句、Select Case 语句结构解决判断选择问题；

　　2. 理解 For…Next、For Each…Next、Do…Loop 循环语句结构的区别和联系，能结合问题需求，选择合适的语句结构编写过程解决问题。

第 1 节　这些简单的问题，你会用 VBA 解决吗

通过前面的学习，相信你已经了解了怎样使用VBA操作Excel中各种常见的对象，也学会了怎样通过录制宏来获得Excel中常用操作对应的VBA代码。但是，仅仅掌握这些知识对解决实际问题而言，仍然是远远不够的。

不信？那么先来看看现在的你，能不能解决下面的这几个简单的问题。

4.1.1 ▶ 如果工作簿中没有名为"1 月"的工作表，那么新建它

如果是新建一张标签名称为"1 月"的工作表，可以将过程写为：

```
Sub 新建工作表 ()
    Worksheets.Add                     ' 在活动工作表前新建一张工作表
    ActiveSheet.Name = "1 月 "          ' 更改新建的工作表标签名称为 "1 月 "
End Sub
```

但问题实际的要求是：如果工作簿中没有标签名称为"1 月"的工作表，则在第 1 张工作表前新建一张名为"1 月"的工作表，否则将原来的"1 月"工作表移到所有工作表前。

敲黑板，画重点：
新建工作表和移动工作表，两个操作只能选择执行一个。

究竟要执行什么操作，得先判断工作表中是否包含名为"1 月"的工作表，然后再根据判断的结果从两个操作中选择一个。

可是，用VBA怎样完成这个判断和选择的操作呢？

4.1.2 ▶ 在 A1:A100 区域中写入 1 到 100 的自然数

如果想在活动工作表的 A1 单元格中输入数值 1，代码可以为：

```
Sub 输入数据 ()
    Range("A1").Value = 1
End Sub
```

参照在 A1 中输入数据的代码，要在 A1:A100 区域中输入 1 到 100 的自然数，相信你一定能写出解决这个问题的过程，如：

```
Sub 在 A 列写入 1 到 100 的自然数 ()
    Range("A1").Value = 1
    Range("A2").Value = 2
    Range("A3").Value = 3
    Range("A4").Value = 4
    Range("A5").Value = 5
    '……此处省略 90 行代码……
    Range("A96").Value = 96
    Range("A97").Value = 97
    Range("A98").Value = 98
    Range("A99").Value = 99
    Range("A100").Value = 100
End Sub
```

还好只输入 100 个数据，如果是输入 1 到 10000 的自然数，岂不是要写 10000 行代码？

输入 10000 个数据就需要写 10000 行代码？这可比手动输入慢多了！

那你认为这个问题还有更简单的解决办法吗？

4.1.3 ▶ 删除工作簿中除活动工作表之外的所有工作表

删除某张工作表的代码，现在大家已经知道怎样写了。但如果要删除工作簿中，除活动工作表外的所有工作表，如图 4-1 所示，这个问题又该怎么解决呢？

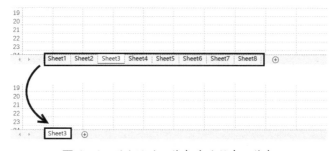

图 4-1 删除活动工作表外的所有工作表

因为事先并不知道活动工作簿中有几张工作表，这些工作表的名称是什么，是工作簿中的第几张工作表，如果删除一张工作表得写一行 VBA 代码，那么又该在过程中编写几行删除工作表的代码呢？

要解决这些问题，就得用到 VBA 中一些专用的语句结构，这也是这一章要学习的内容。

学完这些内容后，你一定会 get 很多实用的技能。准备好了吗？马上就要开始了。

第 2 节 用 VBA 解决判断和选择问题

4.2.1 Excel 中的选择问题

这个周末放假，约吗？

去哪儿？

如果是晴天，那么就去郊游，否则就去看电影。

周末去郊游还是看电影？得由天气情况决定，天气不同，选择的约会项目也不同。

类似的选择问题都可以用"如果……那么……否则……"这组关联词来描述，都是从已有的两种方案中选择一个，属于"二选一"的选择题，如图 4-2 所示。

类似的问题，在 Excel 中也不少：

"如果 B2 中的数值达到 60，那么在 C2 写入'及格'，否则在 C2 写入'不及格'。"

"如果单元格中保存了数据，那么为该单元格添加边框线，否则不设置边框线。"

"如果工作簿中没有名称为'汇总'的工作表，那么新建一张名称为'汇总'的工作表，否则不执行任何操作。"

……

像这种根据条件，从多种操作或计算中选择一个的问题称为选择问题。

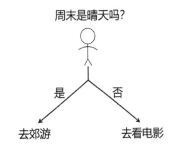

图 4-2 周末计划

4.2.2 ▶ 用 VBA 中的 IIF 函数解决简单的"二选一"问题

"如果B2中的数值达到60，那么在C2中输入'及格'，否则在C2中输入'不及格'。"
这是一个为B2中保存的成绩评定等次的问题，如图4-3所示。

A	B	C	D	E
姓名	成绩	等次		
叶枫	80			

图4-3 判断成绩是否及格

这个问题可以用VBA中的IIF函数解决，IIF函数的功能和用法与工作表中的IF函数类似，语句结构为：

IIF(比较运算式 , 操作或计算 1, 操作或计算 2)

IIF函数有3个参数，当第1参数的比较运算式返回TRUE时，执行第2参数的操作或计算，否则，执行第3参数的操作或计算。如果要用IIF函数解决本例中的问题，可以将过程写为：

```
Sub 用IIF函数判断成绩是否及格 ()
    Range("C2").Value = IIf(Range("B2").Value >= 60, " 及格 ", " 不及格 ")
End Sub
```

> IIF函数用法简单，但是只适合用来解决较为简单的判断和选择
> 问题，所以平时很少使用它。

如当比较运算式返回的结果为TRUE时，需要执行几步、几十步甚至更多操作时，就不适合使用该函数来解决，对这种较为复杂的选择和判断问题，通常会使用专用的语句结构来解决。

4.2.3 ▶ 使用 If…Then 语句结构解决"二选一"的问题

> 集中精力，接下来学习的，就是VBA中解决选择问题的专用语
> 句，这才是要考的重点，可千万别走神了。

● "If…Then" 就是 VBA 世界里的 "如果……那么……"

如果要使用 If…Then 语句结构解决前面为成绩评定等次的问题，可以将代码写为：

```
If Range("B2").Value >= 60 Then Range("C2").Value = "及格" Else Range("C2").
Value = "不及格"
```

也就是说，可以用这行代码，代替前面的 IIF 函数。从语义上理解，这行代码中的
"If…Then…Else…" 相当于人类语言中的 "如果……那么……否则……"。执行这行代码后，
Excel 会先判断 B2 中的数据是否达到 60，再根据判断的结果选择要执行的操作，如图 4-4
所示。

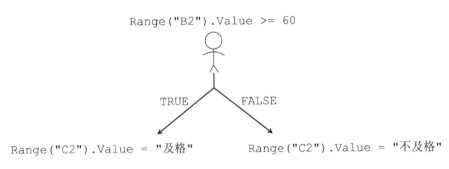

图 4-4　VBA 执行代码的思路

B2 单元格中保存的数据不同，执行这行代码的效果也不同，如图 4-5 所示。

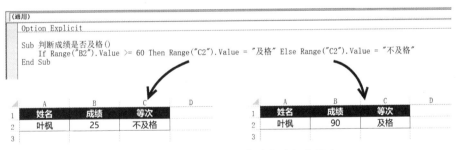

图 4-5　用 If…Then 语句为成绩评定等次

考考你

演示教程

动手写一个过程，执行过程后，如果活动工作表的 A1 单元格为空单元格，那
么用一个对话框提示 "A1 是空单元格"，否则用对话框提示 "A1 不是空单元格"。

● 将 If…Then 语句写成多行的语句块

在前面的例子中，If…Then 语句被写为一行代码，但多数时候，我们会将其写为多行的
语句块，如前面的代码可以改写为：

```
If Range("B2").Value >= 60 Then
    Range("C2").Value = " 及格 "
Else
    Range("C2").Value = " 不及格 "
End If
```

写成语句块的If…Then语句结构包含5部分：

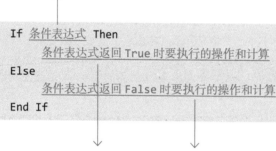

条件表达式通常是一个返回结果为逻辑值True或False的比较运算式。

```
If 条件表达式 Then
    条件表达式返回 True 时要执行的操作和计算
Else
    条件表达式返回 False 时要执行的操作和计算
End If
```

第2、4部分可以包含任意多行的代码。

写成多行的If…Then语句结构虽然占用更多的行，但在结构上却比写成一行的代码要清晰很多，并且因为第2、4部分可以包含任意多行的代码，可以执行任意多的操作或计算，所以比写成一行的代码更适用。

◆ If…Then 语句不需写足 5 个部分

有时，可能遇到的是这样的选择问题：如果B2中的数值达到60，那么在C2输入"及格"。如果要解决这个问题，可以将代码写为：

```
If Range("B2").Value >= 60 Then Range("C2").Value = " 及格 "
```

或者：

```
If Range("B2").Value >= 60 Then
    Range("C2").Value = " 及格 "
End If
```

如果If…Then语句没有设置Else及之后的代码，那么当条件表达式返回False时，VBA将直接执行End If之后的代码。

◆ 用 If…Then 语句可以解决"多选一"的问题

通常，只使用If…Then语句解决"二选一"的问题，但有时面临的选项可能不止两个，如图4-6所示。

Excel中类似的"多选一"问题也很多，以为

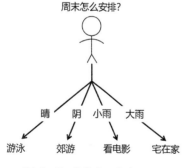

图 4-6 "多选一"的问题

成绩评定等次的问题为例，要评定的等次就可能有多种，如图 4-7 所示。

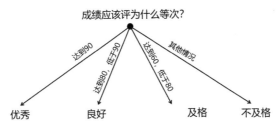

图 4-7　评定成绩等次的规则

可以将这个"四选一"的问题，转为多个"二选一"的问题来解决，如图 4-8 所示。

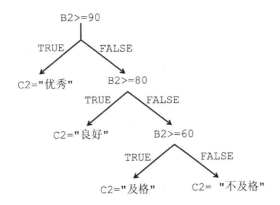

图 4-8　为成绩评定等次

这样，使用三个 If…Then 语句就能解决了，如：

```
Sub 为成绩评定等次()
    If Range("B2").Value >= 90 Then
        Range("C2").Value = "优秀"
    Else
        If Range("B2").Value >= 80 Then
            Range("C2").Value = "良好"
        Else
            If Range("B2").Value >= 60 Then
                Range("C2").Value = "及格"
            Else
                Range("C2").Value = "不及格"
            End If
        End If
    End If
End Sub
```

就像在 Excel 的公式中嵌套使用函数一样，可以在 If…Then 语句中嵌套使用 If…Then 语句，但在写成语句块的 If 语句中，每个 If…Then 语句都应有一个 End If 与之匹配，且不能写错位置。为了让代码层次清晰，If 和 End If 之间的代码，应缩进一个 Tab 键的宽度。

当然，一个If…Then语句也可以完成多次判断，如本例的过程还可以写为：

```
Sub 为成绩评定等次 ()
    If Range("B2").Value >= 90 Then
        Range("C2").Value = " 优秀 "
    ElseIf Range("B2").Value >= 80 Then
        Range("C2").Value = " 良好 "
    ElseIf Range("B2").Value >= 60 Then
        Range("C2").Value = " 及格 "
    Else
        Range("C2").Value = " 不及格 "
    End If
End Sub
```

增加使用ElseIf子句，就可以在If…Then语句中增加判断的条件，If…Then语句允许增加任意多个ElseIf子句，用来解决任意的"多选一"问题。

考考你

对于考试的成绩，通常只能是0到100之间的某个数值。

但这个示例过程中的代码，并未考虑B2中保存的数据是否为该区间的数值。所以，当B2中保存的不是一个合法的成绩数据（0到100之间的数值）时，执行该示例过程得到的可能是一个错误的结果。

演示教程

你能修改这个过程，当B2中的数据不是0到100之间的数值时，执行过程后，在C2写入"非法数据"的提示信息吗？

4.2.4 使用 Select Case 语句解决"多选一"的问题

除了If…Then语句，还可以使用Select Case语句来解决选择问题。如前面为成绩评定等次的问题，可以使用Select Case语句将过程改写为：

```
Sub 为成绩评定等次 ()
    Select Case Range("B2").Value
        Case Is >= 90
            Range("C2").Value = " 优秀 "
        Case Is >= 80
            Range("C2").Value = " 良好 "
        Case Is >= 60
            Range("C2").Value = " 及格 "
        Case Else
            Range("C2").Value = " 不及格 "
    End Select
End Sub
```

结合使用 If…Then 语句解决的代码，你能猜到 Select Case 语句由哪几部分组成，各部分的代码有什么用吗？

Select Case 语句可以判断任意多个条件，可以解决任意的"多选一"问题。Select Case 的语句结构是这样的：

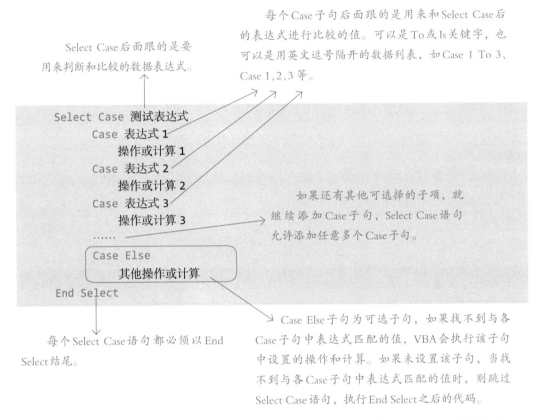

每个 Case 子句后面跟的是用来和 Select Case 后的表达式进行比较的值。可以是 To 或 Is 关键字，也可以是用英文逗号隔开的数据列表，如 Case 1 To 3、Case 1, 2, 3 等。

Select Case 后面跟的是要用来判断和比较的数据表达式。

如果还有其他可选择的子项，就继续添加 Case 子句，Select Case 语句允许添加任意多个 Case 子句。

每个 Select Case 语句都必须以 End Select 结尾。

Case Else 子句为可选子句，如果找不到与各 Case 子句中表达式匹配的值，VBA 会执行该子句中设置的操作和计算。如果未设置该子句，当找不到与各 Case 子句中表达式匹配的值时，则跳过 Select Case 语句，执行 End Select 之后的代码。

与 If…Then 语句一样，在执行 Select Case 语句时，VBA 会将 Select Case 后面的表达式与各个 Case 子句后面的表达式进行对比，如果 Select Case 后的表达式与 Case 子句的表达式匹配，则执行该 Case 子句对应的操作或计算，然后退出整个语句块，执行 End Select 后面的代码，否则将继续进行判断。

图 4-9 所示为本节示例过程中，Select Case 语句的执行流程，大家可以借助它来理解 Select Case 语句的执行流程。

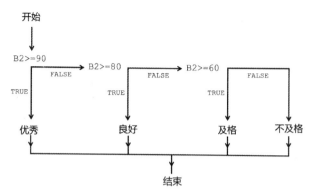

图 4-9　Select Case 语句的执行流程

提示: 因为 If…Then 和 Select Case 语句一旦找到匹配的值后就会跳出整个语句块,所以,为了尽量减少判断的次数,在设置条件时,应尽量把最有可能发生的情况写在前面。

考考你

1.表 4-1 中是一个给成绩(成绩是 0 到 100 的整数)评定等次的过程,其中有部分代码或代码说明没有写出来,请把表中所缺的内容补充完整,然后执行过程,看自己写对了吗?

演示教程

表 4-1　待补充完整的代码

过程代码	代码说明
Sub　评定等次()	过程开始,声明过程名称
Dim cj as Variant	声明一个 Variant 型变量 cj
cj = InputBox("输入考试成绩: ")	将输入的数据存储到变量 cj 中
Select Case cj	
	当 cj 的值为 0 到 59 的时候
MsgBox "等级: D"	
Case 60 To 69	
	消息框显示"等级: C"
	当 cj 的值为 70 到 79 的时候
	消息框显示"等级: B"
	当 cj 的值为 80 到 100 的时候
	消息框显示"等级: A"
Case Else	其他情况
MsgBox "输入错误!"	消息框显示"输入错误!"
End Select	
End Sub	过程结束

2.图 4-10 是单位职工的考核得分表。

姓名	项目1	项目2	项目3	项目4	项目5	项目6	考核得分	星级评定结果	
叶枫	20	15	15	39	15	0	104		

图 4-10　职工考核得分表

现要根据考核得分，按图 4-11 的标准为职工评定星级。

演示教程

星级评定标准

考核得分	150分及以上	130分及以上	115分及以上	100分及以上	85分及以上	85分以下
评定星级	五星级	四星级	三星级	二星级	一星级	不评级

图 4-11　星级评定标准

你能分别使用If…Then和Select Case语句编写一个解决这个问题的过程吗？

看了一遍，我发现自己好像明白了，又好像什么都不明白，怎么办？

如果是初次接触编程，对特殊的语句结构的理解可能会稍微困难一些，一定要放慢学习的速度，认真总结、多归纳，动手写代码。嗯…… 对了，安排的练习认真做了吗？能熟练解决这些问题了，再继续后面的内容。

第 3 节　让某部分代码重复执行多次

4.3.1　用 For…Next 语句循环执行同一段代码

还记得第 1 章中修改制作考场座位标签的宏时，添加的VBA代码？添加的代码就是本节要学习的For…Next循环语句。在学完本节的内容后，你就能看懂那个例子中添加的代码了。

◆ 让相同的代码重复执行多次

如果想在活动工作表前插入一张工作表，代码可以写为：

```
Worksheets.Add
```

如果想将这行代码重复执行 5 次，可以在过程中编写 5 行相同的代码，如：

```
Sub 新建一张工作表 ()
    Worksheets.Add
    Worksheets.Add
    Worksheets.Add
    Worksheets.Add
    Worksheets.Add
End Sub
```

前面说过，VBA代码就像录下来歌曲，执行代码就像播放歌曲，音乐可以循环播放，过程中的VBA代码也可以设置循环执行，For…Next语句就是设置代码循环执行的一种开关。

> 循环语句是VBA中一个重要的内容，学会它后，就能像循环播放音乐一样，设置某部分代码循环执行多次。
>
> 认真学习哦。

如果想让插入工作表的代码循环执行 5 次，可以将过程写为：

```
Sub 新建五张工作表 ()
    Dim i As Byte              ' 声明一个 Byte 类型的变量，名称为 i
    For i = 1 To 5 Step 1
        Worksheets.Add         ' 在活动工作表前插入一张新工作表
    Next i
End Sub
```

执行这个过程的效果如图 4-12 所示。

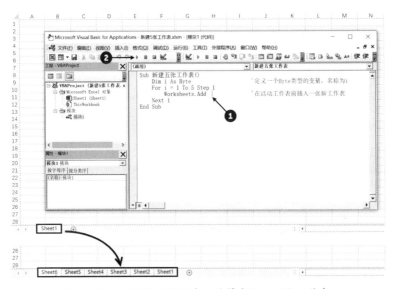

图 4-12 循环执行代码在工作簿中插入 5 张工作表

◆ For…Next 语句是怎样工作的

执行过程后能在工作簿中插入 5 张新工作表，这是因为过程中的 For…Next 语句让代码 "Worksheets.Add" 重复执行了 5 次。

> 可是，For…Next 语句是怎样办到的？如果要让这行代码重复执行 10 次、20 次，代码又该怎样写？

VBA 靠 "For i = 1 To 5 Step 1" 中的 3 个数字确定重复执行代码的次数。这行代码中的 i 是循环变量，数字 1、5、1 分别是循环变量的初值、终值和改变的步长值。每个 For…Next 语句都可以写成这样的结构：

循环变量的值确定循环的次数。

代码中的初值和终值是循环的起始和终止值，执行过程时，从起始值开始，每执行一次循环体，循环变量的值就在原来的基础上增加步长值，直到循环变量的值超出初值和终值的区间，VBA 才终止执行循环体部分的代码。

```
For 循环变量 = 初值 to 终值  Step 步长值
    循环体（ 要重复执行的操作或计算 ）
Next 循环变量名
```

每个 For…Next 语句都必须以 Next 结尾。

For 和 Next 之间的代码称为循环体，可以包含任意多行代码，执行任意多的操作和计算。

将 For…Next 语句的第一行代码写为 "For i = 1 To 5 Step 1"，说明在执行过程时，VBA 会让循环变量 i 的值从 1 增加到 5，每次增加 1（增加多少，由 Step 后的步长值确定）。因为从 1 到 5 共有 5 个数字，所以会执行 5 次循环体部分的代码，如图 4-13 所示。

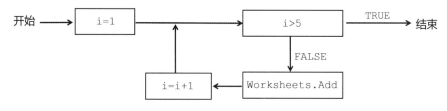

图 4-13 执行 For…Next 语句的流程

如果 For…Next 语句的第一行是 "For i = 3 To 13 Step 2"，则 VBA 会执行循环体部分的代码 6 次，具体的执行流程如图 4-14 所示。

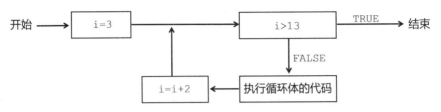

图 4-14 VBA 执行 For…语句的流程

也可以将终值设置为小于初值的数，但此时应将步长值设置为负整数，如：

```
For i = 5 To 1 Step -1
```

如果终值是小于初值的一个数，那么 Step 后的步长值应设置为一个负整数。

将代码写成这样，VBA 每执行一次循环体，变量 i 就增加 -1，直到小于终值 1 才终止执行 For…Next 语句。具体的执行流程如图 4-15 所示。

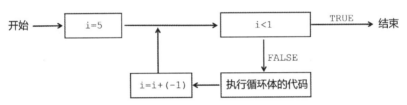

图 4-15 循环变量终值小于初值时的执行流程

考考你

下面是 1.1.2 小节中图 1-10 展示的、用于将考生信息转为座位标签的 VBA 代码：

```
Sub 制作考场标签()
    Application.ScreenUpdating = False
    Dim i As Long, MaxRow As Integer
    MaxRow = Range("A1").CurrentRegion.Rows.Count
    For i = MaxRow To 3 Step -1
        Rows(i & ":" & i + 1).Insert Shift:=xlDown
        Rows(1).Copy Rows(i + 1)
        Rows(i).Borders.LineStyle = xlNone
    Next i
    Application.ScreenUpdating = True
End Sub
```

演示教程

在学习了用 VBA 操作 Excel 中常用的对象以及 For…Next 循环语句的内容后，你能读懂这个过程中每行代码的用途，看懂这个过程解决问题的思路吗？

♦ 使用 Exit For 语句跳出 For…Next 循环

可以在循环体中任意位置加入 Exit For 来终止并跳出循环，如：

```
Sub 新建工作表()
    Dim i As Byte
    For i = 1 To 5 Step 1
        Worksheets.Add
        Exit For
    Next i
End Sub
```

无论 For…Next 语句设置执行循环体多少次，当执行 Exit For 语句后，VBA 都会跳出 For…Next 循环，执行 Next 之后的代码，如图 4-16 所示。

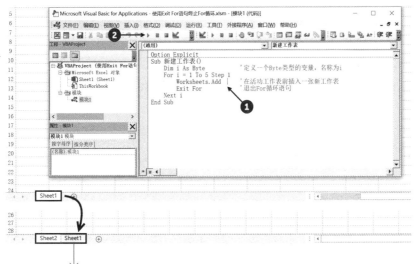

虽然 For…Next 语句设置循环执行代码 5 次，但因为 VBA 在第一次执行循环体时，就会因为执行 Exit For 而跳出 For…Next 语句，所以，Excel 只插入了一张新的工作表。

图 4-16　执行 Exit For 语句终止 For…Next 循环

For…Next 语句总可以写成这样的结构：

<> 内的部分代码是必须要有的部分。　　　　　　[] 内的代码可以省略。如果不设置步长值，VBA 默认步长值为 1。

```
For < 循环变量 >=< 初值 >To< 终值 > [Step 步长值]
    < 循环体 >
    [Exit For]
    [ 循环体 ]
Next [ 循环变量 ]
```

结束语句中的循环变量名称可以省略。

◆ 借助循环为多个成绩评定等次

成绩保存在 B 列，等次写在 C 列。怎样用 VBA 代码根据 B 列
的成绩求得对应的等次，并将其写入同行 C 列的单元格中？

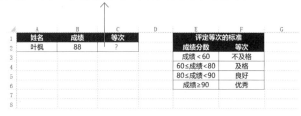

图 4-17 为成绩评定等次

如图 4-17 所示，如果要为 B2 的成绩评定等次，可以用下面的过程：

```
Sub 评定等次()
    Select Case Range("B2").Value            'B2 中的数据是要评定等次的数据
        Case Is >= 90
            Range("C2").Value = " 优秀 "      'B2 中的数据达到 90 时要执行的代码
        Case Is >= 80
            Range("C2").Value = " 良好 "      'B2 中的数据达到 80 时要执行的代码
        Case Is >= 60
            Range("C2").Value = " 及格 "      'B2 中的数据达到 60 时要执行的代码
        Case Else
            Range("C2").Value = " 不及格 "    'B2 中的数据是其他情况时要执行的代码
    End Select
End Sub
```

可是，这样的过程只能处理一条记录，如果要处理的是图 4-18 所示的数据，应该怎么
办呢？

姓名	成绩	等次
叶枫	88	
小月	97	
老祝	92	
空空	76	
大刚	35	
马林	86	
王才	66	
张华	45	
李小丽	70	
邓先	82	

工作表中有多个成绩需要
评定等次，可是执行前面的过
程只能为第一条成绩评定等次。

图 4-18 保存多条记录的成绩表

我明白了：和前面的例子一样，要评定等次的记录有几条，就
用 For…Next 语句将评定等次的代码执行几次，对吗？

没错，思路正确。但你可能会将过程写成这样，如：

```
Sub 批量为成绩评定等次()
    Dim i As Byte                              '声明一个 Byte 类型的变量，名称为 i
    For i = 1 To 10 Step 1                      '用 For 语句定义循环次数
        Select Case Range("B2").Value           'B2 中的数据是要评定等次的数据
            Case Is >= 90
                Range("C2").Value = "优秀"       'B2 中的数据达到 90 时要执行的代码
            Case Is >= 80
                Range("C2").Value = "良好"       'B2 中的数据达到 80 时要执行的代码
            Case Is >= 60
                Range("C2").Value = "及格"       'B2 中的数据达到 60 时要执行的代码
            Case Else
                Range("C2").Value = "不及格"     'B2 中的数据是其他情况时要执行的代码
        End Select                              'Select 语句到此结束
    Next i                                      'For 语句到此结束
End Sub
```

整个 Select…Case 语句都被设置为 For…Next 语句的
循环体，循环执行的就是整个 Select…Case 语句。

如果你将过程写成这样，请执行它，看看能否得到期望的结果。
你执行过程后的结果和图 4-19 所示的结果一样吗？

评定等次的代码虽然被重复执行 10 次，却只有一个分数被评定了等次。

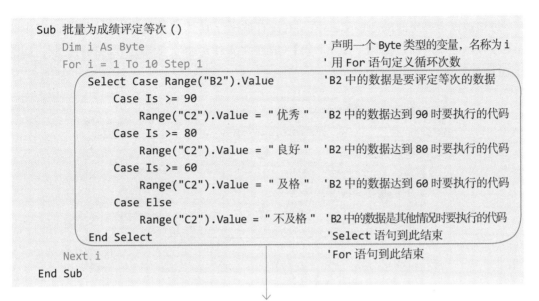

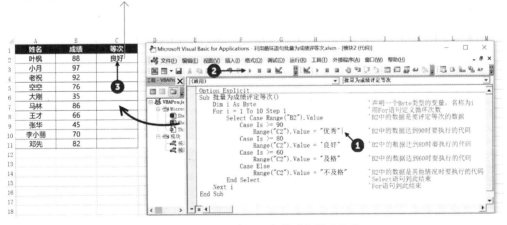

图 4-19　执行过程后未得到期望的结果

为什么执行过程后，只处理了一条成绩记录？太尴尬了！难道
评定等次的代码没有执行 10 次？

想知道评定等次的Select…Case语句有没有被执行10次，可以将光标定位到过程中的任意位置，连续执行【调试】→【逐语句】（或连续按<F8>键）观察过程的执行过程，如图4-20所示。

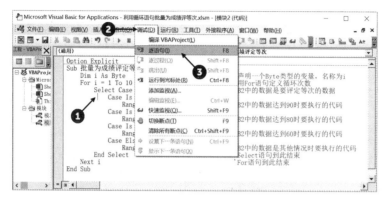

图4-20　逐语句执行过程中的代码

　<F8>键是逐语句执行过程的快捷键，在检查过程中存在的错误时非常有用，一定要记住哦。

读者可参考本书的配套资料，看我是怎么使用的。

演示教程

很显然，评定等次的Select…Case语句虽然执行了10次，但这10次都是处理相同的单元格，所以只为一个成绩评定了等次。

为什么会这样呢？看看Select…Case语句中用来对比的成绩和写入等次的单元格，应该就明白了。

看到了吗？用来评定等次的是B2中的成绩，写入等次的是C2单元格。无论执行多少次Select…Case语句，代码操作到的都是B2和C2这两个单元格。

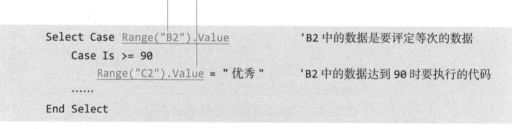

要解决这个问题，不仅要让Select…Case语句重复执行10次，还要让每次执行时，参与计算的单元格都不是固定的单元格：执行第1次，操作的是B2和C2，执行第2次，操作的是B3和C3……执行第10次，操作的是B11和C11。这就需要用一个变量去代替Range("B2")和Range("C2")中的数字2，让这个变量每执行一次就在原来的基础上增加1，如：

```
Sub 批量为成绩评定等次()
    Dim i As Byte
    Dim Irow As Byte
    Irow = 2
    For i = 1 To 10 Step 1
        Select Case Range("B" & Irow).Value
            Case Is >= 90
                Range("C" & Irow).Value = "优秀"
            Case Is >= 80
                Range("C" & Irow).Value = "良好"
            Case Is >= 60
                Range("C" & Irow).Value = "及格"
            Case Else
                Range("C" & Irow).Value = "不及格"
        End Select
        Irow = Irow + 1
    Next i
End Sub
```

"C" & Irow的作用是将字母"C"和变量Irow中存储的数值合并为一个字符，得到要操作的单元格地址，用来代替原来代码中的"C2"。Range("C" & Irow)与Cells(Irow, "C")引用的单元格相同。

修改完成后，再次执行过程，就能得到如图 4-21 所示的结果了。

	A	B	C
1	姓名	成绩	等次
2	叶枫	88	良好
3	小月	97	优秀
4	老祝	92	优秀
5	空空	76	及格
6	大刚	35	不及格
7	马林	86	良好
8	王才	66	及格
9	张华	45	不及格
10	李小丽	70	及格
11	邓先	82	良好

图 4-21 为所有成绩评定等次

在这个过程中，一共使用了两个变量：循环变量i和表示行号的变量Irow，其中i用来控制重复执行Select…Case语句的次数，Irow用来控制代码要处理的单元格。也可以用同一个变量来完成这两个任务，将代码写为：

```
Sub 批量为成绩评定等次()
    Dim i As Byte
    For i = 2 To 11 Step 1
        Select Case Range("B" & i).Value
            Case Is >= 90
                Range("C" & i).Value = "优秀"
            Case Is >= 80
                Range("C" & i).Value = "良好"
            Case Is >= 60
                Range("C" & i).Value = "及格"
            Case Else
                Range("C" & i).Value = "不及格"
        End Select
    Next i
End Sub
```

> **提示:** 变量是存储数据的容器。如果变量i中存储的数据是 2,那么代码"C" & i 与"C" & 2 的效果是相同的,返回的结果都是"C2"。在第 5 章第 3 节中,会再详细介绍变量的有关知识。

考考你

1.学习For…Next语句的用法后,你能参照批量为成绩评定等次的例子,解决 4.1.2 小节中提到的"在A1:A100 区域中写入 1 到 100 的自然数"这个问题吗?

2.如果要将 1 到 100 以内的正奇数依次写入A列,你能写出解决这个问题的过程吗? 如果要将 1 到 100 以内能被 3 整除的自然数依次写入A列,过程又该怎样写?

演示教程

4.3.2 用 Do…Loop 语句按条件控制循环次数

Do…Loop语句通过设置循环条件来控制循环次数,包括Do While语句和Do Until语句。

◆ 使用 Do While 语句循环执行某段代码

如果要使用Do While语句让"Worksheets.Add"循环执行 5 次,可以将代码写为:

i<=5 是设置的循环条件。循环条件通常是一个返回结果为 True 或 False 的比较运算式,只有该条件返回结果为 False 时,VBA 才会终止循环,执行 Loop 之后的代码。

```vba
Sub 新建五张工作表()
    Dim i As Byte              '声明一个 Byte 类型的变量,名称为 i
    i = 1                      '给变量 i 赋值,将变量 i 的值设为 1
    Do While i <= 5            '当变量 i 小于或等于 5 时执行循环体
        Worksheets.Add         '在活动工作表前插入一张新工作表
        i = i + 1              '每执行一次循环体,变量 i 的值就增加 1
    Loop                       'Do 语句结束的标志
End Sub
```

每个Do…Loop语句都必须以Loop结尾,Do和Loop之间的代码就是要重复执行的代码(循环体)。

VBA会按图 4-22 所示的流程执行该示例过程中的Do While语句。

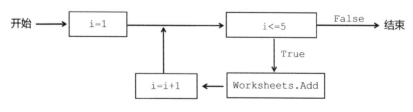

图 4-22 Do While 语句的执行流程

♦ 在 Do While 语句结尾处设置循环条件

在前面的示例中，循环条件（i<=5）设置在 Do While 语句开始处，也可以在语句的结尾处设置循环条件。如前面的过程可以改写为：

```
Sub 新建五张工作表()
    Dim i As Byte
    i = 1
    Do
        Worksheets.Add
        i = i + 1
    Loop While i <= 5
End Sub
```

先执行一遍循环体中的代码，到 Loop 语句时，再通过 i<=5 的返回结果，来确定是否返回 Do While 语句开始处再次执行循环体的代码。

如果将循环条件设置在 Do While 语句的末尾，VBA 会按图 4-23 所示的流程执行代码。

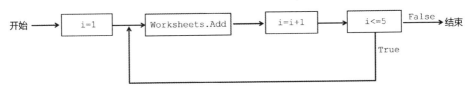

图 4-23 Do While 语句的执行流程

♦ Do While 语句的代码结构

按循环条件设置的位置区分，可以将 Do While 语句分为开头判断式和结尾判断式。

开头判断式：

当循环条件的值为 True 时，执行 Do 和 Loop 之间的循环体，否则执行 Loop 后的代码。

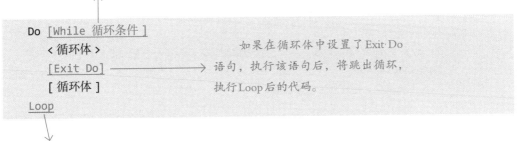

如果在循环体中设置了 Exit Do 语句，执行该语句后，将跳出循环，执行 Loop 后的代码。

每个 Do While 语句都必须以 Loop 结尾，当 VBA 执行到 Loop 处时，会返回 Do 语句开始处，重新判断循环条件，确定是否继续执行循环体。

结尾判断式：

```
Do
    <循环体>
    [Exit Do]
    [ 循环体 ]
Loop [While 循环条件]
```

当循环条件的值为 True 时，过程将返回 Do While 语句开始处再执行一次循环体的代码，否则执行 Loop 语句之后的代码。

> 虽然可以把循环条件放在 Do While 语句的开头和结尾，但放在不同的位置效果不一定相同，一定要弄清楚它们之间的区别，编写代码时千万不要用错了。

如果把循环条件设置在 Do While 语句的结尾处，无论循环条件开始的值是 True 还是 False，都会先执行一次循环体的代码，再对循环条件进行判断。所以，当循环条件一开始就为 False 时，使用结尾判断式的 Do While 语句会比开头判断式的语句多执行一次循环体，其他时候执行次数相同。

考考你

如果图 4-21 要评定等次的成绩记录行数不确定，但希望执行一次过程后，就能按图 4-17 中展示的规则，为所有的成绩评定等次。你能写出解决这个问题的过程吗？试一试，看自己能想出几种解决方法。

演示教程

• 在循环体中设置中止循环的条件

可以在循环体中设置中止循环的条件，通过 Exit Do 语句跳出循环，如：

```
Sub 中断循环()
    Dim i As Byte
    i = 1
    Do
        If i > 5 Then Exit Do        '如果变量i的值大于5，那么中止循环
        Worksheets.Add
        i = i + 1
    Loop
End Sub
```

• 使用 Do Until 语句循环执行某段代码

Do Untile 语句同 Do While 语句的用法几乎相同，并且 Do Until 语句也有开头判断和结尾

判断两种语句结构。

开头判断式：

循环条件通常是一个返回结果为 True 或 False 的比较运算式，只有循环条件的值为 True 时，VBA 才会中止循环，执行 Loop 之后的代码。

```
Do [Until 循环条件]
    <循环体>
    [Exit Do]
    [循环体]
Loop
```

结尾判断式：

```
Do
    <循环体>
    [Exit Do]
    [循环体]
Loop [Until 循环条件]
```

执行一次循环体后，再判断循环条件的值是否为 False，只有循环条件的值为 False 时，VBA 才会返回 Do Until 语句开始处，再次执行一次循环体，否则执行 Loop 后的代码。

考考你

试试使用 Do Until 语句改写前面示例过程中，在活动工作表中新建 5 张工作表，以及为成绩评定等次的过程，看自己能有几种改写方法。

演示教程

第4节 循环处理集合中的成员

前面学习的循环语句结构，基本上能解决常见的循环问题。但当需要循环处理集合中的每个成员时，使用 For Each…Next 语句会更方便。

4.4.1 将工作簿中所有工作表的名称写入单元格中

如果要把一个工作簿中所有工作表的标签名称依次写入 A 列的单元格，就需要将 Worksheets 集合中的每个成员都访问一遍，将它们的 Name 属性返回的结果，写入对应的单元格，效果如图 4-24 所示。

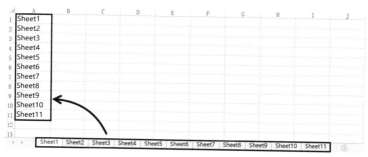

图 4-24　将所有工作表名称写入活动工作表 A 列

考考你

在这个例子中，事先并不知道工作簿中包含几张工作表，也不知道这些工作表的名称分别是什么。你能用前面学习的 For…Next 或 Do…Loop 语句，解决这个问题吗？试一试。

演示教程

尽管有其他方法解决这一问题，但对类似需要对集合中所有成员执行相同操作的问题，使用 For Each…Next 语句解决会更方便，如：

变量 sht 用于在 Worksheets 集合里循环，代表 Worksheets 中的一个 Worksheet 对象。

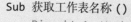

```
Sub 获取工作表名称()
    Dim sht As Worksheet, i As Integer
    i = 1
    For Each sht In Worksheets          '循环语句开始
        Range("A" & i) = sht.Name       '变量 Sht 代表 Worksheets 集合中的一个成员
        i = i + 1
    Next sht                            '循环语句结束
End Sub
```

Worksheets 中包含几张工作表，执行过程时就会执行几次 For 和 Next 之间的代码。

不同的解决办法，编写代码的难易程度也不同。像本例中这种需要循环处理集合中每个成员的问题，使用 For Each…Next 语句结构，是最为简单的解决办法。

归纳一下：For Each…Next 语句结构也是学习的重点。

Worksheets 代表活动工作簿中的所有的工作表，工作簿中有几张工作表，执行过程时就会执行几次循环体。每次执行循环体时，变量 sht 都引用集合中不同的工作表，执行第 1 次，sht 引用第 1 张工作表，执行第 2 次，sht 引用第 2 张工作表……执行最后 1 次，sht 引用最后

1 张工作表。所以，无论工作簿中包含几张工作表，执行这个过程后，VBA 都会把所有工作表的标签名称依次写入活动工作表的 A 列单元格。

使用 For Each…Next 语句时不用另外设置循环条件，所以使用起来会更简单、方便。但 For Each…Next 语句只能在一个集合的所有对象里进行循环，且每个对象只循环 1 次。

4.4.2 ▸ For Each…Next 的语句结构

For Each…Next 语句可以写成下面这样：

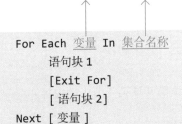

变量应声明为与集合中对象相同的类型。

```
For Each 变量 In 集合名称
    语句块 1
    [Exit For]
    [语句块 2]
Next [ 变量 ]
```

考考你

1. 你能用 For Each…Next 语句写一个过程，实现执行过程后能在 A1 : A100 区域里依次输入 1 到 100 的自然数吗？

2. 在学习了循环语句后，你能写一个过程，解决 4.1.3 小节中提到的、删除工作簿中除活动工作表之外的所有工作表的问题吗？试一试，看自己能想出哪些解决问题的方法。

演示教程

第 5 节 ▶ 让过程转到另一行代码处继续执行

通常，VBA 在执行一个过程时，总是按第 1 行、第 2 行、第 3 行……最后一行的顺序依次执行过程中的每一行代码。如果想打乱这种顺序，就得在过程中使用一些特殊的语句，如前面介绍的 If…Then、Select Case、For…Next、Do…Loop 等。

除此之外，在 VBA 中，使用 GoTo 语句也可以打乱一个过程的执行顺序。

如果想让 VBA 执行完第 5 行的代码后，跳转到第 3 行继续执行，可以在第 5 行的代码后写入一行类似"GoTo 第 3 行"的代码。

"第 3 行"是要跳转到的目标地址，在 VBA 中，要设置 GoTo 语句跳转到的位置，可以在目标语句的代码行之前加上一个带冒号的文本字符串或不带冒号的数字标签，然后在 GoTo 的后面写上标签名。如：

标签就像家里的门牌号，让快递员知道应该把快递

送到哪里。如果是文本标签，一定要在后面加上冒号。

```
Sub 求1到100的自然数和()
    Dim mysum As Long, i As Integer
    i = 1
X:  mysum = mysum + i
    i = i + 1
    If i <= 100 Then GoTo x          '如果i小于或等于100，跳转到标签x处
    MsgBox "1到100的自然数和是: " & mysum
End Sub
```

不管是文本标签还是数字标签，GoTo后面的标签名都不加冒号。

GoTo语句常用来处理过程中的错误（具体用法可以阅读第9章第4节中的内容）。

提个建议：因为GoTo语句会影响过程的结构，增加阅读和调试代码的难度，所以，不建议在过程中频繁使用GoTo语句。

第6节 用With语句简化引用对象的代码

当要对同一对象进行多次操作时，可能会编写一些重复的代码。如：

```
Sub 设置单元格格式()
    Worksheets("Sheet1").Range("A1").Font.Name = "仿宋"
    Worksheets("Sheet1").Range("A1").Font.Size = 12
    Worksheets("Sheet1").Range("A1").Font.Bold = True
    Worksheets("Sheet1").Range("A1").Font.ColorIndex = 3
End Sub
```

过程中这4行代码的前半部分都是相同的。

这是一个设置单元格格式的过程，因为是对同一个对象的多个属性进行设置，所以4行代码中用于引用对象的前半部分都是相同的。如果不想多次重复录入相同的代码，可以使用With语句简化它，将过程写为：

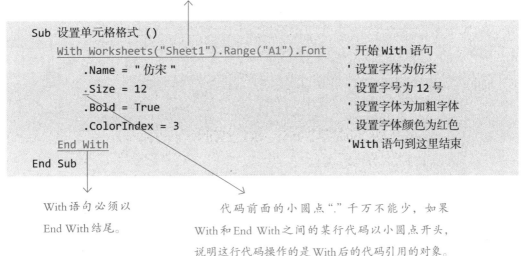

With 语句必须以 "With" 开头，后面跟的是要操作
的对象，即原过程中各行代码的相同部分。

```
Sub 设置单元格格式 ()
    With Worksheets("Sheet1").Range("A1").Font     ' 开始 With 语句
        .Name = " 仿宋 "                            ' 设置字体为仿宋
        .Size = 12                                 ' 设置字号为 12 号
        .Bold = True                               ' 设置字体为加粗字体
        .ColorIndex = 3                            ' 设置字体颜色为红色
    End With                                       'With 语句到这里结束
End Sub
```

With 语句必须以
End With 结尾。

代码前面的小圆点 "."千万不能少，如果
With 和 End With 之间的某行代码以小圆点开头，
说明这行代码操作的是 With 后的代码引用的对象。

合理使用 With 语句，不仅可以避免多次录入重复代码，还可以减少代码中的点 "."运算，提高过程的执行效率。因此，当需要在过程中反复引用某个对象时，使用 With 语句简化代码是一种常用的做法。

除 With 语句外，还可以借助对象变量来简化对对象的引用，可以在 9.5.1 小节中了解相应的设置方法。

5

存储和计算 VBA 中的数据

Excel 是一个数据处理和分析软件。

使用 VBA，多数时候也是在对 Excel 中保存的数据进行各种计算和分析。那么在 VBA 中处理和计算数据时，需要用到哪些工具？这一章，我们就来学习在 VBA 中存储和计算数据的几个重要工具：变量、常量、运算符和函数。

 学习建议

本章主要介绍 VBA 中的数据、数据类型、变量、数组、常量等知识，并介绍处理各种数据所需的运算符及函数，这些都是数据运算的基础。特别是与变量、数组有关的知识，更需要细心学习，熟悉用法。在学习完本章内容后，你需要掌握以下技能：

1. 理解 VBA 中数据的分类，以及不同类型数据之间的区别；
2. 会使用变量、数组、常量来保存执行 VBA 过程时需要临时保存的数据；
3. 会使用 VBA 中各种运算符、函数，帮助解决数据计算问题。

第1节 VBA 中的数据及数据类型

5.1.1 数据就是需要处理和计算的各种信息

简单地说，在 Excel 中，所有保存在单元格中的信息都可以称为数据，无论这些信息是汉字、字母，还是数字，甚至一个标点符号，都是数据。在 VBA 中，所有需要处理和计算的信息，无论是存储在工作表中，还是存储在其他对象中，也都是数据。

5.1.2 数据类型，就是对同一类数据的统称

提到数据，不得不提另一个概念：数据类型。

日常处理的数据虽然五花八门，样式很多，但不同数据之间，很多都存在相同的特征，如图 5-1 所示。

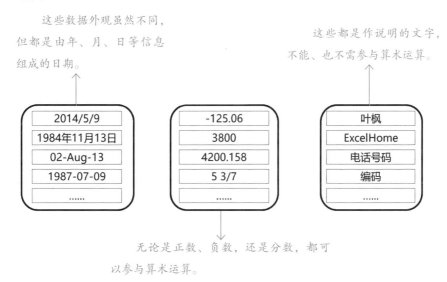

图 5-1 不同数据之间的共同特征

为了便于管理，计算机会根据数据的特征及能参与的运算类型，将数据分成不同的类别，如图 5-2 所示。

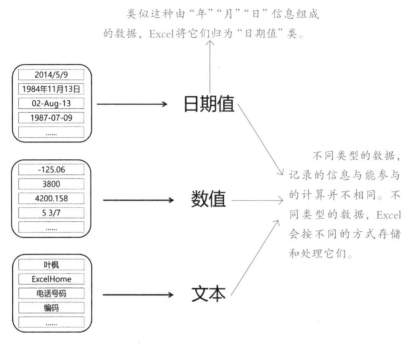

图5-2　数据的分类

5.1.3▶ VBA 将数据分为哪些类型

使用VBA编程的目的是处理和分析数据，在编程时，我们所做的每一件事情都是在以这样或那样的方式处理数据。根据数据的特征，VBA将数据分为布尔型（逻辑值）、整数、小数、文本、日期和时间等几种类型，对应的数据类型名称为Boolean、Byte、Integer、Long、Single、Double、Currency、Decimal、String、Date等，如表5-1所示。

表5-1　VBA中的数据类型

数据类型名称	对应的数据	数据举例
Boolean	布尔型	逻辑值True和False
Byte	整数	-2、-1、0、1、2
Integer		
Long		
Single	小数	-3.0001、-0.00004、2.53
Double		
Currency		
Decimal		
String	文本	身份证号、ExcelHome
Date	日期和时间	2019年1月1日、12：32：15

为什么整数和小数有多种分类？不都是数字吗？

这里只要了解数据的分类即可，至于整数和小数各种类型之间的区别，后面会有详细的介绍。

5.1.4 ▶ 为什么要对数据进行分类

数据类型确定计算机会以何种方式存储该数据，在执行过程时，该数据会占用多大的内存空间。

不同类型的数据，占用的存储空间并不相同。如同样是整数，Byte 只占用 1 个字节的存储空间，Integer 却要占用 2 个字节的存储空间。

计算机的内存空间，就像饭店的餐厅，能用的空间总量是固定的。如果一个数据占用的内存空间越大，那么剩余的其他可用空间就会越小，这势必会为处理其他数据带来影响。这就像在餐馆就餐，如果吃饭的只有两个人，却让他们占用餐厅的一半或更多空间（如图 5-3 所示），那么可供其他人就餐的空间就变小了，这是一种不合理的空间分配方案。

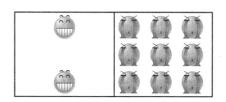

图 5-3　不合理的空间分配方案

为了能尽量增加餐厅的容客量，更合理的方案是根据就餐人数分配就餐空间。如果只有两个人就餐，就尽量分配给他们双人位。

在 VBA 的过程中也一样，如果某个数据最多只会占用 1 个字节的存储空间，就不要把它设置为占用 2 个或更多字节存储空间的数据类型，这样将能留下更多的内存空间另作他用，有利于提高程序的运行速度。

VBA 中各种类型的数据或对象占用的存储空间如表 5-2 所示。

表 5-2　VBA 中不同数据类型对应的数据范围

对应的数据	类型名称	占用的存储空间（字节）	包含的数据及范围
布尔型	Boolean	2	逻辑值 True 或 False
整数	Byte	1	0 到 255 的整数
	Integer	2	−32768 到 32767 的整数
	Long	4	−2147483648 到 2147483647 的整数

续表

对应的数据	类型名称	占用的存储空间（字节）	包含的数据及范围
小数	Single	4	负数范围：-3.402823×10^{38} 到 $-1.401298 \times 10^{-45}$
			正数范围：1.401298×10^{-45} 到 3.402823×10^{38}
	Double	8	负数范围：$-1.79769313486232 \times 10^{308}$ 到 $-4.94065645841247 \times 10^{-324}$
			正数范围：$4.94065645841247 \times 10^{-324}$ 到 $1.79769313486232 \times 10308$
	Currency	8	数值范围：-922337203685477.5808 到 922337203685477.5807
	Decimal	14	不含小数时：$\pm 79228162514264337593543950335$
			包含 28 位小数时：$\pm 7.9228162514264337593543950335$
日期或时间	Date	8	日期范围：100 年 1 月 1 日到 9999 年 12 月 31 日
文本字符串	String（变长字符串）	10 字节+字符串长度	0 到大约 20 亿个字符
	String（定长字符串）	字符串长度	1 到大约 65400 个字符
各种对象	Object	4	对象变量，用来引用对象
变体型	Variant（数字）	16	保存任意数值，最大可以达 Double 的范围，也可以保存 Empty、Error、Nothing、Null 之类的特殊数据
	Variant（字符）	22 字节+字符串长度	与变长 String 的范围一样，可以存储 0 到大约 20 亿个字符
用户自定义类型	Type		用来存储用户自定义的数据类型，存储范围与它本身的数据类型的范围相同

这张表中的信息有点多，你可能暂时记不住，但这些信息在写代码的时候，恰恰是非常重要的。

但记不住也没关系，你可以将它们打印出来，贴在你的电脑旁边，编写代码的时候可以随时查看。

第 2 节　VBA 中存储数据的容器：变量和常量

5.2.1 ▶ VBA 过程中的数据保存在哪里

就像需要借助果盘盛放水果，借助杯子盛放果汁一样，VBA 过程也经常需要容器来存储执行过程需要处理的各种数据。在 Excel VBA 中，除可以使用某些对象（如工作表的单元格）来保存数据以外，还可以使用变量和常量来存储数据。

相对于对象而言，在 VBA 中，变量和常量是更为常用的存储数据的工具。

5.2.2▸ 变量，就是给数据预留的内存空间

VBA 中的变量就是过程给数据预留的内存空间，就像外出旅游前，提前预订的酒店房间一样。

酒店房间可以每天都更换客人，存储在变量中的数据也可以随时更换，因此变量通常用来存储在执行过程时需要临时保存的数据或对象。

5.2.3▸ 常量，通常用于存储某些固定的数据

常量，也是过程给数据预留的内存空间，但常量通常只用来存储一些固定的、不会被修改的数据。

如果变量像酒店预订的房间，那么常量就像家里的房间。对于家里的房间，使用者都是家庭成员，基本不会更换，这点和酒店的房间不同。

变量和常量都可以用来存储执行过程时需要处理或计算的数据及对象，区别在于变量可以随时修改存储在其中的内容，而常量一旦存入数据，就不能更换。

第 3 节 在过程中使用变量存储数据

5.3.1▸ 声明变量，就是指定变量的名称及可存储的数据类型

要在 VBA 中使用变量存储某个数据，首先得声明这个变量。

> 声明变量就是告诉计算机，这个变量叫什么名字，准备用来
> "装"什么东西。

声明变量，就是指定变量的名称及可存储的数据类型，要在VBA中声明一个变量，可以使用Dim语句，语句结构为：

数据类型是该变量能存储的数据类型的名称，如文本为String，可以
在表 5-2 中查询到各种数据类型的名称。

```
Dim 变量名 As 数据类型
```

变量名必须以字母或汉字开头，不能包含空格、句号、感叹号、@、&、
$和#，最长不超过 255 个字符。

例如下面的代码：

```
Dim IntCount As Integer
```

这行代码声明了一个Integer类型的变量，名称为IntCount。Interget类型包含的数据
范围是-32768 到 32767 的整数，所以声明这个变量后，可以把该区间的任意整数存储在
IntCount中，但不可以将其他数据存储在该变量中。

Dim语句是VBA中声明变量最常用的一种语句，但并不是只有Dim语句才能声明变量。可以在 5.3.5 小节中学习其他声明变量的语句。

5.3.2 ▶ 给变量赋值，就是把数据存储到变量中

> 给变量赋值，就是把东西"装"到变量里。要"装"的东西不同，
> "装"的方式也不同，一定要正确区别使用。

● 给数据类型的变量赋值

如果是将文本（字符串）、数值、日期、时间、逻辑值等数据存储到对应类型的变量中，应该使用这个语句：

语句把等号右边的数据存储到等号左边的变量里。

[Let] 变量名称 = 要存储的数据

Let 写在中括号 "[]" 中间，说明在使用时 Let 可以省略。

如要将数值 3000 存储进变量 IntCount 中，代码可以写为：

```
Dim IntCount As Integer          '声明变量
Let IntCount = 3000              '给变量赋值
```

或者：

```
Dim IntCount As Integer          '声明变量
IntCount = 3000                  '给变量赋值
```

给数据类型变量赋值时，通常会省略 "Let"。

◆ 给对象类型的变量赋值

变量不仅可以存储文本、数值、日期等数据，还能存储工作簿、工作表、单元格等对象，用于存储对象的变量（Object 型），在赋值时，应该使用这个语句：

Set 变量名称 = 要存储的对象

在给对象类的变量赋值时，Set 关键字不能少。

如要将活动工作表赋给一个变量，代码应写为：

存储对象的变量，在声明时，应声明为与要存储的对象相符的对象类型，如存储工作表的为 Worksheet 类型，存储单元格的为 Range 类型。

```
Dim sht As Worksheet             '声明一个工作表对象 sht
Set sht = ActiveSheet            '将活动工作表赋给变量 sht
```

　　　对象类型就是表 5-2 中的 Object 类型，Object 是对各种对象的总称。在声明对象类型的变量时，如果已经知道会往其中存储何种类型的对象（如 Worksheet），就应像本例中这样，将变量声明为具体的对象类型。

5.3.3 让变量中存储的数据参与计算

声明变量并给变量赋值后，可以直接使用变量名称代替存储在其中的数据或对象参与计算，如：

```
Sub 数据变量()
    Dim IntCount As Integer
    IntCount = 3000
    Range("A1").Value = IntCount
End Sub
```

代码中的IntCount代表保存在这个变量中的数据。

执行这个过程的步骤及效果如图5-4所示。

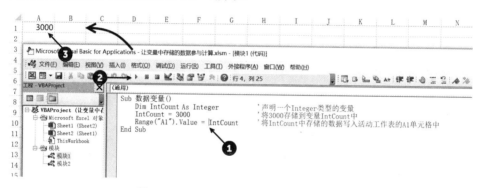

图5-4 让变量中存储的数据参与计算

```
Sub 对象变量()
    Dim sht As Worksheet
    Set sht = ActiveSheet
    sht.Range("A1").Value = "我在学习VBA"
End Sub
```

代码中的文本内容应写在英文半角双引号间，也只有写在英文半角
双引号间的内容才会被VBA识别为文本。

这个过程声明了一个Worksheet类型的变量sht，然后将活动工作表赋给该变量，再通过变量来操作工作表。执行这个过程的步骤及效果如图5-5所示。

图 5-5　在过程中使用变量存储对象

变量就是给数据或对象取的一个名字，就像你的QQ或微信昵称。变量本身并不是数据，它只是存储数据的容器，过程中参与计算的也不是变量名称，而是变量里面存储的数据。

5.3.4 变量的作用域，决定谁有权限使用它

说起变量的作用域，我想起生活中无处不在的Wi-Fi信号。

打开手机，手机上有很多满满的Wi-Fi信号，但并不是所有信号我们都有权限使用：自家的Wi-Fi设置了MAC白名单，只有家庭成员的电子设备才能接入，单位的Wi-Fi所有同事凭密码都可以使用，公共场所开放的免费Wi-Fi任何人都可以使用……

不同场所的Wi-Fi，有权限使用的人也不相同，因为这些Wi-Fi的作用域不同。

与此类似，VBA中的变量也有作用域，变量的作用域，决定该变量可以在哪个模块、哪个过程中使用。按作用域分，VBA中的变量可以分为本地变量、模块级变量和公共变量，不同作用域的变量区别如表5-3所示。

表 5-3　不同作用域的变量

变量类别	变量作用域	变量的声明方法及说明
本地变量	单个过程	在一个过程中使用 Dim 或 Static 语句声明的变量，作用域为本过程，只有声明变量的代码所在的过程可以使用它
模块级变量	单个模块	在模块的第一个过程之前使用 Dim 或 Private 语句声明的变量，作用域为声明变量的代码所在的模块，该模块里所有的过程都可以使用它
公共变量	所有模块	在任何模块的第一个过程之前使用 Public 语句声明的变量，作用域为所有模块，工程中的所有过程都可以使用它

5.3.5▸ 声明不同作用域的变量

◆ 声明本地变量

本地变量应在过程中使用 Dim 或 Static 语句声明，如下面过程中声明的变量 a 就是本地变量。

```
Sub 过程一()
    Dim a As String              '声明一个 String 类型的变量
    a = "我是一个本地变量"         '给变量 a 赋值
End Sub
```

如果一个变量被声明为本地变量，那么只有声明变量的过程才可以使用它。

　　大家可以来做个测试：在前面过程所在的模块中再写一个过程，看能否在新的过程中使用本地变量 a。

比如：

```
Sub 过程二()
    MsgBox a                     '用对话框显示变量 a 存储的内容
End Sub
```

　　然后再执行"过程二"，看看能执行吗？是不是得到如图 5-6 所示的对话框？

模块中的第一行代码 "Option Explicit"，用于设置强制声明变量，要求该模块中所有用到的变量都必须声明后才能使用。要测试能否在过程中使用另一个过程中声明的本地变量，这一行代码必不可少。

变量 a 是在第一个过程中声明的本地变量，VBA 不允许在其他过程中使用它。

图 5-6　不能在其他过程中使用本地变量

◆ 声明模块级变量

模块级变量应在模块的第一个过程之前，使用 Dim 或 Private 语句声明，如：

```
Option Explicit
Dim a As String
Private b As String
Sub 合并文本 ()
    a = " 我在 ExcelHome 论坛 "
    b = " 学习 Excel"
    MsgBox a & b                    ' 用对话框显示变量 a 和变量 b 合并后得到的文本
End Sub
```

将上面的代码写在模块中，那么声明的变量 a 和 b 就是模块级的变量，在这个模块中的所有过程都能使用它们，执行过程 "合并文本" 后所得的结果如图 5-7 所示。

注意：声明变量的代码没有写在 Sub 和 End Sub 之间，而是写在模块中第一个过程之前。

虽然在 "合并文本" 过程中没有声明变量 a 和 b，但过程依然正常执行，这是因为变量 a 和 b 被声明为模块级变量。

图 5-7　声明和使用模块级变量

6.2.6小节的例子中就用到了模块级变量，你可以结合那个示例来了解模块级变量的实际用途。

◆ 声明公共变量

如果允许所有模块中的过程都能使用某个变量，应该将该变量声明为公共变量。公共变量应在模块的第一个过程之前使用Public语句声明，如：

```
Option Explicit
Public c As String
Sub 公共变量()
    c = "我是一个公共变量"
    MsgBox c
End Sub
```

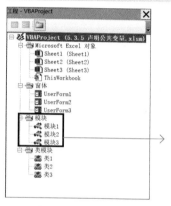

只有在这些模块中才能声明公共变量。

图5-8　能声明公共变量的模块

如果一个变量被声明为公共变量，那么在任意过程中都可以使用它，大家可以动手试试，在同一个模块中各声明一个本地变量、模块级变量和公共变量，再在不同的位置使用这些变量，看能否正常使用。

有一点需要注意：声明公共变量的代码必须写在如图5-8所示的模块类对象中。

在工作表、窗体等其他对象中，即使使用Public关键字声明变量，该变量也只能被声明为模块级变量。

◆ 声明静态变量

如果在过程中使用Static语句来声明变量，该变量将被声明为静态变量。如果一个变量被声明为静态变量，当过程执行结束后，静态变量中存储的数据会继续保留。也就是说，当第二次执行过程时，如果希望能使用上一次执行过程时存入变量中的数据，就应该将变量声明为静态变量。声明静态变量的代码结构为：

Static 变量名 As 数据类型

在第8章第8节的示例过程中就用到了静态变量，大家可以结合那个例子来理解静态变量的用途。

5.3.6 ▶ 关于声明变量，还应掌握这些知识

◆ 可以在一行代码中同时声明多个变量

可以使用一个语句同时声明多个变量，如：

```
Dim sht As Worksheet, IntCount As Integer
```

注意：无论声明几个变量，都应分别为每个变量指明数据类型。代码中不同变量之间用逗号","分隔。

◆ 可以使用变量类型声明符声明变量类型

对个别类型的变量，在声明时，可以借助变量类型声明符来指定其类型，如想声明一个 String 类型的变量，代码可以写为：

这行代码等同于代码：Dim Str As String

```
Dim Str$
```

"$"是变量类型声明符（代表 String 类型），"str"是变量名称。"Str$"表示声明的变量是一个名称为 Str，类型为 String 的变量。

但只有表 5-4 所示的数据类型才能使用类型声明符。

表 5-4　可使用类型声明符的数据类型

数据类型	类型声明字符
Integer	%
Long	&
Single	!
Double	#
Currency	@
String	$

◆ 声明变量时可以不指定数据类型

在 VBA 中声明变量，通常应同时指定该变量的名称及数据类型，但如果在声明变量时，不确定会将什么类型的数据存储到变量中，可以在声明变量时不指定变量的类型，如：

```
Dim Str          '声明一个名称为 Str 的变量
```

如果声明变量时未指定变量的数据类型，VBA默认将该变量声明为 Variant 类型。

♦ Variant 类型的变量可以存储哪些数据

Variant 类型是一个万能的数据类型，可以存储任意类型的数据或对象。如果一个变量被声明为 Variant 类型，那么就可以将任意类型的数据或对象存储在变量中。

♦ 为什么不将所有变量都声明为 Variant 类型

> 既然 Variant 类型是万能的数据类型，为什么不将所有变量都声明为 Variant 类型？

在 5.1.4 小节提到过，不同类型的数据，占用的计算机内存空间并不相同，就像奶茶店不同容量的杯子，如图 5-9 所示。

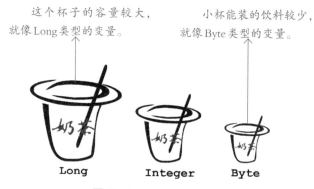

这个杯子的容量较大，就像 Long 类型的变量。　　　小杯能装的饮料较少，就像 Byte 类型的变量。

图 5-9　大小不同的杯子

大杯的容量大，但如果要装的饮料很少，你会选择用大杯来装吗？

如图 5-10 所示，如果想将 A 杯中的咖啡分一半出来，你会将分出来的咖啡装入 B、C 中的哪个杯子？

C 杯能装下 A 杯中所有的咖啡，但如果用它盛放从 A 杯分出的部分咖啡，不但闲置了很大的空间，而且使用也不方便。

图 5-10　咖啡杯

就像一个脸盆能装下水杯中的所有水，却没有谁会使用盆来代替喝水的水杯，因为不方便，也没有必要。

所以，无论是为了不浪费多余的空间，还是为了避免出现将一盆水装入一个水杯的尴尬，如果预先已经知道会往变量中存入什么数据，就应该将变量声明为合适的数据类型。提前声明变量为合适的类型，虽然不是必须的，却是学习和使用 VBA 编程的一个好习惯。

考考你

如果要在 VBA 中声明不同的变量来存储表 5-5 中的信息，你能把表格中的内容补充完整，写出声明变量及给变量赋值的代码吗？

演示教程

表 5-5 职工信息

字段名称	字段说明	数据举例	声明变量	给变量赋值
职工编号	三位数字编号	005		
职工姓名	职工的姓名	刘晓丽		
参加工作日期	参加工作的年月日信息	2013-9-1		
基本工资	员工的基本工资，500 到 3000 之间的整数	2532		
交通补贴	员工的交通补贴，0 到 200 之间整数或小数	125.5		
加班天数	一个月的加班天数（0 到 31 之间的整数）	8		

⬦ 如果担心出错，可以强制声明所有变量

因为变量不声明也可以使用，如果担心忘记在过程中声明变量，可以设置强制声明变量。方法一：在【工程窗口】中双击模块激活它的【代码窗口】，在第一行输入代码：

```
Option Explicit
```

如图 5-11 所示。

如果模块开头存在这行代码：Option Explicit，那么该模块中所有过程中用到的变量都必须进行声明。

图 5-11 在模块中输入 Option Explicit

方法二：执行【工具】→【选项】菜单命令调出【选项】对话框，在对话框的【编辑器】选项卡中勾选【要求变量声明】复选框，如图 5-12 所示。

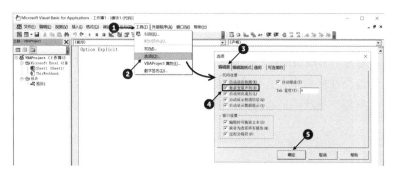

图 5-12　设置强制声明变量

这样，VBE 会在新插入的模块第一行自动写入"Option Explicit"而不需要再手动输入它。设置了强制声明变量后，如果过程中使用的变量没有声明，执行过程后，计算机会给出未声明变量的提示，如：

```
Option Explicit
Sub 使用未声明的变量()
    a = "我是一个变量"
    MsgBox a
End Sub
```

执行这个过程的效果如图 5-13 所示。

计算机会把过程中未声明的变量选中，告诉我们是哪个变量未声明就被使用了。

计算机的提示很清楚：过程没有执行，是因为过程中使用的变量没有提前声明。

图 5-13　在过程中使用未声明的变量

如果变量在使用前已经声明了，执行过程就不会出现类似的提示，如：

```
Option Explicit
Sub 使用已声明的变量()
    Dim a As String
    a = "我是一个变量"
    MsgBox a
End Sub
```

执行这个过程的结果如图 5-14 所示。

图 5-14 在过程中使用已经声明的变量

如果未设置强制声明变量，当在过程中使用未声明的变量时，VBA 会将这个变量当成一个 Variant 类型的变量来执行过程。但是否声明变量，过程的执行效率是有差别的，你可以通过 9.5.1 小节中的例子来了解是否声明变量的区别。

> 声明变量虽然不是必须的，但正如前面所说的，将变量声明为合适的类型，这是一个编程的好习惯。所以建议你在开始学习时，就设置强制声明所有变量。

第 4 节 特殊数据的专用容器——常量

5.4.1 常量就像一次性餐具，不能反复存储数据

同变量一样，常量也是程序给数据预留的存储空间，但它与变量不完全相同。

如果把变量比作家里的瓷器餐具，那么常量就是外卖使用的一次性餐盒。瓷器餐具用过之后，洗干净了还能继续使用，但叫外卖时餐馆配的一次性餐盒，如图 5-5 所示，你会收起来用第二次吗？

> 一次性餐具的主要特征是"一次性"，如果已经用来盛饭了，就不会再用它来盛菜。

图 5-15 一次性餐具

变量可以更改存储在其中的数据，而常量不可以，这就是变量和常量最主要的区别。因此，常量通常用来存储一些固定不变的数据，如利率、税率等。

5.4.2 声明常量，应同时给常量赋值

在VBA中使用Const语句声明常量，在声明常量时，应同时声明常量的名称、可存储的数据类型，以及存储在其中的数据。语句结构为：

```
Const 常量名称 As 数据类型 = 存储在常量中的数据
```

比如：

```
Const p As Integer = 5000
```

这行代码声明了一个Integer类型的常量，名称为p，存储的数据为5000。

5.4.3 同变量一样，常量也有不同的作用域

在一个过程中间使用Const语句声明的常量为本地常量，只可以在声明常量的过程里使用；在模块的第一个过程之前使用Const或Private Const语句声明的常量为模块级常量，该模块里的所有过程都可以使用它；如果想让常量在所有模块中都能使用，应在模块的第一个过程之前使用Public Const语句将它声明为公共常量。

这与声明不同作用域的变量相似，可以参照声明变量的方法来声明不同作用域的常量。

第5节 特殊的变量——数组

5.5.1 数组，就是被"打包"的多个变量

数组也是变量，是同种类型的多个变量的集合。

想弄清楚单个变量与数组间的关系，可以先想想小朋友喝的酸奶，如图5-16所示。

我们可以暂时把瓶子里装的酸奶想成VBA中的某个数据，而一个酸奶瓶就是VBA中的一个变量。为了保存或搬运方便，会将多个装满酸奶的瓶子（存储数据的变量）打包成一板酸奶，如图5-17所示。

图5-16 一瓶酸奶

图5-17 一板酸奶

打包后的这板酸奶就是由四个变量组成的数组。所以，在VBA中，数组与单个变量的

区别是：单个变量只能存储一个数据，而数组可以存储多个数据，如图 5-18 所示。

图 5-18　单个变量和数组

数组是由多个变量组成的特殊变量，组成数组的单个变量称为数组的元素，一个数组可以存储多少个数据，就有多少个元素。

5.5.2 怎么表示数组中的某个元素

数组中的多个元素就像打包好的酸奶，总是有序排列起来的，每个元素都有自己的索引号，如图 5-19 所示。

图 5-19　一板酸奶

如果"一板酸奶"是这个数组的名称，要表示其中的第 2 瓶酸奶，用 VBA 代码表示为：

数字 2 是第 2 瓶酸奶的索引号，VBA 通过索引号区分数组中不同的元素。

一板酸奶 (2)

"一板酸奶"是数组名称，和普通的单个变量名称没有区别，可以任意设置。

如果想表示数组"一板酸奶"中的第 4 个元素，就将代码写为：

只更改索引号，不改变数组的名称，就可以改变引用到的元素。

一板酸奶 (4)

数组可以存储多个数据，这些数据共用一个变量名称，即数组名称。数组中不同的数据通过索引号进行区分。所以，想引用数组中的某个数据，需要知道该数组的名称及该数据在数组中的索引号。

5.5.3▸ 声明数组时应同时指定数组的大小

声明数组的方法与声明单个变量的方法相同，但因为数组可以存储多个数据，所以在声明数组时，还应同时指定数组可以存储的数据个数，即数组的大小。

声明数组的大小，就是指定这个数组的起始和终止索引号。

◆ 通过起始和终止索引号设置数组的大小

数组的索引号是一串连续的整数，要声明数组的大小，只需设置数组的起始和终止索引号即可，代码结构为：

同声明单个变量一样，可以使用 Public、Private 语句来声明不同作用域的数组。

```
Dim 数组名称 (a To b)As 数据类型
```

a 和 b 为整数（不能是变量），分别是数组的起始和终止索引号，该数组可以保存 (b-a+1) 个数据。

如果想声明一个数组，用来保存 1 到 100 的自然数，可以将代码写为：

```
Dim arr(1 To 100) As Byte
```

"1 to 100" 说明该数组的索引号是 1 到 100 的整数。实际编写代码时，起始索引号可以设置为其他整数，不一定要从 1 开始。

这行代码声明了一个可以存储 100 个整数的数组，名称为 arr，类型为 Byte，数组的索引号是 1 到 100 的自然数，可以通过不同的索引号来引用其中存储的各个数据，如：

```
arr (1)          '数组中的第 1 个数据
arr (2)          '数组中的第 2 个数据
arr (3)          '数组中的第 3 个数据
......
arr (98)         '数组中的第 98 个数据
arr (99)         '数组中的第 99 个数据
arr (100)        '数组中的第 100 个数据
```

◆ 只使用终止索引号确定数组的大小

声明数组时，也可以只使用一个自然数来设置数组的大小，如：

代码等同于 Dim arr (0 To 99) As Byte

```
Dim arr (99) As Byte
```

如果只使用一个数字来确定数组的大小，该数字将被当成数组的终止索引号，VBA 默认该数组的起始索引号为 0（除非在模块的第一句写上 "OPTION BASE 1"，指定数组的起始索引号为 1）。

5.5.4▶ 给数组赋值需要给数组中的每个元素分别赋值

给数组赋值，方法同给单个变量赋值相同，如要把数值 56 存储到数组 arr 中索引号是 20 的元素里，代码为：

```
arr(20) = 56
```

给数组赋值时，需要分别给数组中的每个元素赋值，如果数组 arr 的起始和终止索引号分别是 1 和 100，要将 1 到 100 的自然数存储到该数组中，代码可以是：

```
Sub 给数组赋值 ()
    Dim arr(1 To 100) As Byte
    arr(1) = 1
    arr(2) = 2
    arr(3) = 3
    '------ 此处省略 94 行代码 ------
    arr(98) = 98
    arr(99) = 99
    arr(100) = 100
End Sub
```

因为要存储到数组中的是 1 到 100 的自然数，而数组的索引号也是一串连续的整数。所以，要将 1 到 100 的自然数存储到数组中时，通常会借助循环语句，对数组中的每个元素进行赋值。

考考你

前面已经学习过循环语句和变量的有关知识，你能使用循环语句，完成这个替数组赋值的任务，将 1 到 100 的整数存储到数组 arr 中吗？

如果是要将活动工作表 A1:A100 区域中保存的数据存储到数组 brr 中，代码又该怎么写？

演示教程

5.5.5 数组的维数

♦ 变量的"打包"方式不同，所得数组的维数就不同

数组有一维数组、二维数组、三维数组、四维数组……其中的一维、二维等叫数组的维数。不同维数的数组，与酸奶不同的打包方式类似，如图5-20所示。

一瓶酸奶就是一个
保存有数据的变量。

图5-20 一瓶酸奶

将多瓶酸奶打包之后能得到图5-21所示的一板酸奶。

可以用"一板
酸奶(2)"表示其中
的第2瓶酸奶。

图5-21 一板酸奶

一板酸奶相对单瓶酸奶而言，就是一维数组，一维数组由多个变量组成，要表示一维数组中的某个数据，只需用到一个索引号，如"一板酸奶(2)"中的"2"。

被打包为"板"的酸奶，还可以对它进行再次打包，得到图5-22所示的一件酸奶。

一件酸奶由5板
酸奶组成，每板酸奶
中都有4瓶酸奶。

图5-22 一件酸奶

相对于单瓶酸奶而言，一件酸奶就是一个二维数组。二维数组由多个一维数组组成，在二维数组中，要表示某个元素至少需要用到两个数字，如"第3板酸奶中的第2瓶"。用VBA代码可以表示为：

```
一件酸奶 (3,2)
```

括号中是用逗号隔开的两个数字分别是一维数组在二维数组中的索引号，以及单个变量在一维数组中的索引号。

如果将打包成件的多件酸奶继续打包装在纸箱中，就能得到图 5-23 所示的一箱酸奶。

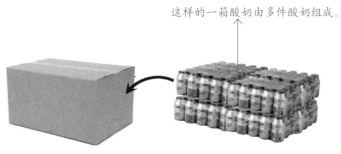

这样的一箱酸奶由多件酸奶组成。

图 5-23　一箱酸奶

一箱酸奶由多件酸奶组成，它相对于单瓶酸奶而言，就是三维数组。三维数组由多个二维数组组成，如果想在三维数组中表示某个数据（某瓶酸奶），需要用到 3 个数字，如"第 1 件中第 3 板的第 2 瓶酸奶"。用 VBA 代码表示为：

一箱酸奶 (1,3,2)

发现了吗？数组有几维，在引用其中的某个数据时，就需要用到几个数字。

如果将这些成箱的酸奶堆在大小相同的货架上，一货架的酸奶相对于单瓶的酸奶来说，就是四维数组，而盛放货架的仓库相对于单瓶酸奶来说，就是五维数组……以此类推，六维、七维、甚至更多维的数组是什么，大家应该清楚了吧？不同维数的数组之间，其实就是一种包含和被包含的关系，图 5-24 所示。

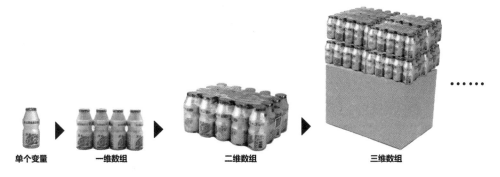

单个变量　　一维数组　　二维数组　　三维数组

图 5-24　酸奶组成的"数组"

● VBA 中的数组就是一堆打包好的存储空间

在理解了"酸奶"的打包方式后，再来看看 VBA 中数组的维数。

在 VBA 中，组成数组最基本的单位是变量，如果把一个变量想成一个单元格，那么一维数组就是一行的多个单元格，如图 5-25 所示。

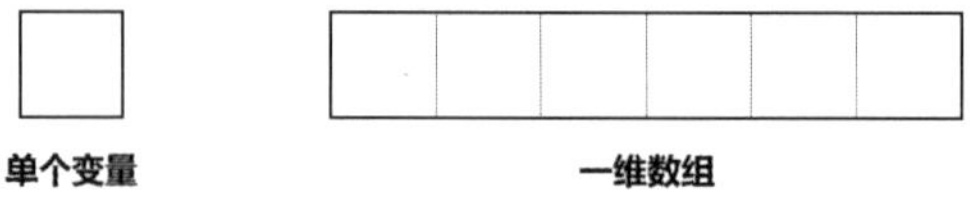

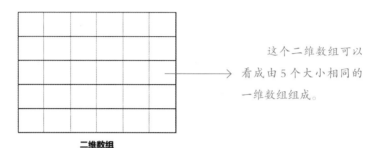

图 5-25　单个变量和一维数组

一维数组保存的是一行数据，在一维数组中，表示某个数据只需使用一个索引号，如：

arr(3)　　　　　　　　' 数组 arr 中，索引号为 3 的数据

将大小相同的多个一维数组层层堆叠，就可以得到一个二维数组，如图 5-26 所示。

这个二维数组可以
看成由 5 个大小相同的
一维数组组成。

二维数组

图 5-26　多个一维数组组成二维数组

二维数组，就像 Excel 工作表中一个多行多列的矩形区域。如果二维数组的名称是 arr，且每一维的索引号都是从 1 开始，要想表示这个矩形区域中第 3 行的第 4 个数据，可以用 VBA 代码：

arr(3,4)

如果再将类似的大小相同的多个二维数组层层叠放，即可得到一个三维数组，如图 5-27 所示。

三维数组由多个行列数相同的二维数组组成，就像保存数据的多张工作表或多个相同大小的矩形区域。如果三维数组的名称是 arr，且每一维的索引号都是从 1 开始，要引用其中第 2 个矩形区域中第 3 行的第 4 个数据，可以用 VBA 代码：

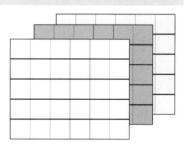

图 5-27　三维数组

arr(2,3,4)

就像这样，单个变量组成一维数组（类似工作表的一行），多个一维数组组成二维数组（类似一张工作表），多个二维数组组成三维数组（类似一个包含多张工作表的工作簿），多个三维数组成四维数组（类似保存了多个工作簿文件的一个文件夹）……

不同维数的数组间的关系如图 5-28 所示。

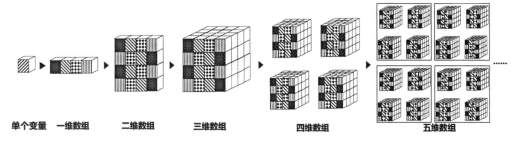

单个变量 一维数组 二维数组 三维数组 四维数组 五维数组

图 5-28 不同维数的数组间的关系

5.5.6 声明多维数组

在 5.5.3 小节中介绍的，其实是声明一维数组的方法，因为在数组名称后的括号中只设置了一个索引号。

如果要声明二维数组，括号中就应设置两个索引号，如：

1 to 3：说明声明的二维数组可以存储 3 行数据，各行的索引号分别是 1、2、3。

```
Dim arr(1 To 3, 1 To 5) As Integer
```

1 to 5：说明二维数组每一行都可以存储 5 个数据，各个数据的索引号分别是 1、2、3、4、5。

执行这行代码后，计算机会在内存空间预留一个 3 行 5 列、能存储 15 个 Integer 类型数据的空间，如图 5-29 所示。

事实上，VBA 预留的存储空间我们是看不到的，这个模拟图只是用来帮助大家理解这个二维数组的大小。

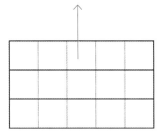

图 5-29 执行代码后预留的存储空间

也可以只使用一个数字来设置各个维度的索引号，如前面的代码可以改写为：

未指定起始索引号，此时，无论在一维还是二维，起始索引号都是0。

```
Dim arr(2, 4) As Integer
```

这行代码的作用等同于下面的代码：

Dim arr(0 To 2, 0 To 4) As Integer

考考你

在图5-30所示的工作表中，有一个11行6列的数据区域（A1:F11区域）。你能声明一个二维数组，使用逐个赋值的方式，将这个区域中的数据存储到数组中，再逐个将数组中的数据写入同工作表的A21:F31中吗？试一试。

	A	B	C	D	E	F	G
1	工号	姓名	部门	出生日期	联系电话	基本工资	
2	A001	罗林	研发部	1975/01/23	13984066213	6320	
3	A002	赵刚	经营部	1988/03/02	18789651234	5650	
4	A003	李凡	研发部	1977/08/03	18089701234	5130	
5	A004	张远	经营部	1982/11/14	1878763123	5253	
6	A005	冯伟	研发部	1990/02/12	17798435621	5130	
7	A006	杨玉真	总经办	1978/05/21	13885087452	5200	
8	A007	孙雯	经营部	1985/03/25	14735023890	6160	
9	A008	华楠燕	总经办	1980/12/11	13123619439	5615	
10	A009	赵红君	经发部	1991/08/23	13984089023	5412	
11	A010	郑楠	经营部	1986/11/02	18111873456	5330	
12							

演示教程

图5-30 数据表

类似地，如果要声明一个三维数组，就应设置3个索引号。如：

就像从包装箱中取出一瓶酸奶，最先打开的是最外层的包装。声明数组也一样，总是把"最外层"的索引号放在最前面，最前面的索引号引用的是数组的第一维，然后是数组的第二维，以此类推。

```
Dim arr(1 To 4, 1 To 3, 1 To 5) As Integer          '声明一个三维数组
```

执行这行代码后，计算机就会在内存中预留一个类似图5-31所示的存储空间。

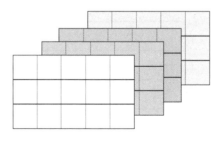

图5-31 声明的三维数组

你应该知道四维、五维，甚至更多维的数组是什么样，应该怎样声明了吧？

5.5.7 ▶ 声明和使用动态数组

◆ 预先可能并不确定会往数组中存储多少数据

在声明数组时，有时并不能确定会往这个数组中存入多少数据。比如，当想把图 5-32 所示的 A 列中的数据存储到一个一维数组中，因为不确定 A 列中有多少个数据，就不知道要将数组的最大索引号设置为几。

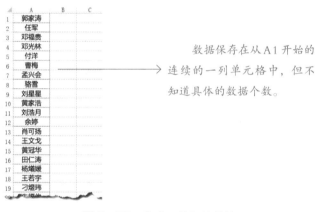

数据保存在从 A1 开始的连续的一列单元格中，但不知道具体的数据个数。

图 5-32 要存入数组的数据

这很难解决吗？

为什么不先求出 A 列保存的数据个数，再根据数据个数声明数组的大小？

很多人应该也是这样想的，并且还会把代码写成下面的样子。

Range("A1").CurrentRegion 返回的区域包含的行数，就是 A 列中包含的数据个数。

```
Dim a As Long
a = Range("A1").CurrentRegion.Rows.Count
Dim arr(1 To a) As String
```

但是，如果这样声明数组，执行代码后一定会出现错误，如图5-33所示。

Excel将代码中的变量"a"选中，同时通过对话框告诉我们，在代码中变量"a"的位置(Dim语句中的变量a)，应该设置一个常数参数，不能是变量。

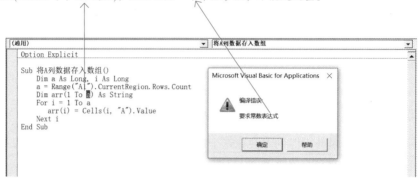

图5-33　执行过程后的错误提示

过程不能执行，是因为使用Dim语句声明数组时，表示索引号的参数只能设置为常数。

● 将数组声明为动态数组

不能这样声明数组，那么预先不知道个数的数据，就不能将其存储到数组中吗？

当然不是。

要解决这个问题，可以在声明数组时不指定数组的大小，将该数组声明为动态数组，在确定要存入的数据个数后，再重新设置它的大小。

动态数组就是维数不确定，可存储数据个数不确定的数组。

如果在声明数组时不指定它的大小，只在数组名称后写一对空括号，该数组就会被声明为动态数组。语句结构为：

    Dim 数组名称( ) As 数据类型

如果预先不知道数组的大小，在声明数组时只写空括号。

● 重新设置动态数组的大小

将数组声明为动态数组后，可以使用ReDim语句重新设置它的大小，如：

```
Sub 使用动态数组 ()
    Dim a As Integer, i As Integer
    a = Range("A1").CurrentRegion.Rows.Count
    Dim arr() As String                    '声明一个动态数组
    ReDim arr(1 To a)                      '重新设置数组 arr 的大小
    For i = 1 To a
        arr(i) = Cells(i, "A").Value
    Next i
End Sub
```

无论 A 列保存了多少个数据，执行这个过程后，都能将这些数据存储到一维数组 arr 中，快去试试吧。

> 注意：使用 ReDim 语句可以重新定义数组的大小（包括已经定义了大小的数组），但是不能改变数组的类型，所以在首次声明数组时，就应先指定数组的类型。

♦ 重新设置数组大小会清空数组中原有数据

使用 ReDim 语句可以重新设置动态数组的大小，包括已经设置了大小的动态数组，如：

```
Sub 重新设置数组 ()
    Dim a As Integer, i As Integer
    Dim arr() As String
    a = Range("A1").CurrentRegion.Rows.Count
    ReDim arr(1 To a)                      '设置动态数组的大小
    For i = 1 To a
        arr(i) = Cells(i, "A").Value
    Next i
    ReDim arr(1 To a + 1)                  '重新设置动态数组的大小
    arr(a + 1) = " 叶枫 "
    MsgBox arr(1)                          '用对话框显示数组中索引号为 1 的数据
End Sub
```

重新设置数组 arr 的最大索引号，使其能多存储一个数据，并在这个索引号的位置存入一个数据。

但是，这样重新设置数组的大小后，VBA 会清空原数组中存储的数据，如图 5-34 所示。

已经通过For…Next循环语句为数组中的每个元素赋值了，可是最后查看第1个元素中存储的数据时，arr(1)中并没有存储数据。

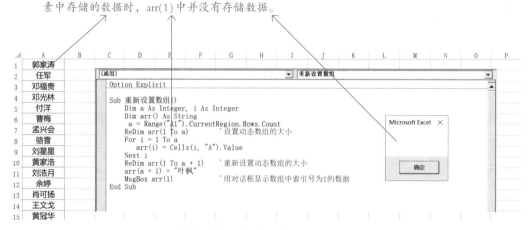

图5-34　查看数组中保存的数据

执行过程后arr(1)中没有存储数据，是因为使用ReDim语句重新设置数组arr的大小时，VBA自动清除了原数组中保存的数据。

◆ 重新定义数组大小并保留数组中原来存储的数据

如果希望重新定义数组的大小时，保留原数组中保存的数据而不清空数组，应使用"Redim Preserve"来重新定义数组的大小，如：

```
Sub 重新设置数组()
    Dim a As Integer, i As Integer
    Dim arr() As String
    a = Range("A1").CurrentRegion.Rows.Count
    ReDim arr(1 To a)              '设置动态数组的大小
    For i = 1 To a
        arr(i) = Cells(i, "A").Value
    Next i
    ReDim Preserve arr(1 To a + 1)      '重新设置动态数组的大小
    arr(a + 1) = "叶枫"
    MsgBox arr(1)                   '对话框显示数组中索引号为1的数据
End Sub
```

重新设置动态数组arr的最大索引号，使其能多存储一个数据，并且重设数组的大小时不清空原数组中保存的数据。

将代码改成这样，执行过程后，数组中原来保存的数据就不会被清除了，如图5-35所示。

图 5-35 查看数组中存储的数据

5.5.8 ▶ 创建特殊数组的简单方法

通常，数组都应经历声明数组、逐个对数组的元素赋值的步骤。但对一些特殊的数组，可以通过一些简单的方法创建。掌握这些方法，可以帮助你减少编写代码的工作量。

● 使用 Array 函数创建一维数组

如果要将一组已知的数据常量存储到一个一维数组中，可以借助 VBA 中的 Array 函数创建，如：

使用 Array 函数创建数组前，应将该数组名称声明为一个 Variant 类型的变量。

```
Sub 用 Array 创建数组()
    Dim arr As Variant                         '声明一个 Variant 类型的变量
    arr = Array(1, 2, 3, 4, 5, 6, 7, 8, 9, 10)  '将 1 到 10 的自然数存储到 arr 中
    MsgBox "arr 数组中索引号为 1 的元素为: " & arr(1)
End Sub
```

Array 函数的参数是一个用英文逗号","隔开的数据列表，数据可以是文本、数值、日期等，参数中有几个数据，得到的数组就有几个元素，如果不设置参数，函数返回的是一个不包含数据的空数组。

执行这个过程后的效果如图 5-36 所示。

因为这个数组的索引号是从 0 开始的自然数，所以索引号为 1 的，是保存在数组中的第 2 个数据。

图 5-36　使用 Array 函数创建数组

如果未在第一个过程之前使用代码"OPTION BASE 1"指定数组的起始索引号为 1，那么 Array 函数返回的是一个索引号从 0 开始的一维数组。

考考你

如果要使用 Array 函数将文本"张小花"、日期"2019 年 6 月 1 日"、数值"2100"存入数组 arr 中，你知道代码应该怎样写吗？试一试，生成数组后，再将该数组中的数据写入 A1:C1 区域中。

演示教程

● 使用 Split 函数将字符串拆分为一维数组

如果要将一个文本字符串按指定的分隔符拆分，将拆分所得的各部分保存到一个一维数组中，可以用 VBA 中的 Split 函数，如：

使用 Split 函数创建数组，该数组名称应声明为一个 Variant 类型的变量。

Split 函数的第 1 参数是包含分隔符的字符串或字符串变量。

```
Sub 用 Split 函数创建数组 ()
    Dim arr As Variant
    arr = Split(" 别怕 @Excel VBA@ 其实很简单 @ 叶枫 @ExcelHome", "@")
    MsgBox "arr 数组中索引号为 1 的元素是: " & arr(1)
End Sub
```

Split 函数的第 2 参数是分隔符。

执行这个过程后，Split 函数会将第 1 参数中的字符串"别怕 @Excel VBA@ 其实很简单 @ 叶枫 @ExcelHome"，按第 2 参数指定的分隔符"@"拆分成五个字符串，分别为"别怕""Excel VBA""其实很简单""叶枫"和"ExcelHome"，再将它们存入数组 arr 中，得到一个索引号从 0 开始的一维数组，效果如图 5-37 所示。

图 5-37　使用 Split 函数创建数组

如果只想获得拆分后字符串中的某一部分内容，可以直接通过索引号获得 Split 函数返回数组中对应位置的数据，如：

```
Sub 用 Split 函数拆分字符 ()
    MsgBox Split(" 别怕 @Excel VBA@ 其很很简单 @ 叶枫 @ExcelHome", "@")(3)
End Sub
```

> Split 函数返回的是一个一维数组，后面的索引号 3，表示引用的
> 返回数组中的索引号是 3，即数组中的第 4 个数据。

执行这个过程的效果如图 5-38 所示。

图 5-38　获得 Split 函数返回结果中的一个

♦ 通过单元格区域直接创建二维数组

如果想把单元格区域中保存的数据存储到一个数组中，可以使用直接赋值的方式，如：

> 在赋值前，存储数据的数组名称
> 应声明为一个 Variant 类型的变量。

> 将一个单元格区域中保存的数据，通过
> 赋值的方式存入一个 Variant 类型的变量后，
> 该变量会自动变为一个二维数组。

```
Sub 创建数组 ()
    Dim arr As Variant
    arr = Range("A1:C3").Value
```

```
    Range("E1:G3").Value = arr        ' 将数组 arr 中存储的数据写入 E1:G3 单元格区域
End Sub
```

将数组中保存的数据写入单元格区域时，单元格区域的行、
列数必须与数组的维数相同。

执行这个过程的效果如图 5-39 所示。

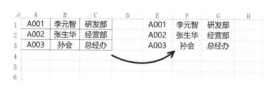

图 5-39　通过单元格区域直接创建数组

将单元格区域中的数据存储到数组中，所得的数组都是索引号从 1 开始的二维数组。引
用数组中的某个元素时，需要用到两个数字，如：

```
Sub 创建数组 2()
    Dim arr As Variant
    arr = Range("A1:C3").Value
    MsgBox arr(2, 3)                 ' 用对话框显示数组 arr 中第 2 行的第 3 个数据
End Sub
```

执行这个过程的效果如图 5-40 所示。

图 5-40　引用数组中的数据

5.5.9 用 Join 函数将一维数组合并成一个字符串

使用 Join 函数可以将一维数组中的元素，按指定的分隔符合并为一个字符串，如：

```
Sub 合并数组中的数据 ()
    Dim arr As Variant, txt As String
    arr = Array(0, 1, 2, 3, 4, 5, 6, 7, 8, 9)
    txt = Join(arr, "@")
    MsgBox txt
End Sub
```

Join 函数的第 1 参数是要合并的数组名称（只能是一维数组），第 2 参数是用来分隔各
元素中数据的分隔符。第 2 参数可以省略，如果省略，VBA 会使用空格作为分隔符。

执行这个过程的效果如图 5-41 所示。

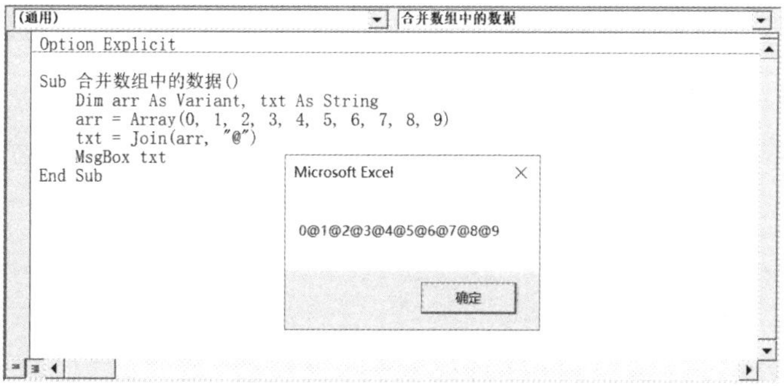

图 5-41　使用 Join 函数合并一维数组中的元素

5.5.10▶ 求数组的最大和最小索引号

🔹 求一维数组的最大索引号

UBound 函数用于求数组的最大索引号，如果要求一维数组的最大索引号，语句为：

UBound(数组名称)

例如：

```
Sub 求数组的最大索引号 ()
    Dim arr As Variant
    arr = Array(1, 2, 3, 4, 5, 6, 7, 8, 9, 10)
    MsgBox " 数组的最大索引号是: " & UBound(arr)
End Sub
```

执行这个过程的效果如图 5-42 所示。

Array 函数返回的数组索引号从 0 开始，所以最大索引号是 9。

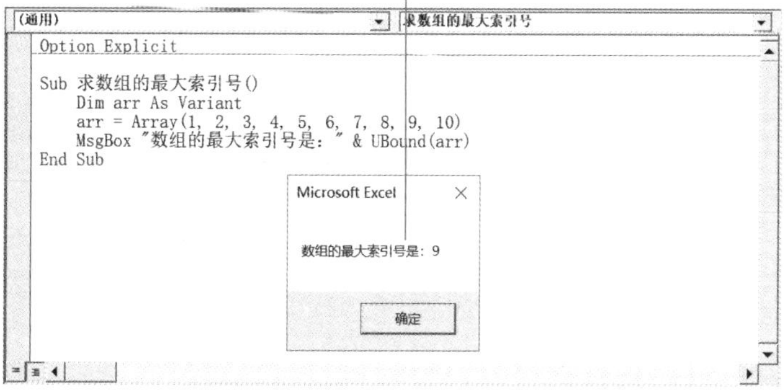

图 5-42　求一维数组的最大索引号

◆ 求一维数组的最小索引号

LBound 函数用于求数组的最小索引号，用法与 UBound 函数相同。如果要求一个一维数组的最小索引号，语句为：

LBound(数组名称)

例如：

```
Sub 求数组的最小索引号 ()
    Dim arr As Variant
    arr = Array(1, 2, 3, 4, 5, 6, 7, 8, 9, 10)
    MsgBox "数组的最小索引号是: " & LBound(arr)
End Sub
```

执行这个过程的效果如图 5-43 所示。

图 5-43　求一维数组的最小索引号

◆ 求多维数组的最大和最小索引号

如果要求多维数组在某一维的最大或最小索引号，应通过 UBound 和 LBound 函数的第 2 参数指定维数，如：

第 2 参数设置为 1，表示要求数组 arr 第一维的最大索引号。

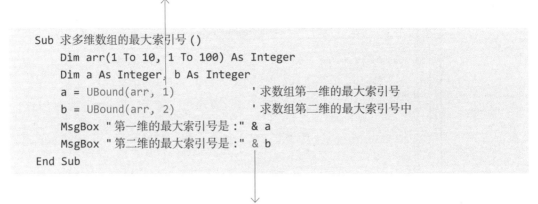

```
Sub 求多维数组的最大索引号 ()
    Dim arr(1 To 10, 1 To 100) As Integer
    Dim a As Integer, b As Integer
    a = UBound(arr, 1)              '求数组第一维的最大索引号
    b = UBound(arr, 2)              '求数组第二维的最大索引号中
    MsgBox "第一维的最大索引号是 :" & a
    MsgBox "第二维的最大索引号是 :" & b
End Sub
```

& 是文本运算符，使用它可以将运算符左右两边的数据合并成一个字符串。

执行这个过程的效果如图 5-44 所示。

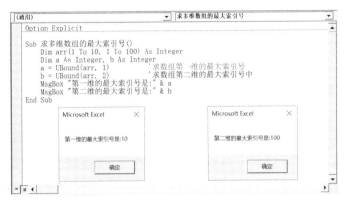

图 5-44　求二维数组各维的最大索引号

5.5.11 ▶ 求数组包含的元素个数

如果要求一维数组包含的元素个数，直接用数组的最大索引号减最小索引号再加 1 即可：

UBound(数组名称)- LBound(数组名称)+1

例如：

```
Sub 求数组包含的元素个数()
    Dim arr As Variant
    arr = Array(1, 2, 3, 4, 5, 6, 7, 8, 9, 10)
    Dim a As Integer, b As Integer
    a = UBound(arr)
    b = LBound(arr)
    MsgBox "数组包含的元素个数是: " & a - b + 1
End Sub
```

执行这个过程的效果如图 5-45 所示。

图 5-45　求一维数组包含的元素个数

二维数组类似工作表中的一个矩形区域，如果要求二维数组包含的元素个数，只要求得该数组的行、列数之积即可。

考考你

1. 编写一个过程，将活动工作表中已使用的区域中保存的数据存入数组 arr 中，再通过求数组索引号的方法，求数组中包含的元素个数。试一试，看自己能否写出解决这个问题的过程。

演示教程

2. 三维数组可以看成多个行、列数相同的矩形区域，只要求得其中每个矩形区域的行、列数及矩形区域的个数，即可求得三维数组包含的元素个数，要求三维数组包含的数据个数，你知道代码应该写成什么样吗？

演示教程

5.5.12 ▶ 将数组中保存的数据写入单元格区域

将数组中保存的数据设置为 Range 对象的 Value 属性，即可将数组中保存的数据写入单元格区域，如：

```
Range("A1").Value=arr(2)        ' 将 arr(2) 中的数据写入活动工作表的 A1 单元格
```

这只是将数组中一个数据写入单元格的代码，如果希望将数组中的多个数据写入单元格，可以参照该示例来编写代码。

考考你

有一个字符串"别怕 @Excel VBA@ 其实很简单 @ 叶枫 @ExcelHome"，现要将这个字符串按"@"拆分，将拆分所得的各个数据依次写入活动工作表 A 列的奇数行，即 A1、A3、A5……单元格中，结果如图 5-46 所示。

演示教程

图 5-46　将数据写入单元格

你能编写解决这个问题的过程吗？

如果要将数组中保存的数据，写入一个与它行列数相同的矩形区域中，代码可以写为：

```
Sub 将数组写入单元格 ()
    Dim arr As Variant
```

```
    arr = Split(" 别怕 @Excel VBA@ 其实很简单 @ 叶枫 @ExcelHome", "@")
    Range("A1:E1").Value = arr
End Sub
```

一维数组arr中存储了 5 个数据，将其写入单元格时，会占用同一行中的 5 个单元格。

执行这个过程后的效果如图 5-47 所示。

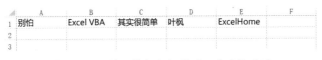

图 5-47 将一维数组批量写入单元格区域

一维数组写入单元格时只占用一行单元格，如果是二维数组就可能会占用多行区域，如：

```
Sub 将二维数组写入单元格 ()
    Dim arr(1 To 2, 1 To 3) As String    ' 声明一个 2 行 3 列的二维数组
    arr(1, 1) = " 叶枫 "                    ' 给数组中的各个元素赋值
    arr(1, 2) = " 男 "
    arr(1, 3) = " 丑男 "
    arr(2, 1) = " 小月 "
    arr(2, 2) = " 女 "
    arr(2, 3) = " 美女 "
    Range("A1:C2").Value = arr             ' 将数组中的数据写入 A1:C2 中
End Sub
```

数组arr中有 6 个元素，对应 6 个单元格。数组包含 2 行 3 列，写入的单元格区域也应是 2 行 3 列。

执行这个过程后的效果如图 5-48 所示。

图 5-48 将二维数组写入单元格中

考考你

如果在活动工作簿的第 1 张工作表中保存了行、列数不确定的数据，现要将这些数据全部存入数组，再通过数组全部写入活动工作簿第 2 张工作表以 A1 为最左上角单元格的一个区域中。

你知道怎样写这个过程吗？

演示教程

5.5.13 ▶ 转置数组的行、列方向

在将一维数组直接写入单元格时,数组只能写入一行连续的单元格,不能写入一列,如果想将一维数组写入一列单元格,应先对数组进行转置,改变它的方向。

转置一维数组的行、列方向,可以使用工作表中的 TRANSPOSE 函数,如:

```vba
Sub 将数组写入单元格 ()
    Dim arr As Variant
    arr = Split(" 别怕 @Excel VBA@ 其实很简单 @ 叶枫 @ExcelHome", "@")
    Range("A1:A5").Value = Application.WorksheetFunction.Transpose(arr)
End Sub
```

执行这个过程的效果如图 5-49 所示。

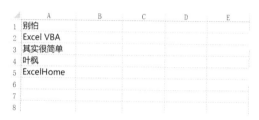

图 5-49 转置数组的方向后再写入单元格

注意:工作表函数 TRANSPOSE 最多只能转置 65536 行数据,如果需要转置的数据超过 65536 行,需要使用其他方法解决。

第 6 节 VBA 中不同类型的运算和运算符

对于运算符,相信大家都不陌生,我们从小接触的 +、-、×、÷ 就是用来执行算术运算的运算符。

要对 Excel 中不同的数据进行分析和计算,就可能需要用到运算符。

但 VBA 中的运算符与数学里的运算符不完全一样,VBA 中的运算符种类更多。但别担心,它们都不复杂,是很容易理解的。

不同类型的数据，能执行的运算也不相同，所需使用的运算符也不相同。在 VBA 中，按不同的运算分类，将运算符分为算术运算符、比较运算符、文本运算符和逻辑运算符四类。

5.6.1 算术运算符

算术运算符用于对数值类型的数据执行算术运算，运算返回的结果是数值类型的数据。VBA 中包含的算术运算符及各运算符的用途如表 5-6 所示。

表 5-6　VBA 中的算术运算符及用途

运算符	作用	示例
+	求两个数的和	$5+9=14$
–	求两个数的差	$8-5=3$
	求一个数的相反数	$-3=-3$
*	求两个数的积	$6*5=30$
/	求两个数的商	$5/2=2.5$
\	求两个数相除后所得商的整数	$5\backslash 2=2$
^	求一个数的某次方	$5\wedge 3=5*5*5=125$
Mod	求两个数相除后所得的余数	$12\ Mod\ 9=3$

5.6.2 比较运算符

比较运算符用于执行比较运算，比较运算返回的是 Boolean 类型的数据，只能是逻辑值 True 或 False，如表 5-7 所示。

表 5-7　VBA 中的比较运算符及用途

运算符	作用	语法	返回结果
=	比较两个数据是否相等（等于）	表达式 1 ＝表达式 2	当两个表达式相等时返回 True，否则返回 False
<>	比较两个数据是否相等（不等于）	表达式 1 <>表达式 2	当表达式 1 不等于表达式 2 时返回 True，否则返回 False
<	比较两个数据的大小（小于）	表达式 1 <表达式 2	当表达式 1 小于表达式 2 时返回 True，否则返回 False
>	比较两个数据的大小（大于）	表达式 1 >表达式 2	当表达式 1 大于表达式 2 时返回 True，否则返回 False
<=	比较两个数据的大小（小于或等于）	表达式 1 <=表达式 2	当表达式 1 小于或等于表达式 2 时返回 True，否则返回 False

续表

运算符	作用	语法	返回结果
>=	比较两个数据的大小（大于或等于）	表达式1>=表达式2	当表达式1大于或等于表达式2时返回True，否则返回False
Is	比较两个对象是否相同	对象1 Is 对象2	当对象1和对象2引用相同的对象时返回True，否则返回False
Like	比较两个字符串是否匹配	字符串1 Like 字符串2	当字符串1与字符串2匹配时返回True，否则返回False，可以使用通配符

如果要知道活动工作表A1单元格中的数值是否达到500，代码为：

```
Range ("A1").Value >= 500
```

如果想知道B2中保存的数据是否以"李"字开头，可以用代码：

```
Range("B2").Value Like "李*"
```

"*"是通配符，代替任意多个字符，"李*"代表以"李"开头的任意字符串。

考考你

通配符在模糊匹配的判断问题中非常有用，参照前面的例子，如果想知道B2中的文本是否包含"刚"字，你知道代码应该怎样写吗？

演示教程

在VBA中，可以使用的通配符及用途如表5-8所示。

表5-8　VBA中的通配符

通配符	作用	代码举例
*	代替任意多个字符	"李家军" Like "*家*" = True
?	代替任意的单个字符	"李家军" Like "李??" = True
#	代替任意的单个数字	"商品5" Like "商品#" = True
[charlist]	代替位于charlist中的任意一个字符	"I" Like "[A-Z]" = True
[!charlist]	代替不在charlist中的任意一个字符	"I" Like "[!H-J]" = False

考考你

参照前面的例子，你能借助比较运算符及表5-8中的5种通配符，各写一个比较运算的表达式吗？试一试，然后再继续后面的内容。

演示教程

表达式	代码说明
Range("B2") Like "李*"	判断活动工作表B2中的数据是否以"李"字开头

5.6.3 文本运算符

文本运算符用来合并两个文本字符串，VBA中能合并文本的运算符有+和&两种，使用它们都能将运算符左右两边的字符串合并为一个新的字符串，如：

```
Sub 文本运算符()
    Dim a As String, b As String
    a = "我在ExcelHome论坛"
    b = "学习Excel"
    Dim c As String, d As String
    c = a + b
    d = a & b
    MsgBox "+运算符的结果是："& c & Chr(13) & "&运算符的结果是："& d
End Sub
```

Chr(13)是一个换行符。在此处插入一个换行符，表示字符串会在此处换行，分行显示。

执行这个过程的效果如图5-50所示。

图5-50　用文本运算符合并文本

提示： 如果参与计算的两个数据都是文本字符串，那么使用"+"和"&"合并所得的结果完全相同。但因为"+"本身也是算术运算符的一种，当运算符两边的数据不全是文本时（如"2+3"），使用"+"不一定能完成合并文本的任务，所以，当需要将两个数据合并为一个字符串时，建议都使用运算符"&"解决。

5.6.4 ▶ 逻辑运算符

逻辑运算符用于执行逻辑运算，参与运算的数据为 Boolean 类型，运算返回的结果只能是逻辑值 True 或 False。

表 5-9　逻辑运算符及作用

运算符	作用	语句形式	计算规则
And	执行逻辑"与"运算	表达式 1 And 表达式 2	当表达式 1 和表达式 2 的值都为 True 时返回 True，否则返回 False
Or	执行逻辑"或"运算	表达式 1 Or 表达式 2	当表达式 1 和表达式 2 的其中一个表达式的值为 True 时返回 True，否则返回 False
Not	执行逻辑"非"运算	Not 表达式	当表达式的值为 Ture 时返回 False，否则返回 True
Xor	执行逻辑"异或"运算	表达式 1 Xor 表达式 2	当表达式 1 和表达式 2 返回的值不相同时返回 True，否则返回 False
Eqv	执行逻辑"等价"运算	表达式 1 Eqv 表达式 2	当表达式 1 和表达式 2 返回的值相同时返回 True，否则返回 False
Imp	执行逻辑"蕴含"运算	表达式 1 Imp 表达式 2	当表达式 1 的值为 True，表达式 2 的值为 False 时返回 False，否则返回 True

如果想知道活动工作表 C2 和 D2 两个单元格中的数据，是否至少有一个达到 60，可以将代码写为：

```
Range("C2") .Value>= 60 Or Range("D2") .Value>= 60
```

执行 >= 计算，如果 C2 中的数据大于或等于 60，结果返回 True，否则返回 False。　　执行 >= 计算，如果 D2 中的数据大于或等于 60，结果返回 True，否则返回 False。

执行 Or 计算，如果上一步计算返回的两个结果有一个为 True，则返回 True，如果两个都为 False 则返回 False。

如果 C2 和 D2 中保存的数据分别为 85 和 49，那么这个表达式的计算过程为：

```
  Range ("C2") >= 60 Or Range("D2") >= 60
= Ture Or False
= True
```

　　　　逻辑运算符用得较多的有 And、Or 和 Not，大家暂时可以只了解这三个的用法，学会它们，也基本能应付大部分的逻辑运算问题了。

5.6.5 ▶ 多种运算中应该先计算谁

在 VBA 中，应先处理算术运算，接着处理比较运算，然后再处理逻辑运算，但可以用括号来改变运算顺序。

运算符按运算的优先级由高到低的次序排列为：括号 → 指数运算（乘方）→ 求相反数 → 乘法和除法 → 整除（求两个数相除后所得商的整数）→ 求模运算（求两个数相除后所得的余数）→ 加法和减法 → 字符串连接 → 比较运算 → 逻辑运算，同级运算按从左往右的顺序进行计算。

考考你

试一试用数学里的脱等式分步计算出下面表达式的结果。

```
2580 > (1000 + 4000) Or 150 < 236
"学号: " & 1006110258 Like "*258" And (125 + 120 + 140) > 400
```

演示教程

第 7 节 更方便的计算工具——VBA 内置函数

5.7.1 ▶ 函数就是预先定义好的计算公式

函数就是预先定义好的计算式，是一个特殊的公式。在 VBA 中使用 VBA 的内置函数，与在工作表中使用工作表函数类似，想知道当前的系统时间可以使用 Time 函数，如：

```
Sub 获得当前系统时间 ()
    MsgBox " 当前系统时间是: " & Time()
End Sub
```

Time 是 VBA 中的一个函数，函数返回的是当前系统时间。

执行这个过程后的效果如图 5-51 所示。

图 5-51　使用 Time 函数获取当前系统时间

　　还记得 5.5 小节中介绍过的 Array、Split 和 Join 吗？它们都是 VBA 函数。

　　在 VBA 中合理使用函数解决计算问题，可以减少编写代码的工作量，降低编程的难度。

5.7.2 在 VBA 帮助中查看内置函数的信息

　　VBA 中所有的函数都可以在帮助信息里找到，我们可以借助帮助中的介绍学习、了解每个函数的用法及用途，如图 5-52 所示。

图 5-52　VBA 帮助中的函数信息

　　VBA 函数的帮助信息那么多、那么乱，还那么难懂，我该怎样记住这些函数的信息？

　　函数虽然多，但并不需要全部或者很准确地记住它们，只需记得一些常用函数的用途及大致拼写就可以了。

　　编写代码时，只要在【代码窗口】中先键入 "VBA."，就可以在系统显示的【函数列表】中选择要使用的函数，如图 5-53 所示。

图 5-53　自动显示的【函数列表】

5.7.3 ▸ VBA 中常用的内置函数

按照计算用途，可以将 VBA 中用于数据运算的常用函数分为信息函数、数学函数、文本函数、日期和时间函数及数据类型转换函数。

> 对于本节中列出来的函数，大家暂时不用记住它们，只需要简单了解这些函数的用途，在脑海里留个印象，等以后需要使用时，再回过来查询。

◈ 常用的信息函数

表 5-10 列出的，是 VBA 中常用的信息函数及其用途说明。

表 5-10　常用的信息函数

函数名称	函数用途
IsNumeric	判断参数中的数据是否为数字
IsDate	判断参数中的数据是否为日期
IsEmpty	判断参数中的变量是否为 Empty（是否初始化）
IsArray	判断参数是否为一个数组
IsError	判断参数是否为错误值
IsNull	判断参数是否不包含任何有效数据
IsObject	判断参数是否为一个对象

如想判断 A1 中保存的数据是否为日期值，可以使用 IsDate 函数，将代码写为：

```
Sub IsDate 函数 ()
    If IsDate(Range("A1").Value) = True Then
        MsgBox "A1 中保存的是日期值。"
    Else
```

```
        MsgBox "A1 中保存的不是日期值。"
    End If
End Sub
```

VBA中的信息函数是VBA.Information的成员，可以在【代码窗口】中将光标定位到某个信息函数，如IsDate函数的中间，单击鼠标右键，执行其中的【定义】命令，调出【对象浏览器】窗口，在其中查看Information的所有成员，即所有的信息函数，如图5-54所示。

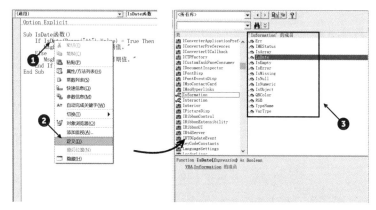

图5-54 在【对象浏览器】中查看信息函数

许多函数都能通过其拼写猜测到它大概的用途，如果再结合帮助信息，要学习并掌握它们的用法并不是难事。

● 常用的数学函数

表5-11列出的是VBA中常用的数学函数名称及用途介绍。

表5-11　VBA中常用的数学函数

函数名称	函数用途
Int	返回小于或等于参数指定数值的第一个整数
Fix	返回参数指定数值的整数部分
Round	按指定的小数位数，对参数指定的数值进行四舍五入
Sqr	求参数指定数值的平方根
Abs	求参数指定数值的绝对值
Rnd	生成一个0到1之间的随机数
Randomize	初始化随机函数Rnd

在VBA中，数学函数是VBA.Math的成员，可以参照查看信息函数的方式，在【对象浏览器】中找到所有的数学函数，再结合在线帮助了解、学习它们的用法。

● 常用的文本函数

VBA 中的文本函数，是 VBA.Strings 的成员。表 5-12 列出的是常用的文本函数名称及其用途介绍。

表 5-12　VBA 中常用的文本函数

函数名称	函数用途
Len	求参数中数据包含的字符个数
Left、Right、Mid	截取从指定字符串最左端、最右端、任意位置开始的、指定数量的字符
Ltrim、Rtrim、Trim	去掉参数指定字符串最左端、最右端、左右两端多余的空格
Ucase、Lcase	将字符串中的字母转为大写、小写
InStr	查找指定字符串在另一个字符串中的位置
Replace	将字符串中某个位置的部分字符替换为新字符
Format	对参数指定的数据进行格式化

● 常用的日期和时间函数

日期和时间函数用于处理日期和时间数据。VBA 中的日期和时间函数，是 VBA.DateTime 的成员。表 5-13 列出的是常用的日期和时间函数。

表 5-13　VBA 中常用的日期和时间函数

函数名称	函数用途
Now、Date、Time	返回执行该函数时计算机的系统日期、时间数据
Timer	返回从凌晨 0 时到执行该函数时经过的秒数
DateSerial	返回参数指定年、月、日组成的日期数据
Year、Month、Day	返回参数指定日期中的年、月、日信息
TimeSerial	返回参数指定时、分、秒组成的时间数据
Hour、Minute 、Second	返回参数指定时间中的时、分、秒信息
DateValue	将具有日期数据外观的字符串转为日期数据
TimeValue	将具有时间数据外观的字符串转为时间数据
DateDiff	求两个日期的间隔

● 常用的数据类型转换函数

数据类型转换函数用于转换数据的类型，如将数值转为文本，将文本型数字转为数值等。VBA 中的数据类型转换函数，属于 VBA.Conversion 的成员，表 5-14 列出的是常用的数据类型转换函数的名称及用途。

表 5-14　VBA 中常用的数据类型转换函数

函数名称	函数用途
Val	将参数指定的数据转为数值类型
CLng	将参数指定的数据转为 Long 类型
CInt	将参数指定的数据转为 Integer 型
CByte	将参数指定的数据转为 Byte 类型
CDbl	将参数指定的数据转为 Double 类型
CStr	将参数指定的数据转为 String 类型
CDate	将参数指定的数据转为 Date 类型
CBool	将参数指定的数据转为 Boolean 类型
CVar	将参数指定的数据转为 Variant 型

第 6 章

执行过程的自动开关——对象的事件

我家住在 8 楼，下了电梯拐个弯，还得走过一条过道才到家门口。

我儿子两岁之前，每次晚上回家都不愿意自己走，因为怕黑。可是后来，他每次都抢着走在前面。

"啊！"每次走到过道口，他都会大喊一声来打开过道中的电灯。原来，小家伙不知道什么时候发现，过道中的电灯是用声控开关控制的。"当听到声音的时候就自动打开电灯"，声控开关让开灯的操作变得很简单。

过道中的声控开关让我想到 VBA 中的事件。

通常，我们会通过单击某个按钮去执行一个 VBA 过程，如果把按钮看成装在墙壁上的、需要手动操控的电灯开关，那么事件就是更高级的声控开关。使用事件，可以让 VBA 过程在满足某个条件的时候自动执行，而不需要再手动单击执行过程的按钮。

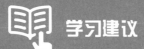 学习建议

对象的事件是让过程自动执行的关键"武器"，在学习本章时，建议认真编写代码完成每个示例和练习中的问题，认真归纳、总结使用事件让过程自动执行的注意要点。

学习完本章内容后，你需要掌握以下技能：

1. 知道普通的 Sub 过程和事件过程的区别，理解对象事件的用途；

2. 熟记 Worksheet 和 Workbook 对象的常用事件及用途，并能根据需求选择合适的事件来编写过程。

第1节 事件，就是自动执行过程的开关

6.1.1 事件就是能被对象识别的某个操作

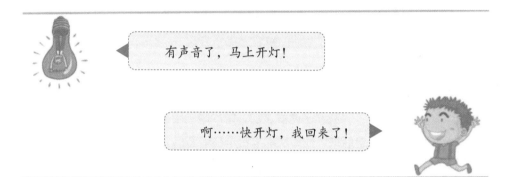

有声音了，马上开灯！

啊……快开灯，我回来了！

声控开关能自动打开电灯，是因为声音能触发开关接通电源的操作，所以"发出声音"可以看成是电灯开关的一个事件，当开关接收到声音信号后，就会执行预先设置的"打开电灯"的操作。

在 Excel 中，我们每天都在操作不同的对象，如打开工作簿、激活工作表、选中单元格……就像能被声控开关识别的声音一样，在众多的操作中，有些操作是 Excel 的对象能识别的，而这种能被对象识别的操作，就是该对象的事件。

比如，当激活工作表时，"激活工作表"就是一个能让工作表（Worksheet 对象）识别的操作，所以，"激活"（Activate）就是工作表（Worksheet）的一个事件，VBA 将这个事件记为 Worksheet_Activate。

事件是对象的事件，但不是每个对象都有事件。如果现在还没理解什么是事件也没关系，继续学习，待学完后面的内容大家就明白了。

6.1.2 事件是怎样控制过程的

"当听到声音的时候自动打开电灯"，将声控开关与电灯串联、接通电源后，声控开关就能按这个规则来控制电灯。

"当……的时候自动执行过程"，VBA 中的事件也按类似的规则来执行过程。

比如，因为 Worksheet_Activate 是工作表的一个事件，只要将 VBA 代码与该事件关联起来，当工作表被用户激活时，就会自动执行与该事件关联的 VBA 代码。

6.1.3 ▶ 激活工作表时自动显示工作表名称

> 下面我们就一起来看看，怎样借助Worksheet_Activate事件，让某张工作表被激活时，自动用对话框显示该工作表的名称。
>
> 大家跟着我的步骤一起操作。

步骤一：用鼠标右键单击工作表标签，执行右键菜单中的【查看代码】命令进入VBE窗口，如图6-1所示。

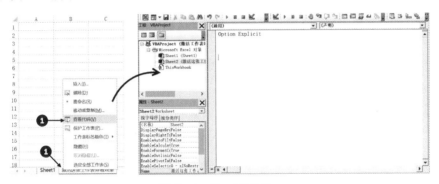

图6-1 进入VBE窗口

步骤二：在【代码窗口】的【对象】列表框中选择"Worksheet"，在【事件】列表框中选择"Activate"，得到一个过程的开始语句和结束语句，如图6-2所示。

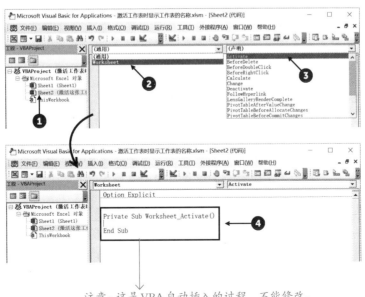

注意：这是VBA自动插入的过程，不能修改。

图6-2 在【代码窗口】中添加过程

步骤三：在自动生成的过程中间加入要执行的 VBA 代码，如图 6-3 所示。

```
Private Sub Worksheet_Activate()
    MsgBox " 你现在激活的工作表名称是： " & ActiveSheet.Name
End Sub
```

图 6-3　在过程中加入要执行的代码

以上就是编写事件过程的一般步骤：激活对象的【代码窗口】→选择合适的对象和事件→写入要执行的操作和计算对应的 VBA 代码。

完成后，返回工作表界面，激活其他工作表，再重新激活这张工作表，就能看到自动执行过程所得的效果了，如图 6-4 所示。

这个过程之所以能自动执行，就是因为 "Worksheet_Activate" 事件在发挥作用。

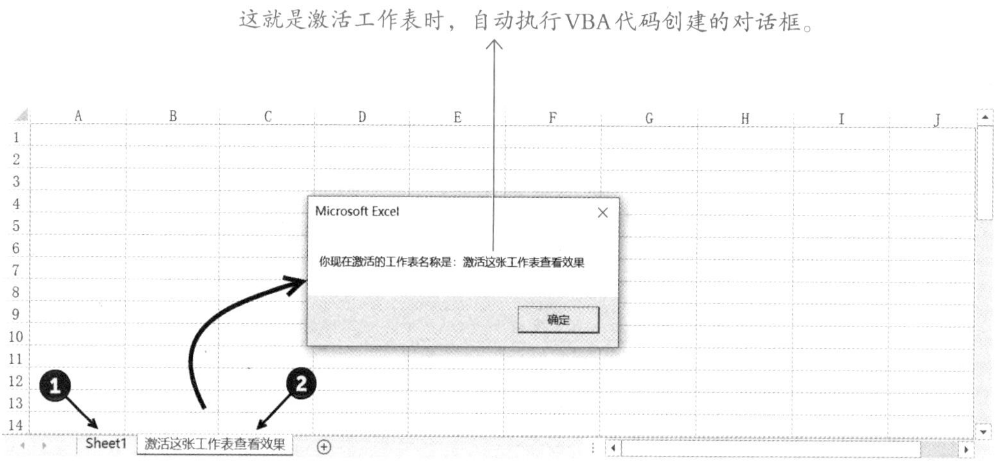

这就是激活工作表时，自动执行 VBA 代码创建的对话框。

图 6-4　激活工作表时自动执行过程的效果

6.1.4▶ 事件过程，就是能自动执行的 Sub 过程

利用对象的事件编写的、能自动执行的过程称为事件过程，事件过程也是 Sub 过程。

与普通的 Sub 过程不同，事件过程的作用域、过程名称及参数都是固定的，不能修改。事件过程的过程名称总是由对象名称及事件名称组成，对象在前，事件在后，二者之间用下画线连接，如：

Worksheet 是对象名称，告诉 VBA 这是什么对象的事件。

```
Private Sub Worksheet_Activate ()
```

Activate 是事件名称，是 Worksheet(工作表) 对象能识别的一个操作。

Workbook 对象有 Workbook 对象的事件，Worksheet 对象有 Worksheet 对象的事件……不同的对象，拥有的事件各不相同。无论要编写关于哪个对象的事件过程，都应将过程写在【工程窗口】中该对象所属的代码窗口中，只有这样，才是有效的事件过程。

第 2 节　使用工作表事件

6.2.1 ▶ 工作表事件就是发生在 Worksheet 对象里的事件

一个工作簿中可能包含多个 Worksheet 对象，Worksheet 对象的事件过程必须写在对应的 Worksheet 对象中，只有过程所在的 Worksheet 对象里的操作才能触发相应的事件，让对应的事件过程自动执行。

> Worksheet 对象拥有许多常用的事件。下面我们通过学习一些常用的事件，来掌握 Worksheet 对象的事件的用法，记得跟着我一起操作。

6.2.2 ▶ SelectionChange 事件：更改选中的单元格时自动执行过程

Worksheet 对象的 SelectionChange 事件，在更改工作表中选中的单元格区域时发生。下面，我们利用 SelectionChange 事件编写一个事件过程，使得更改选中单元格区域时，Excel 自动提示选中单元格的地址。

步骤一：右键单击工作表的标签，执行右键菜单中的【查看代码】命令，打开该工作表的【代码窗口】，如图 6-5 所示。

步骤二：在【代码窗口】的【对象】列表中选择"Worksheet"，在【事件】列表中选择"SelectionChange"，并在【代码窗口】中自动生成的事件过程中写入获得选中单元格地址的代码，得到下面的事件过程：

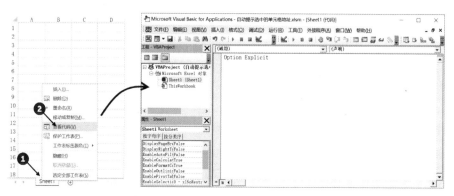

图 6-5　打开工作表的【代码窗口】

参数中的变量 Target 是过程执行所需的参数，该变量代表工作表中被选中的单元格区域。

```
Private Sub Worksheet_SelectionChange(ByVal Target As Range)
    MsgBox "现在选中的单元格区域是: " & Target.Address
End Sub
```

写入的事件过程代码如图 6-6 所示。

图 6-6　【代码窗口】中的事件过程

步骤三：返回工作表区域，更改过程所在工作表中选中的单元格，就能看到事件过程执行的效果了，如图 6-7 所示。

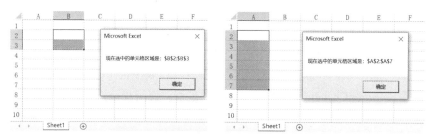

图 6-7　更改选中的单元格时自动执行过程

我们看到的对话框，正是更改选中的单元格区域后，执行事件过程中的 MsgBox 函数创建的。

考考你

如果不希望别人选中工作表中 A 列之外的区域，比如选中 B3 单元格时，自动改为选中同行的 A3 单元格。你知道怎样借助 VBA 实现这个目的吗？试一试。

演示教程

6.2.3 ▸ 看看我该监考哪一场

一张监考安排表，密密麻麻的全是监考老师的名字，如图6-8所示。

眼睛都看花了，还没看清我的监考场次。谁有眼药水，借我应应急……

别担心，让我教你一招，瞬间可以看清每个人的监考场次。

考场	语文		数学		英语		物理		化学		历史		思品		地理	
考场1	乔彩	刘志学	李小林	邓先华	龙伦	郑称坚	罗芳芳	邓先华	施进刚	于琳	司坚良	习欣兰	冉赤学	刘华	周小艳	李婉君
考场2	刘世全	艾小华	王芳	曹元林	李露	窦进	叶枫	张悦	刘华芝	夏致新	屈岸华	王洪林	柴宜	曹春琴	田辉元	林海军
考场3	申天	丁应林	常开华	鲁兵	高华	陈国华	林平飞	陈国华	王冰	张家兵	高珊	聂童	柳飞艳	白兴江		
考场4	王飞学	罗如月	史全	杨倩	汪中栋	周娟	方蕊	陶柔	郑菁	孔林军	顾庆芳	王琴	李艳华	陈忠友	庄博	张三华
考场5	司坚良	习欣兰	罗芳芳	邓先华	施进刚	周小艳	于琳	冉赤学	乔彩	刘志学	李小林	邓先华	施进刚	于琳	司坚良	习欣兰
考场6	屈岸华	王洪林	叶枫	张悦	刘华芝	夏致新	柴宜	曹春琴	田辉元	林海军	李露	窦进	刘世全	艾小华	王芳	曹元林
考场7	王冰	张家兵	林平飞	陈国华	王艳	梁奇榕	高珊	聂童	柳飞艳	白兴江	高华	王加艳	申天	丁应林	开华	鲁兵
考场8	顾庆芳	王琴	方蕊	郑菁	孔林军	李艳华	陈忠友	庄博	张三华	汪中栋	周娟	王飞学	罗如月	史全	杨倩	
考场9	龙伦	郑称坚	冉赤学	刘华	周小艳	李婉君	乔彩	刘志学	李小林	邓先华	施进刚	于琳	司坚良	习欣兰	罗芳芳	邓先华
考场10	李露	窦进	柴宜	曹春琴	田辉元	林海军	刘华芝	夏致新	王艳	梁奇榕	冰	张家兵	林平飞	陈国华		
考场11	高华	王加艳	高珊	聂童	柳飞艳	白兴江	申天	丁应林	常开华	鲁兵	王艳	梁奇榕	冰	张家兵		
考场12	汪中栋	周娟	李艳华	陈忠友	庄博	张三华	王飞学	罗如月	史全	杨倩	郑菁	孔林军	龙伦	郑称坚	冉赤学	刘华
考场13	施进刚	于琳	乔彩	刘志学	李小林	邓先华	罗芳芳	邓先华	周小艳	李婉君	田辉元	林海军	李露	窦进		
考场14	刘华芝	夏致新	刘世全	艾小华	王芳	曹元林	屈岸华	王洪林	叶枫	张悦	田辉元	林海军	李露	窦进	宜	曹春琴
考场15	王艳	梁奇榕	申天	丁应林	常开华	鲁兵	高华	王加艳	柳飞艳	白兴江	高珊	聂童	冰	张家兵	鲁兵	
考场16	郑菁	孔林军	王飞学	罗如月	史全	杨倩	顾庆芳	王琴	方蕊	陶柔	庄博	张三华	汪中栋	周娟	李艳华	陈忠友
考场17	周小艳	李婉君	司坚良	习欣兰	习欣兰	罗芳芳	邓先华	乔彩	刘志学	李小林	邓先华	施进刚	于琳	冉赤学	刘华	
考场18	田辉元	林海军	屈岸华	王洪林	叶枫	张悦	李露	窦进	柴宜	曹春琴	王芳	曹元林	刘世全	艾小华		
考场19	柳飞艳	白兴江	王冰	张家兵	林平飞	陈国华	高华	王加艳	高珊	聂童	常开华	鲁兵	王艳	梁奇榕	申天	丁应林
考场20	庄博	张三华	顾庆芳	王琴	方蕊	陶柔	汪中栋	周娟	李艳华	陈忠友	史全	杨倩	郑菁	孔林军	王飞学	罗如月

图6-8 监考安排表

例如，如果想知道"叶枫"应该监考哪些场次，可以设置在选中任意一个保存"叶枫"的单元格时，Excel能将监考表中保存数据为"叶枫"的单元格用特殊格式标注出来，如图6-9所示。

所有保存"叶枫"的单元格都被设置为特殊格式，应该监考哪些场次，就很明显了。

考场	语文		数学		英语		物理		化学		历史		思品		地理	
考场1	乔彩	刘志学	李小林	邓先华	龙伦	郑称坚	罗芳芳	邓先华	施进刚	于琳	司坚良	习欣兰	冉赤学	刘华	周小艳	李婉君
考场2	刘世全	艾小华	王芳	曹元林	李露	窦进	叶枫		刘华芝	夏致新	屈岸华	王洪林	柴宜	曹春琴	田辉元	林海军
考场3	申天	丁应林	常开华	鲁兵	高华	王加艳	林平飞	陈国华	王艳	梁奇榕	华奇榕	张家兵	高珊	聂童	柳飞艳	白兴江
考场4	王飞学	罗如月	史全	杨倩	汪中栋	周娟	方蕊	陶柔	郑菁	孔林军	顾庆芳	王琴	李艳华	陈忠友	庄博	张三华
考场5	司坚良	习欣兰	罗芳芳	邓先华	施进刚	周小艳	于琳	冉赤学	乔彩	刘志学	李小林	邓先华	施进刚	于琳	司坚良	习欣兰
考场6	屈岸华	王洪林	叶枫	张悦	刘华芝	夏致新	柴宜	曹春琴	田辉元	林海军	李露	窦进	刘世全	艾小华	王芳	曹元林
考场7	王冰	张家兵	林平飞	陈国华	王艳	梁奇榕	高珊	聂童	柳飞艳	白兴江	高华	王加艳	申天	丁应林	常开华	鲁兵
考场8	顾庆芳	王琴	方蕊	陶柔	郑菁	孔林军	李艳华	陈忠友	庄博	张三华	汪中栋	周娟	王飞学	罗如月	史全	杨倩
考场9	龙伦	郑称坚	冉赤学	刘华	周小艳	李婉君	乔彩	刘志学	李小林	邓先华	施进刚	于琳	司坚良	习欣兰	罗芳芳	邓先华
考场10	李露	窦进	柴宜	曹春琴	田辉元	林海军	刘华芝	夏致新	王艳	梁奇榕	华奇榕	张家兵	叶枫		张悦	
考场11	高华	王加艳	高珊	聂童	柳飞艳	白兴江	申天	丁应林	常开华	鲁兵	王艳	梁奇榕	冰	张家兵	林平飞	陈国华
考场12	汪中栋	周娟	李艳华	陈忠友	庄博	张三华	王飞学	罗如月	史全	杨倩	郑菁	孔林军	龙伦	郑称坚	冉赤学	刘华
考场13	施进刚	于琳	乔彩	刘志学	李小林	邓先华	罗芳芳	邓先华	周小艳	李婉君	龙伦	郑称坚	冉赤学	刘华	李露	窦进
考场14	刘华芝	夏致新	刘世全	艾小华	王芳	曹元林	屈岸华	王洪林	叶枫		张悦		田辉元	林海军	柴宜	曹春琴
考场15	王艳	梁奇榕	申天	丁应林	常开华	鲁兵	高华	王加艳	柳飞艳	白兴江	高华	王加艳	高珊	聂童		
考场16	郑菁	孔林军	王飞学	罗如月	史全	杨倩	顾庆芳	王琴	方蕊	陶柔	庄博	张三华	汪中栋	周娟	李艳华	陈忠友
考场17	周小艳	李婉君	司坚良	习欣兰	习欣兰	罗芳芳	邓先华	乔彩	刘志学	李小林	邓先华	施进刚	于琳	周娟		
考场18	田辉元	林海军	屈岸华	王洪林	叶枫		张悦		李露	窦进	柴宜	曹春琴	王芳	曹元林	刘世全	艾小华
考场19	柳飞艳	白兴江	王冰	张家兵	林平飞	陈国华	高华	王加艳	高珊	聂童	常开华	鲁兵	王艳	梁奇榕	申天	丁应林
考场20	庄博	张三华	顾庆芳	王琴	方蕊	陶柔	汪中栋	周娟	李艳华	陈忠友	史全	杨倩	郑菁	孔林军	王飞学	罗如月

图6-9 标注特殊格式的单元格

> 解决这个问题的方法有很多种，下面我们看看怎么使用VBA，通过Worksheet对象的SelectionChange事件来解决。

那么，编写这个过程，需要解决哪些问题呢？

问题一：设置保存监考信息的B3:Q22区域的默认格式。包括清除单元格的底纹颜色和设置的字体颜色，可以使用以下代码：

```
Range("B3:Q22").Interior.ColorIndex = xlNone      ' 清除单元格底纹颜色
Range("B3:Q22").Font.Color = RGB(160, 160, 160)   ' 设置字体颜色为浅灰色
```

问题二：将B3:Q22区域中保存的姓名，与活动单元格（ActiveCell）中姓名相同的单元格设置为特殊格式。包括设置底纹颜色和字体颜色，可以借助For Each…Next循环语句解决，如：

```
Dim Rng As Range
For Each Rng In Range("B3:Q22")
    If Rng.Value = ActiveCell.Value Then
        Rng.Interior.Color = RGB(255, 255, 0)     ' 设置背景色为黄色
        Rng.Font.Color = RGB(0, 0, 0)             ' 设置字体为黑色
    End If
Next Rng
```

问题三：设置当ActiveCell不是B3:Q22区域中的单元格时，不执行事件过程，不对监考信息表做任何操作和设置，只要借助If…Then语句解决即可，如：

```
If Application.Intersect(ActiveCell, Range("B3:Q22")) Is Nothing Then
    Exit Sub
End If
```

利用SelectionChange事件，将这些代码写在监考表所在的工作表模块中：

```
Private Sub Worksheet_SelectionChange(ByVal Target As Range)
    If Application.Intersect(ActiveCell, Range("B3:Q22")) Is Nothing Then
        Exit Sub
    End If
    Range("B3:Q22").Interior.ColorIndex = xlNone      ' 清除单元格底纹颜色
    Range("B3:Q22").Font.Color = RGB(160, 160, 160)   ' 设置字体颜色为浅灰色
    Dim Rng As Range
    For Each Rng In Range("B3:Q22")
        If Rng.Value = ActiveCell.Value Then
            Rng.Interior.Color = RGB(255, 255, 0)     ' 设置背景色为黄色
            Rng.Font.Color = RGB(0, 0, 0)             ' 设置字体为黑色
        End If
    Next Rng
End Sub
```

【代码窗口】中写完的事件过程如图6-10所示。

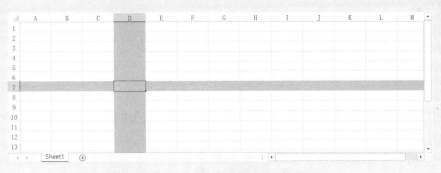

```
(通用)                                    (声明)
Option Explicit

Private Sub Worksheet_SelectionChange(ByVal Target As Range)
    If Application.Intersect(ActiveCell, Range("B3:Q22")) Is Nothing Then
        Exit Sub
    End If
    Range("B3:Q22").Interior.ColorIndex = xlNone          '清除单元格底纹颜色
    Range("B3:Q22").Font.Color = RGB(160, 160, 160)       '设置字体颜色为浅灰色
    Dim Rng As Range
    For Each Rng In Range("B3:Q22")
        If Rng.Value = ActiveCell.Value Then
            Rng.Interior.Color = RGB(255, 255, 0)          '设置背景色为黄色
            Rng.Font.Color = RGB(0, 0, 0)                  '设置字体为黑色
        End If
    Next Rng
End Sub
```

图6-10 【代码窗口】中的事件过程

演示教程

完成后，返回监考表，用鼠标光标选择监考表中的任意单元格，就能看到效果了，快试试吧。

读者可参考本书的配套资料，查看我的操作效果。

考考你

如果工作表中保存的数据较多，很容易看错行或列。为了突出显示活动单元格所在的行和列，可以让Excel将活动单元格所在的行、列都填充为特殊颜色，如图6-11所示。

演示教程

图6-11 高亮显示活动单元格所在的行和列

你知道怎样才能达到这样的效果吗？

6.2.4 ▶ Change事件：让更改单元格时自动执行过程

◆ 什么时候会触发Change事件

Worksheet对象的Change事件在更改工作表中的任意单元格时发生，下面让我们一起来看看，怎样在工作表中利用Change事件编写事件过程。

步骤一：右键单击工作表标签，执行右键菜单中的【查看代码】命令激活该工作表的【代码窗口】，然后在【对象】列表框中选择Worksheet，在【事件】列表框中选择Change，得到一个Change事件的过程，如图6-12所示。

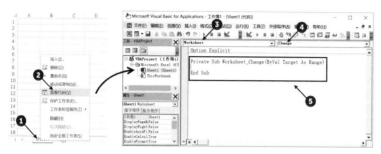

图6-12　在工作表中添加事件过程

变量Target是过程的参数，代表工作表中被更改的单元格。

```
Private Sub Worksheet_Change(ByVal Target As Range)

End Sub
```

步骤二：在Change事件过程的中间加入要执行的VBA代码，如：

变量Target是事件过程的参数，代表被修改的单元格，Target.Address返回被修改的单元格的地址。

Target.Value代表被修改后的单元格中保存的数据。

```
Private Sub Worksheet_Change(ByVal Target As Range)
    MsgBox Target.Address & "单元格的值被更改为： " & Target.Value
End Sub
```

步骤三：返回Excel界面，更改事件过程所在工作表中的任意单元格，就可以看到过程执行的效果了，如图6-13所示。

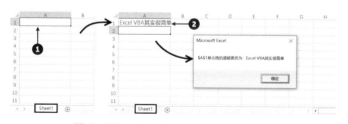

图6-13　更改单元格后自动执行过程

注意：只有更改单元格中保存的数据（包括清除空单元格中的内容、输入与原单元格相同的数据、双击单元格、按<Enter>或方向键结束输入）才会触发Change事件，公式重算得到新的结果、改变单元格格式、对单元格进行排序或筛选等都不会触发Change事件。

◆ 设置更改部分单元格时才执行写入的代码

如前面所说，更改工作表中的任意单元格都会触发Change事件，执行写入该事件过程中的VBA代码。

> 可是，我只希望更改A列的单元格时，才执行过程中设置的操作，更改A列之外的单元格时，不执行任何操作。

"如果被修改的单元格是A列的单元格，那么执行事件过程中的操作或计算，否则不执行任何操作或计算。"这是我们的需求。

> "如果……那么……否则……"非常熟悉的句式，还记得在什么时候接触过吗？应该用什么方法解决，想起来了吧？

考考你

变量Target代表工作表中被更改的单元格，只要在执行事件过程前，先用If…Then语句判断变量Target引用的单元格（被修改的单元格）是否位于A列就可以了。你能根据这个思路，写出解决这个问题的过程吗？

6.2.5 禁用事件，防止事件过程循环执行

如果禁用了事件，当执行能触发事件的操作后，已设置的事件过程便不会执行。在VBA中，可以设置Application对象的EnableEvents属性为False来禁用事件。

> 让我们通过两个例子来感受是否禁用事件的区别。读者可参考本书的配套资料，查看我的操作步骤。

演示教程

先在工作簿的第 1 张工作表中写入下面的事件过程：

在被更改的单元格右侧的单元格中输入"《别怕，Excel VBA 其实很简单》"。

```
Private Sub Worksheet_Change(ByVal Target As Range)
    Target.Offset(0, 1).Value = "《别怕，Excel VBA 其实很简单》"
End Sub
```

再修改这张工作表的A1单元格，看看得到什么结果，如图6-14所示。

更改A1单元格，A1单元格右侧的很多单元格都输入了数据。

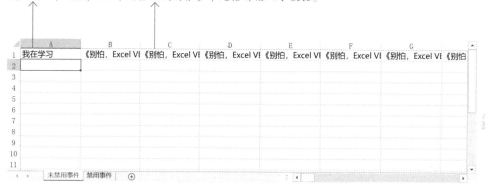

图6-14 更改第1张工作表的单元格执行事件过程

 更改的是A1单元格，为什么输入数据的单元格不止B1单元格？怎么回事？

让我们切换到同一工作簿的第2张工作表中，在其中写入下面的事件过程：

```
Private Sub Worksheet_Change(ByVal Target As Range)
    Application.EnableEvents = False                        ' 禁用事件
    Target.Offset(0, 1).Value = "《别怕，Excel VBA 其实很简单》"
    Application.EnableEvents = True                         ' 重新启用事件
End Sub
```

再修改该工作表的A1单元格，看看所得的结果有什么不同，如图6-15所示。

更改A1单元格，VBA只在A1右侧的B1中自动输入了预设的数据。

图6-15 更改第2张工作表的单元格执行事件过程

两个事件过程所得的结果不同，是因为在第2个事件过程中禁用了事件。

禁用事件后，事件过程不是不能自动执行吗？那么为什么第 2 张工作表中的事件过程还能自动执行？

这个问题可能会有点烧脑，让我们好好捋一捋。

　　无论是手动更改单元格，还是通过 VBA 代码更改单元格，都会触发 Worksheet 对象的 Change 事件。在第 1 张工作表中，当手动更改 A1 单元格时，Excel 就会自动执行 Change 事件过程，在 A1 右侧的 B1 中输入数据，而这个更改 B1 单元格的操作会再次触发 Change 事件，让 Change 事件过程再次执行……如图 6-16 所示。

图 6-16　第 1 个事件过程的执行流程

　　在第 2 张工作表的 Change 事件过程中，虽然加入了禁用事件的代码，但在手动更改 A1 单元格前，事件还未被禁用，所以事件过程能被执行一次。第 2 张工作表中事件过程的执行流程如图 6-17 所示。

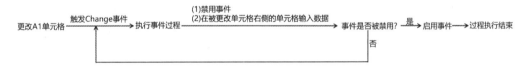

图 6-17　第 2 个事件过程的执行流程

　　在过程中使用 Application.EnableEvents = False 禁用事件，是为了防止执行过程中的代码时意外触发事件，导致不必要的事件过程被执行。

　　注意：在过程中禁用事件后，一定要在过程结束之前重新设置启用事件，否则可能导致其他事件过程无法自动执行。但是，无论 EnableEvents 属性的值为 True 还是 False，都无法禁用控件（如按钮）的事件。

6.2.6　用批注记录单元格中数据的修改情况

　　你会经常修改单元格中保存的数据吗？有没有修改后又想恢复原来的数据，但却忘记了原来的数据？

> 我昨天修改了数据表里的一些信息，今天发现改错了，想要恢复，可因为没有做过备份……算了，不说了，加着班核对数据呢，上万条数据啊……

对于某些重要信息，如果能将每次修改的信息都记录下来，当想恢复到某次修改前的数据时，就会非常方便。手动记录修改情况很麻烦，如果写一个事件过程，让更改单元格时，能将每次修改的信息都记录到该单元格的批注中，那就方便了。

下面，就让我们看看，要编写解决这一问题的过程，需要解决哪些问题。

♦ 应该使用什么事件编写事件过程

因为是要记录工作表中单元格的修改情况，也就是每次更改单元格时，都将修改的情况记录下来。所以，应该使用Worksheet对象的Change事件。

♦ 怎样在单元格中新建一个批注

要在单元格中新建一个批注，可以用Range对象的AddComment方法。当然，在新建批注前，需要先判断单元格中是否已有批注，如：

```
Private Sub Worksheet_Change(ByVal Target As Range)
    If Target.Comment Is Nothing Then Target.AddComment
End Sub
```

♦ 怎样将单元格更改的信息写入批注中

将单元格更改的信息写入批注，可以调用Comment对象的Text方法，如：

```
Private Sub Worksheet_Change(ByVal Target As Range)
    If Target.Comment Is Nothing Then Target.AddComment
    Target.Comment.Text Text:=" 单元格的内容被更改为: " & Target.Value
End Sub
```

这样设置后，当更改工作表中的单元格信息后，Excel就会在被更改的单元格批注中记录下更改的信息，如图6-18所示。

图6-18 用批注记录单元格的修改信息

可是，当再次更改该单元格信息时，批注中的信息只会记录新修改的信息，不能保留原来修改的信息，如图 6-19 所示。

上次修改的信息没有保留在批注中。

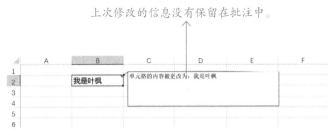

图 6-19　用批注记录单元格的修改情况

这是因为在设置批注中内容的时候，没有加上批注中原有的信息，可以将代码写为：

Chr(10) 表示一个换行符。

```vba
Private Sub Worksheet_Change(ByVal Target As Range)
    Dim CmTxt As String
    If Target.Comment Is Nothing Then Target.AddComment
    If Target.Comment.Text <> "" Then
        CmTxt = Target.Comment.Text & Chr(10)
    End If
    Target.Comment.Text Text:=CmTxt & "单元格的内容被更改为: " & Target.Value
End Sub
```

变量 CmTxt 是批注中原来的内容。

这样，当再次修改单元格后，批注就能记录下每次修改的信息了，如图 6-20 所示。

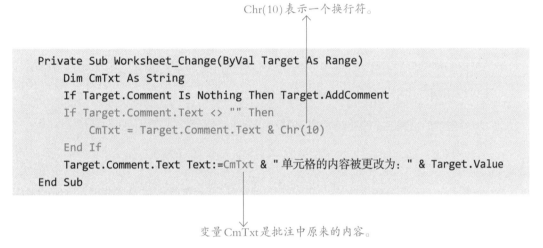

图 6-20　用批注记录单元格的修改情况

可以在批注中添加更改单元格的日期、时间等其他信息，如：

```vba
Private Sub Worksheet_Change(ByVal Target As Range)
    Dim CmTxt As String, NewTxt As String
    If Target.Comment Is Nothing Then Target.AddComment
    If Target.Comment.Text <> "" Then
        CmTxt = Target.Comment.Text & Chr(10)
    End If
    NewTxt = CmTxt & Format(Now(), "yyyy-mm-dd hh:mm") & "单元格的内容被更
改为: " & Target.Value
    Target.Comment.Text Text:=NewTxt
End Sub
```

这样，当更改单元格后，批注中的信息会更详细，如图6-21所示。

图6-21　记录修改单元格的日期和时间

◆ 解决可能导致过程出错的问题

这个过程中还有一些可能会导致执行出错的问题，如当被修改的单元格个数大于1时，过程就会执行出错，这个可以借助If…Then语句来处理，如：

```
If Target.Count > 1 Then Exit Sub        '当修改的单元格个数大于1时中止执行程序
```

还可以根据批注中字符的长度调整批注的大小，如：

```
Target.Comment.Shape.TextFrame.AutoSize = True     '根据批注内容自动调整批注大小
```

考考你

这个过程还有许多需要完善的地方，如只是双击单元格，未修改单元格中的数据时，Excel也会将此次的信息记入批注，如图6-22所示。

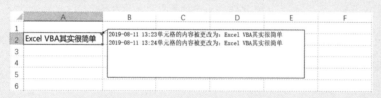

图6-22　批注中修改单元格的信息

如果编辑过单元格，但单元格中保存的数据没有发生变化，就不应将修改情况记入批注中。如果单元格中保存的数据发生变化，要在批注中记录下修改前、后的内容，如图6-23所示。

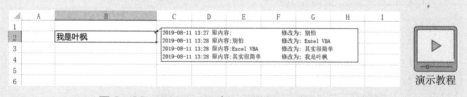

演示教程

图6-23　用批注记录单元格的修改信息

你能修改前面的示例过程，让它解决这些问题吗？

6.2.7 常用的 Worksheet 事件

Worksheet 对象一共有 17 个事件，可以在【代码窗口】的【事件】列表框或 VBA 帮助中看到，如图 6-24 所示。

图6-24 在【事件】列表框中查看 Worksheet 对象的事件

Worksheet 对象的事件虽然有17个，但常用的却不多。我们不用全部记住它们，只需了解几个常用的事件即可。

表 6-1 中列出的是 Worksheet 对象较为常用的 10 个事件。

表6-1 常用的 Workhseet 事件

事件名称	事件说明
Activate	激活工作表时发生
BeforeDelete	在删除工作表之前发生
BeforeDoubleClick	双击工作表之后，默认的双击操作之前发生
BeforeRightClick	右击工作表之后，默认的右击操作之前发生
Calculate	重新计算工作表之后发生
Change	工作表中的单元格发生更改时发生
Deactivate	工作表由活动工作表变为不活动工作表时发生
FollowHyperlink	单击工作表中的任意超链接时发生
PivotTableUpdate	在工作表中更新数据透视表之后发生
SelectionChange	工作表中所选内容发生更改时发生

第3节 使用工作簿事件

6.3.1 工作簿事件就是发生在 Workbook 对象里的事件

Workbook对象的事件过程必须写在ThisWorkbook对象中，可以在【工程窗口】中找到ThisWorkbook对象，如图6-25所示。

Workbook对象的事件过程只有保存在这个对象中才会有效。

图6-25 【工程窗口】中的ThisWorkbook模块

6.3.2 Open 事件：打开工作簿的时候自动执行过程

Workbook对象的Open事件，在打开工作簿的时候发生。希望打开工作簿时自动执行什么代码，就将它们写在Open事件的过程中。

进入VBE的【工程窗口】，激活ThisWorkbook对象的【代码窗口】，在【对象】列表框中选择"Workbook"，在【事件】列表框中选择"Open"，即可在【代码窗口】中自动生成一个Open事件的空过程，如图6-26所示。

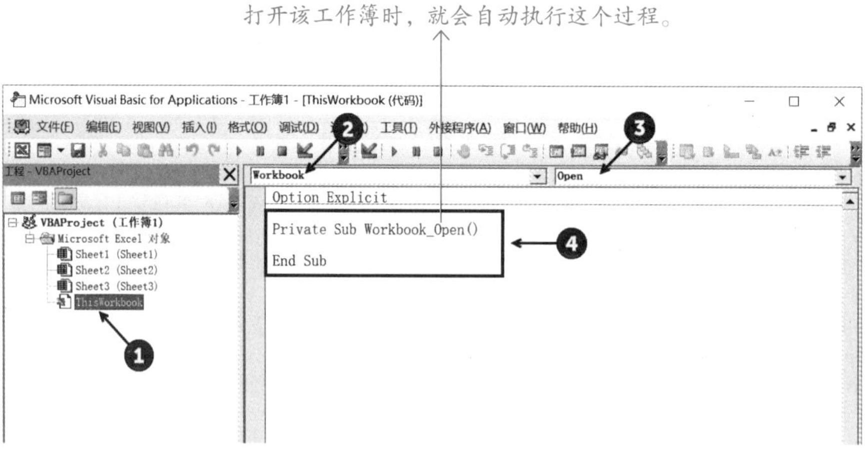

打开该工作簿时，就会自动执行这个过程。

图6-26 在【代码窗口】中添加Open事件的过程

注意：Workbook 对象的事件过程应写在 ThisWorkbook 中才有效，千万别写错了。

如果希望打开工作簿时，Excel 显示一个问候的对话框，可以将过程写为：

```
Private Sub Workbook_Open()
    MsgBox "你好，欢迎你使用 Excel!"
End Sub
```

完成后，关闭并保存工作簿，重新打开它，就能看到如图 6-27 所示的对话框。

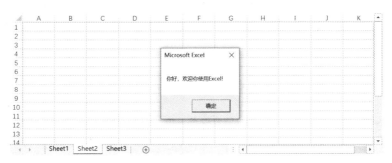

图 6-27　打开工作簿时显示的对话框

考考你

通常，我们会借助 Workbook 对象的 Open 事件对 Excel 进行一些初始化设置，如设置打开工作簿后希望看到的 Excel 界面，显示自己设计的用户窗体等。

你能借助 Open 事件编写一个过程，让打开工作簿后，隐藏工作簿中除第 1 张工作表之外的所有工作表，同时将 Excel 窗口全屏显示，隐藏工作表标签、垂直和水平滚动条、行标和列标、编辑栏以及活动工作表的网格线，得到如图 6-28 所示的显示效果吗？

演示教程

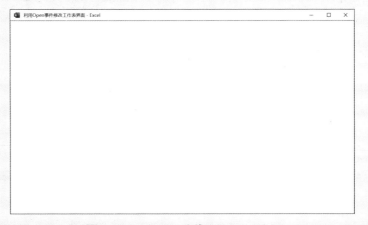

图 6-28　打开工作簿后的 Excel 界面

6.3.3 ▶ BeforeClose 事件：在关闭工作簿之前自动执行过程

BeforeClose 事件在关闭工作簿之前发生，如果希望 VBA 在关闭工作簿之前执行某些操作，就可以使用 BeforeClose 事件，如：

> Cancel 是过程的参数，用来确定是否关闭工作簿。当值为 False 时，执行关闭工作簿的操作，当值为 True 时，不执行关闭工作簿的操作。

```
Private Sub Workbook_BeforeClose(Cancel As Boolean)
    If MsgBox(" 表还没做完，你就要走了吗？ ", vbYesNo) = vbNo Then
        Cancel = True
    End If
End Sub
```

将这个事件过程写入 ThisWorkbook 模块中，如图 6-29 所示。

图 6-29　ThisWorkbook 中的事件过程

完成后，执行关闭该工作簿的命令就能看到图 6-30 所示的对话框了。

图 6-30　关闭工作簿前的提示对话框

通常，我们会通过 BeforeClose 事件来恢复一些在 Excel 中的设置，如还原修改过的 Excel 界面，以便下次打开 Excel 后，能看到默认的界面，或者检查一些必须完成的操作是否已完成。

考考你

　　如果工作簿第 1 张工作表的 A1 单元格是必须输入数据的单元格，只有该单元格是非空单元格时，才允许关闭该工作簿。如果执行关闭工作簿的操作后，第 1 张工作表的 A1 单元格是空单元格，则通过一个对话框进行提示，并取消关闭工作簿的操作。你能借助 BeforeClose 事件来解决这一问题吗？

演示教程

6.3.4 ▶ SheetChange 事件：更改任意工作表中的单元格时执行过程

　　还记得 Worksheet 对象的 Change 事件吗？

　　使用 Worksheet 对象的 Change 事件编写过程，只对过程所在的工作表有效，但当更改其他工作表中的单元格时，该事件过程并不会自动执行。

　　　如果有 100 张工作表，那就要在 100 张工作表里写入相同的过程？你可别吓我……

　　如果希望将 Change 事件的效果应用到工作簿的所有工作表中，可以使用 Workbook 对象的 SheetChange 事件解决，该事件在工作簿中任意一张工作表的单元格被更改时发生。

　　步骤一：进入 VBE 窗口，按图 6-31 的步骤，在 ThisWorkbook 模块中写入下面的过程：

变量 Sh 代表被更改的单元格所在的工作表。　　　　变量 Target 代表被更改的单元格。

```
Private Sub Workbook_SheetChange(ByVal Sh As Object, ByVal Target As Range)
    MsgBox "你正在更改的是：" & Sh.Name & "工作表中的" & Target.Address & "单元格"
End Sub
```

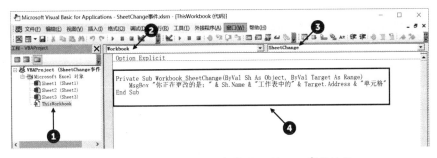

图 6-31　ThisWorkbook 中的 SheetChange 事件过程

　　步骤二：返回工作表界面，修改工作簿中任意工作表里的单元格，就可以看到过程执行的效果了，如图 6-32 所示。

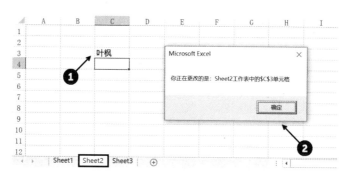

图 6-32 更改工作表中的单元格后自动执行过程

考考你

使用 SheetChange 事件，无论更改的是哪张工作表中的单元格，都会触发该事件执行相应的事件过程。如果希望更改标签名称为"Sheet1"的工作表时，不执行事件过程中的代码，你知道应该怎样修改本示例中的过程，排除"Sheet1"工作表吗？

演示教程

6.3.5 常用的 Workbook 事件

Workbook 对象有 42 个事件，表 6-2 中列出的是较为常用的部分事件。

表 6-2 常用的 Workbook 事件

事件名称	事件说明
Activate	在激活工作簿时发生
AddinInstall	在工作簿作为加载宏安装时发生
AddinUninstall	在工作簿作为加载宏卸载时发生
AfterSave	在保存工作簿之后发生
BeforeClose	在关闭工作簿前发生
BeforePrint	在打印指定工作簿前发生
BeforeSave	在保存工作簿前发生
Deactivate	在工作簿从活动状态转为不活动状态时发生
NewChart	在工作簿中新建一个图表时发生
NewSheet	在工作簿中新建工作表时发生
Open	在打开工作簿时发生
SheetActivate	在激活任意工作表时发生
SheetBeforeDoubleClick	在双击任意工作表时（默认的双击操作发生之前）发生

事件名称	事件说明
SheetBeforeRightClick	在右键单击任意工作表时（默认的右键单击操作之前）发生
SheetCalculate	在重新计算工作表时或在图表上绘制更改的数据之后发生
SheetChange	当更改任意工作表中的单元格时发生
SheetDeactivate	当任意工作表从活动工作表变为不活动工作表时发生
SheetFollowHyperlink	当单击工作簿中的任意超链接时发生
SheetPivotTableUpdate	当更新任意数据透视表之后发生
SheetSelectionChange	当改变任意工作表中选中的区域时发生
WindowActivate	当激活任意工作簿窗口时发生
WindowDeactivate	当任意工作簿窗口由活动窗口变为不活动窗口时发生
WindowResize	当调整任意工作簿窗口的大小时发生

第4节 不是事件，却似事件的两种方法

除对象的事件之外，Application对象还有两种方法。它们不是对象的事件，却拥有和事件一样的本领，可以像事件一样让指定的过程自动运行。

6.4.1 Application 对象的 OnKey 方法

● 使用 OnKey 方法设置执行过程的快捷键

通过OnKey方法可以设置当按下键盘上指定的键或组合键时，自动执行指定的过程。下面，让我们一起来看看设置步骤。

步骤一：进入VBE窗口，插入一个模块，在模块中编写一个Sub过程，在过程中通过OnKey方法设置执行过程的快捷键，以及与该快捷键关联的过程名称，如：

"+e"表示执行过程的组合键为 <Shift+e>。

```
Sub OnKey方法()
    Application.onkey "+e", "新建工作表"    '按下 <Shift+e> 组合键时执行过程"新建工作表"
End Sub
```

"新建工作表"是按下快捷键后要执行的过程名称，表示过程名称的字符串应写在英文半角双引号间。

具体的操作和设置步骤如图 6-33 所示。

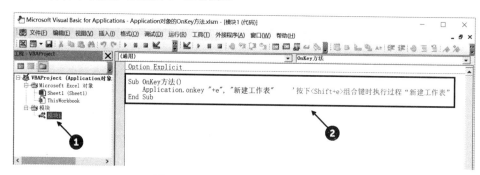

图 6-33　用 OnKey 方法编写过程

步骤二：在模块中编写一个名为"新建工作表"的 Sub 过程（过程名称与 OnKey 方法的第 2 参数设置的字符串一致），把要执行的代码全部写在该过程中，如：

过程的名称必须是 OnKey 方法第 2 参数设置的字符串。

```
Sub 新建工作表()
    Worksheets.Add after:=Worksheets(Worksheets.Count)
    ActiveSheet.Name = "工作表" & Worksheets.Count
End Sub
```

编写好的过程如图 6-34 所示。

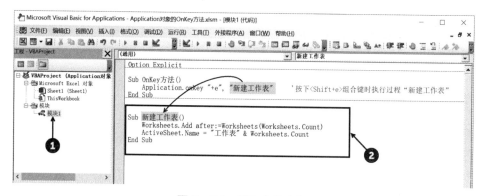

图 6-34　模块中的过程

步骤三：执行过程"OnKey 方法"，按下 <Shift+e> 组合键，就能执行名为"新建工作表"的过程了，如图 6-35 所示。

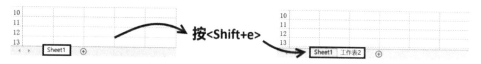

图 6-35　使用快捷键 <Shift+e> 执行过程

Application 对象的 OnKey 方法有两个参数，两个参数都应设置为文本字符串。其中，第

1 个参数设置要按下的快捷键，第 2 参数设置要执行的过程名称，即：

> Application.onkey 要按下的快捷键代码，要执行的过程名称

◆ 设置快捷键，可能会用到的按键代码

表 6-3 列出的，是可以在 OnKey 方法中使用的一些特殊键对应的代码。

表 6-3　可以在 OnKey 方法中设置的按键及对应代码

要使用的按键	应设置的代码
Backspace	{BACKSPACE} 或 {BS}
Break	{BREAK}
Caps Lock	{CAPSLOCK}
Clear	{CLEAR}
Delete 或 Del	{DELETE} 或 {DEL}
向下箭头	{DOWN}
End	{END}
Enter（数字小键盘）	{ENTER}
Enter	~（波形符）
Esc	{ESCAPE} 或 {ESC}
Help	{HELP}
Home	{HOME}
Ins	{INSERT}
向左箭头	{LEFT}
Num Lock	{NUMLOCK}
PageDown	{PGDN}
PageUp	{PGUP}
Return	{RETURN}
向右箭头	{RIGHT}
Scroll Lock	{SCROLLLOCK}
Tab	{TAB}
向上箭头	{UP}
F1 到 F15	{F1} 到 {F15}

如果想让按下<F6>键时执行名为"新建工作表"的过程，代码应写为：

```
Application.onkey "{F6}", "新建工作表"
```

如果要使用Shift、Ctr或Alt键与其他键组成组合键，还应在按键代码前加上相应的符号，如表6-4所示。

表6-4　使用组合键时应添加的符号

要组合的键	在按键代码前添加的符号
Shift	+
Ctrl	^
Alt	%

如果希望按下<Ctrl+F1>组合键时执行名为"新建工作表"的过程，应将代码写为：

```
Application.onkey "^{F1}", "新建工作表"
```

提示：如果没有特殊需求，在【宏选项】对话框中设置执行宏的快捷键，操作步骤要比使用OnKey方法简单，设置步骤如图6-36所示。

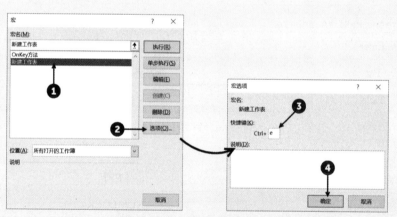

图6-36　在【宏选项】对话框中设置执行过程的快捷键

◆ 取消 OnKey 方法设置的快捷键

有一点需要注意，使用OnKey方法设置的快捷键，不只是在代码所在的工作簿中有效，在所有打开的工作簿中都是有效的。为了避免造成使用障碍，当不需要使用OnKey方法设置的快捷键后，应将设置的快捷键取消。要取消一个OnKey方法设置的快捷键，可以使用与设置快捷键相同的代码，不设置第2参数的过程名称即可，如：

```
Application.onkey "+e"          ' 取消 <Shift+e> 组合键的作用
```

通常，我们会在关闭使用OnKey方法的工作簿前，通过 Workbook 对象的 BeforeClose

事件来取消OnKey方法设置的快捷键。

6.4.2 ▶ Application 对象的 OnTime 方法

使用Application对象的OnTime方法，可以设置在某个时间自动执行指定的过程。

◆ 设置到达指定时间后自动执行过程

如果想让Excel在中午12：00自动执行名称为"提示"的过程，可以按以下步骤编写过程。

步骤一：进入VBE，插入一个模块，在其中使用OnTime方法编写过程，设置好要执行过程的名称及时间，如：

TimeValue 函数将参数中指定的，表示时间的字符串转为真正的时间值。

```
Sub OnTime方法()
    Application.OnTime TimeValue("12:00:00"), "提示"
End Sub
```

字符串"提示"是到达12：00时要执行的过程名称。

具体步骤如图6-37所示。

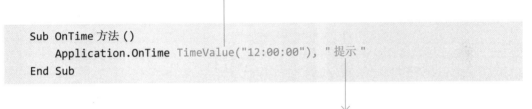

图6-37 用OnTime方法设置要执行的过程名称及时间

步骤二：在模块中写一个名为"提示"的Sub过程，如：

过程名称必须与OnTime方法第2参数指定的过程名称完全相同。

```
Sub 提示()
    Beep                              ' 执行 Beep 后，计算机会发出一个提示声音
    MsgBox "现在是中午12点，吃饭的时间到了。"
End Sub
```

编写完的过程如图6-38所示。

图 6-38　模块中的过程

步骤三：执行名为"OnTiem 方法"的过程，等到中午 12 点，Excel 就会自动执行名为"提示"的过程，显示如图 6-39 所示的对话框。

图 6-39　自动执行过程创建的对话框

● 设置经过一段时间之后自动执行过程

如果想在 20 分钟之后执行指定的过程，可以将代码写为：

```
Application.OnTime Now() + TimeValue("00:20:00"), " 提示 "
```

　　Now 函数返回执行这行代码时的系统时间，TimeValue 返回 20 分钟对应的时间值，二者之和即为当前系统时间 20 分钟之后的时间。

也可以指定要执行过程的日期，如：

```
Application.OnTime DateSerial(2019, 12, 1) + TimeValue("12:00:00"), " 提示 "
```

　　DateSerial 函数返回参数指定的年、月、日信息对应的日期值，这行代码指定执行过程的时间为 2019 年 12 月 1 日的中午 12∶00。

● 设置执行过程的最晚时间

如果指定过程在中午 12∶00∶00 执行，但在中午 12∶00∶00 的时候，可能因为 Excel 正在执行另一个过程或其他原因，导致 OnTime 方法指定的过程在这个时间没有得到执行的机会。默认情况下，如果遇到这种情况，Excel 会等待正在执行的过程执行结束，直到有机会执行指定的过程时再执行它。

可是，谁也不知道这个等待的时间会有多长。

如果到可以执行这个过程时，已经失去执行这个过程的意义，那就不用再执行这个过程了。就像下午 18：00：00 的时候，已经没有必要再提醒谁去吃中午饭一样。

为了解决这一问题，可以通过 OnTime 方法的第 3 个参数，设置允许执行过程的最晚时间，如：

```
Application.OnTime TimeValue("12:00:00"), " 提示 ", TimeValue("12:00:30")
```

如果过了 12：00：30 这个时间，指定的过程还没有得到执行的机会，则不再执行它。

● 取消 OnTime 方法的设置

如果想取消一个 OnTime 方法的设置，可以通过 OnTime 方法的第 4 个参数设置，如：

```
Application.OnTime TimeValue("12:00:00"), " 提示 ", TimeValue("12:00:30"), False
```

第 4 个参数是可选参数，默认值为 True。如果将第 4 参数设置为 False，则执行代码后将清除 OnTime 方法的设置。

● OnTime 方法的参数及说明

Application 对象的 OnTime 方法共有 4 个参数，其中第 1、2 个参数是必选参数，分别用来设置要执行过程的时间和过程名称，第 3、4 参数是可选参数，分别用来设置执行过程的最晚时间，以及清除 OnTime 方法的设置，具体的参数名称及说明如表 6-5 所示。

表6-5　OnTime方法的参数及说明

参数名称	必需/可选	参数说明
EarliestTime	必需	要执行过程的时间
Procedure	必需	要执行过程的名称
LatestTime	可选	执行过程的最晚时间
Schedule	可选	如果参数为 True，则按 OnTime 方法的设置执行过程，如果设置为 False，则清除之前 OnTime 方法的设置。参数的默认值为 True

考考你

发现了吗？无论是 OnKey 方法还是 OnTime 方法，想让指定的过程得到自动执行的机会，就必须先执行该方法所在的过程，否则方法指定的过程将不会自动执行。如果想在打开工作簿时，让工作簿中 OnKey 方法或 OnTime 方法的设置自动生效，并在关闭工作簿后，让 OnKey 方法和 OnTime 方法的设置自动失效，你能想到解决的办法吗？

演示教程

6.4.3 ▶ 让文件每隔 3 分钟自动保存一次

加班 3 小时，断电 1 秒钟，我还什么都没有保存啊，所有劳动成果都报废了！

如果担心意外关机时数据丢失，可以借助 OnTime 方法，设置 Excel 每隔一段时间，如 3 分钟自动保存一次工作簿。想学吗？跟着我的步骤一起操作吧。

步骤一：新插入一个模块，在模块中使用 OnTime 方法编写过程，设置要执行的过程及时间，如：

该行代码写在模块中第一个过程之前，声明的是一个公共变量，用来记录执行过程的时间。将其声明为公共变量，是为了在取消 OnTime 方法的设置时使用。

```
Public StartTime As Date
Sub OnTime 方法 ()
    StartTime = Now() + TimeValue("00:03:00")
    Application.OnTime StartTime, " 保存工作簿 "
End Sub
```

再在模块中编写一个名为"保存工作簿"的过程，如：

```
Sub 保存工作簿 ()
    ThisWorkbook.Save
    Call OnTime 方法
End Sub
```

【代码窗口】中写完的过程如图 6-40 所示。

图 6-40　模块中的过程

步骤二：为了省去手动执行 OnTime 方法所在过程的操作，在 ThisWorkbook 模块中使用 Open 事件编写过程，设置打开工作簿时自动执行 OnTime 方法所在的过程，让 OnTime 方法的设置生效，如：

```
Private Sub Workbook_Open()
    Call OnTime 方法
End Sub
```

这行代码的作用是执行名称为"OnTime 方法"的 Sub 过程。你可以在 7.2.4 小节学习怎样通过 VBA 代码执行另一个 Sub 过程。

同时，利用 BeforeClose 事件，设置关闭工作簿时，清除 OnTime 方法的设置，如：

StartTime 是在模块中声明的公共变量，保存的是计划执行过程的时间。

```
Private Sub Workbook_BeforeClose(Cancel As Boolean)
    Application.OnTime StartTime, " 保存工作簿 ", , False
End Sub
```

在代码中，未写参数的名称，只设置了参数值，此时省略的第 3 个参数的位置应使用英文半角逗号","空出来。

编写完成后的代码如图 6-41 所示。

图 6-41　ThisWorkbook 模块中的过程

代码写好后，保存、关闭并重新打开工作簿，就可以放心使用，不用担心意外断电了，Excel 会每隔 3 分钟自动执行一次保存工作簿的过程。

考考你

电子时钟大家一定都见过吧？每隔一秒钟，时钟上的时间就会更新一次。

你能在 Excel 的工作表中制作一个类似图 6-42 所示的电子时钟吗？让该时钟每隔一秒钟就更新一次时间。

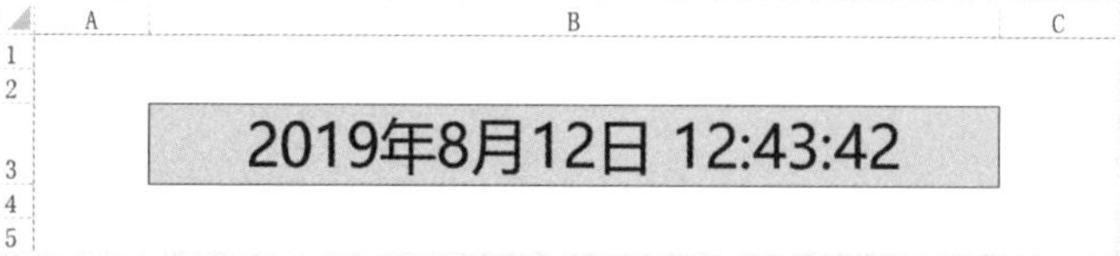

演示教程

图 6-42　在工作表中制作的简易时钟

你还能想到其他玩法吗？去试一试吧。

7

VBA 过程的分类

过程就是做一件事情的经过，是完成一个任务所需要的全部操作的有序组合。

在 VBA 中，过程是最基本的程序单元，要解决一个问题，就需要将解决问题的代码写为过程，通过执行过程来解决。

在前面，我们已经接触过一些有关过程的知识了，这一章，我们将继续学习 VBA 中过程的相关知识。

学习建议

学习本章时，建议认真编写能解决每个示例及练习中问题的 VBA 过程，保证在学完本章内容后，能掌握以下技能：

1. 知道 Sub 过程和 Function 过程的区别，掌握 Sub 过程和 Function 过程的基本结构；

2. 能根据问题需求，编写 Sub 过程解决 Excel 中常用的操作或计算问题。

3. 能编写 Function 过程，解决一些使用工作表或 VBA 内置函数不能解决或很难解决的计算问题。

第1节 VBA 中都有哪些类型的过程

VBA过程就是完成某个任务所需VBA代码的有序组合。VBA中的过程包含子程序过程、函数过程和属性过程三类。

子程序过程也称为Sub过程，使用宏录制器录下来的宏和前面学习的事件过程都属于Sub过程，它是VBA中最常用的一类过程。

函数过程也称为Function过程，一个Function过程就是一个自定义函数。可以像使用工作表函数或VBA内置函数一样，在Excel的工作表或VBA过程中使用Function过程。

本书只介绍Function过程和Sub过程。

第2节 Sub 过程，VBA 中最基本的程序单元

7.2.1 应该把 Sub 过程写在哪里

通常，我们将除事件过程之外的Sub过程保存在图7-1所示的模块对象中。

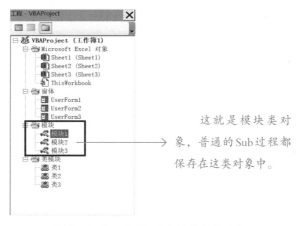

图7-1 【工程窗口】中的模块类对象

如果把Sub过程保存在模块之外的其他对象，如Worksheet或ThisWorkbook模块中，那么Sub过程将成为私有过程，只在所属的模块中有效，可能会影响后期Sub过程的使用。所以，将普通的Sub过程保存在模块对象中，虽然不是必须的，却是一种规范的做法。

【工程窗口】中的每个对象都可以保存多个过程。实际使用时，为了便于对过程的管理，可以像给文件分类一样，将不同功能的过程保存在不同的模块中进行分类管理。

7.2.2 Sub 过程的基本结构

> 前面章节中接触到的过程都是 Sub 过程，随便拿几例出来进行对比，你一定能发现 Sub 过程的结构。

VBA 中 Sub 过程的结构为：

Private 和 Public 同时只能使用一个，用来声明过程的作用域，可以省略，如果省略，等同于使用了 Public。

如果选用 Static，过程执行结束后，VBA 会继续保存过程中变量的值。

```
[Private|Public] [Static] Sub 过程名 ([ 参数列表 ])
      [ 语句块 ]
      [Exit Sub]
      [ 语句块 ]
End Sub
```

Exit Sub 是可选语句，如果执行了该语句，VBA 将中断执行并退出过程。

如果过程有参数，就将其写在过程名称后面的括号中。

7.2.3 过程的作用域

过程的作用域决定它可以在哪个范围内被调用。按作用域分，过程可以分为公共过程和私有过程。

◆ 公共过程就像小区里的公共车位

公共厕所、公共汽车……戴着"公共"的帽子，意味着这个东西大家都可以使用。公共过程就像小区里的公共车位，谁的车都可以停。

如果一个过程被声明为公共过程，那么工程中所有的过程都可以使用它。要将过程声明为公共过程，过程的第一行代码应写为：

```
Public Sub 过程名称 ([ 参数列表 ])
```

或者：

```
Sub 过程名称 ([ 参数列表 ])
```

例如：

```
Public Sub 公共过程 ()
    MsgBox "我是公共过程！"
End Sub
```

或者

```
Sub 公共过程 ()
    MsgBox "我是公共过程！"
End Sub
```

如果在声明过程时省略 Public 关键字，这个过程也将被声明为公共过程。

这就像小区里的停车位，如果没有"私家车位"的标识，大家就认为它是公共车位一样。

● 私有过程就像小区里的私家车位

就像给私家车位、专用车位做标识一样，对一些只希望在某个范围才能使用的私有过程，在声明时，应给它带上特殊的标识，以指明它私有的身份。

声明私有过程的代码为：

```
Private Sub 过程名称 ([ 参数列表 ])
```

例如：

如果要声明私有过程，一定要加上 Private。Private 就像"私家车位"的标识，它让 VBA 知道，这个过程并不是谁都有权限调用。

```
Private Sub 私有过程 ()
    MsgBox "我是私有过程！"
End Sub
```

● 谁有资格调用私有过程

一个过程如果被声明为私有过程，那么只有过程所在模块里的过程才能调用它，其他模块中的过程不能调用这些过程，并且在【宏】对话框中也看不到私有过程，如图 7-2 所示。

图 7-2   私有过程不显示在【宏】对话框中

◆ 将模块中的所有过程都声明为私有过程

如果要将一个模块中的所有过程都声明为私有过程（包括已经声明为公共过程的过程），只需在模块的第一个过程之前写上"Option Private Module"，将模块声明为私有模块即可，如图 7-3 所示。

图 7-3   将模块中所有过程声明为私有过程

7.2.4 ▶ 在过程中执行另一个过程

下面是一个在工作簿中新建 5 张新工作表的过程：

```
Sub ShtAdd()
    Dim i As Byte
    For i = 1 To 5 Step 1
        Worksheets.Addd.Name=i          ' 新建一张工作表，名称为变量 i 表示的自然数
    Next i
End Sub
```

如果想在另一个过程中调用这个过程，有多种方法可以选择。

◆ 方法一：直接使用过程名称调用过程

要在过程中调用另一个过程，可以直接将过程名称写成单独的一行代码，如：

```
Sub 执行另一个过程 ()
    ShtAdd
End Sub
```

如果要执行的过程有参数，应将参数写在过程名称后面，过程名称与参数、参数与参数之间用英文半角逗号隔开，语句结构为：

```
过程名 , 参数 1, 参数 2,……
```

◆ 方法二：使用 Call 关键字调用过程

另一种调用过程的方法是使用 Call 关键字，代码结构为：

```
Call 过程名 ( 参数 1, 参数 2,……)
```

如果过程没有参数，只需写过程名称，不用写过程名称后的括号，如：

```
Sub 执行另一个过程 ()
    Call ShtAdd
End Sub
```

◆ 方法三：使用 Application 对象的 Run 方法调用过程

用这种方法调用过程的代码结构为：

```
Application.Run 表示过程名的字符串 , 参数 1, 参数 2, ……
```

例如：

```
Sub 执行另一个过程 ()
    Application.Run "ShtAdd"
End Sub
```

          ↓

"ShtAdd" 是表示过程名的字符串，必须写在英文半角双引号间。

7.2.5 向过程传递参数

◆ 参数是不同过程之间传递信息的通道

可以替 Sub 过程设置参数，通过参数提供执行过程需要的数据，如：

```
Sub ShtAdd(ShtCount As Integer)
    Worksheets.Add Count:=ShtCount
End Sub
```

这是在活动工作表前插入新工作表的 Sub 过程，插入工作表的数量由过程的参数，即变量 ShtCount 决定。ShtCount 是一个 Integer 类型的变量，执行 ShtAdd 过程时，只有为过程指定一个 Integer 类型的数值作为它的参数，过程才能正常执行，如：

```
Sub 新建工作表()
    Dim c As Integer
    c = 2
    Call ShtAdd(c)              ' 执行过程 ShtAdd,过程的参数为变量 c
End Sub
```

在模块中编写完这两个过程后，执行过程"新建工作表"的结果如图 7-4 所示。

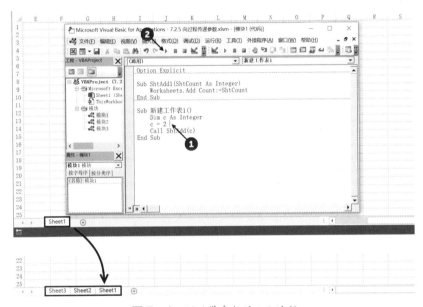

图 7-4　调用带参数的 Sub 过程

◆ 过程中参数的两种传递方式

在 VBA 中，过程的参数有两种传递方式：按引用传递和按值传递。

图 7-4 中过程，是按引用的方式传递参数。如果按引用的方式传递参数，传递的是变量指向的内存地址而非数据本身，在过程中对参数的任何修改都会影响该地址存储的数据，如：

```
Sub ShtAdd(ShtCount As Integer)
    Worksheets.Add Count:=ShtCount          ' 通过参数指定新建的工作表数量
    shtCount = 8                            ' 修改参数 ShtCount 中存储的值
End Sub
```

```
Sub 新建工作表()
    Dim c As Integer
    c = 2
```

```
        Call ShtAdd(c)
        MsgBox "现在变量 c 的值为： " & c
End Sub
```

执行过程"新建工作表"后，可以看到如图 7-5 所示的对话框。

变量 c 的值是 8，是
因为在子过程 ShtAdd 中
修改了过程参数 ShtCount
的值，过程参数和变量 c
引用的就是内存中的同一
个数据。

图 7-5 按引用的方式传递过程参数

> 这部分的内容可能会有些难理解，暂时看不明白也没关系，待
> 后面学习自定义函数，接触到带参数的过程后再来学习可能会轻松
> 一些。

也就是说，按引用的方式传递参数，过程"ShtAdd"中的参数 ShtCount，与过程"新
建工作表"中的变量 c 指向的是同一个内存地址，两个过程中的变量名称虽然不同（一个为
ShtCount，一个为 c），但它们引用的是内存中的同一个数据。所以，当执行"新建工作表"
的过程后，尽管变量 c 中存入的是数值 2，但在调用 ShtAdd 过程时，又将参 ShtCount 的值
设置为数值 8，这样就等于修改了过程"新建工作表"中变量 c 存储的值。

如果希望在执行"新建工作表"的过程时，修改变量 ShtCount 的值后，过程 ShtAdd 中
的变量 c 不会被更改，就应设置过程按值的方式来传递参数，如果按值的方式传递参数，那
么被传递的是变量存储的数据的副本，相当于从变量指向的内存空间中复制一份存储的数据，
作为执行过程所需的参数，这样在过程中对参数的修改，都不会影响原变量中存储的值。

要想让参数按值的方式传递，在声明过程时，应在参数的前面加上 ByVal，如：

如果一个参数前带上 ByVal 关键字，那么该参数将按值的方式传递，
子过程中对参数值的任何修改，都不会影响原变量中保存的值。

```
Sub ShtAdd(ByVal ShtCount As Integer)
    Worksheets.Add Count:=ShtCount
    ShtCount = 8
End Sub
```

```
Sub 新建工作表()
    Dim c As Integer
    c = 2
    Call ShtAdd(c)
    MsgBox "现在变量 c 的值为: " & c
End Sub
```

这样设置后，执行过程"新建工作表"的结果如图 7-6 所示。

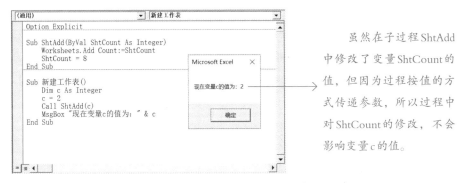

虽然在子过程 ShtAdd 中修改了变量 ShtCount 的值，但因为过程按值的方式传递参数，所以过程中对 ShtCount 的修改，不会影响变量 c 的值。

图 7-6　按值的方式传递过程参数

由于按引用的方式传递参数，可能会影响主过程中变量存储的值，如果主过程用到的数据不需要从子过程中获得，不希望子过程影响主过程中变量存储的值，应尽量设置参数按值的方式传递，这样可以避免不必要的错误发生。

现在，如果你不能理解这两种参数传递方式的区别也没关系，只要在设置过程参数时，尽量将过程的参数设置为按值的方式传递，暂时了解这个信息就够了。

第 3 节　Sub 过程的应用举例

下面，我们通过一些例子，带着大家一起学习使用 VBA 解决问题的思路。这是一个实践的好机会，大家一定要跟着一起操作，动手写代码，认真完成安排的练习。

7.3.1 ▶ 创建包含指定数据的工作簿

如果希望用 VBA 创建一个工作簿，在其中写入图 7-7 所示的数据，再将其保存到与代码所在工作簿相同的目录中，文件名称为"员工花名册.xlsx"。

图 7-7　要创建的工作簿及其中保存的数据

可以按以下步骤操作。

步骤一：进入VBE，在【工程窗口】中插入一个模块，用来保存编写的过程。

步骤二：在模块里写入下面的Sub过程。

```
Sub 创建工作簿()
    Dim Wb As Workbook, Sht As Worksheet
    Set Wb = Workbooks.Add
    Set Sht = Wb.Worksheets(1)
    With Sht
        .Name = " 花名册 "
        With .Range("A1:C1")
            .Value = Array(" 姓名 ", " 性别 ", " 出生年月 ")
            .Interior.Color = RGB(0, 32, 96)
            .Font.Color = RGB(255, 255, 255)
            .Font.Bold = True
            .HorizontalAlignment = xlCenter
        End With
        .Range("A2:C2").Value = Array(" 刘小军 ", " 男 ", #8/1/1990#)
        With .UsedRange
            .Font.Name = " 微软雅黑 "
            .Font.Size = 12
            .Borders.LineStyle = xlContinuous
        End With
        .Cells.EntireColumn.AutoFit
    End With
    Wb.SaveAs ThisWorkbook.Path & "\ 员工花名册 .xlsx"
    ActiveWorkbook.Close
End Sub
```

演示教程

步骤三：完成后，执行这个Sub过程，就可以在文件夹中看到新建的工作簿文件了，如图 7-8 所示。

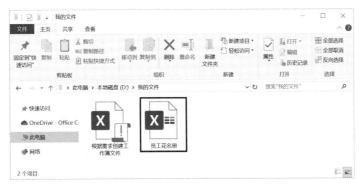

图 7-8　执行过程后所得的工作簿文件

如果要创建的工作簿已经有现成的模板，可以借助模板直接创建这个工作簿，如果要创建的工作表样式已经存在，也可以通过复制已有工作表来创建。

考考你

演示教程

现有一个工作簿，里面有两张工作表，其中一张工作表保存某单位职工的基础信息，如图 7-9 所示。

	A	B	C	D	E	F	G	H	I	J	K	L	M
1	职工编号	姓名	性别	学历	出生年月	年龄	身份证号码	参加工作时间	部门	职务	联系电话	备注	
2	A0001	杜康姬	女	博士	1970年2月	49	429006197002261747	1995年7月	人力资源部	总监	139587806282		
3	A0002	吕兰	女	博士	1981年10月	59	422322198110072829	2002年10月	研发部	部长	139369409978		
4	A0003	翟粱	男	中专	1985年4月	59	452632198504234634	2011年6月	研发部	经理	131704301339		
5	A0004	武林	男	高中	1986年4月	59	320623198604196130	2015年1月	人力资源部	助理	131032819953		
6	A0005	张雨飞	男	博士	1984年6月	59	310106198406082538	2010年2月	销售部	经理	133608353047		
7	A0006	崔冀	男	高中	1976年3月	31	522502197603153575	2008年8月	行政部	助理	131272144181		
8	A0007	廖咏	男	硕士	1970年10月	35	522502197010205535	2002年4月	产品开发部	总监	132712089397		
9	A0008	李开富	男	本科	1981年7月	41	440902198107143613	2012年10月	企划部	策划员	139509770275		
10	A0009	王志刚	男	硕士	1974年7月	36	130302197407163813	1997年7月	行政部	办事员	134937137170		
11	A0010	李宁	男	中专	1981年3月	43	522502198103265533	2006年7月	市场部	总监	1310655148845		
12	A0011	张仁松	男	中专	1980年6月	32	140811198006094250	2003年8月	研发部	助理	132555274442		
13	A0012	邓凝	女	硕士	1976年4月	59	140811197604162127	1998年8月	销售部	总监	136926739165		
	A0012	凌美	女	太科	1969年2月	59	310106196902286161	2002年10月	文秘部	经理	133776616949		

档案信息　档案卡

图 7-9　职工档案信息

另一张工作表是职工信息档案卡的表格模板，如图 7-10 所示。

图 7-10　职工档案信息卡

现希望以"档案卡"工作表为模板，以"档案信息"工作表中的数据为基础创建每位职工的档案信息卡，创建结果以单独的Excel工作簿文件保存在指定目录中，文件以"职工编号"的信息命名，如图7-11所示。

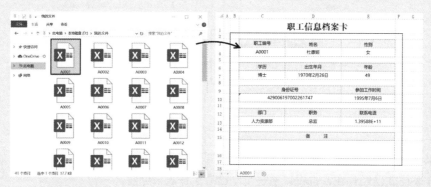

图7-11 以单独文件存在的职工信息档案卡

你能编写解决这个问题的Sub过程吗？

7.3.2 ▶ 判断指定名称的工作簿是否已经打开

一个工作簿只有在打开状态，才能往里面输入或读取其中保存的数据。那么怎样判断某个工作簿是否已经打开呢？下面，我们就以判断名为"工资表.xlsx"的工作簿是否已经打开为例，来学习解决这类问题的思路。

> 通过Workbooks集合的Count属性，获得已打开的工作簿总数。利用For循环逐个判断打开的工作簿名称是否"工资表.xlsx"。

```
Sub 判断工作簿是否打开()
    Dim i As Integer
    For i = 1 To Workbooks.Count
        If Workbooks(i).Name = " 工资表 .xlsx" Then
            MsgBox " 文件已打开！ "
            Exit Sub
        End If
    Next
    MsgBox " 文件没有打开！ "
End Sub
```

考考你

还记4.1.1小节中提到的问题吗？

如果工作簿中没有标签名称为"1月"的工作表，则在第1张工作表前新建一张名为"1月"的工作表，否则将该工作表移到所有工作表前。

参考本节的示例过程，你能写出解决这一问题的Sub过程吗？

演示教程

7.3.3 判断文件夹中是否存在指定名称的文件

想知道某个目录下指定名称的文件是否存在，可以使用 VBA 中的 Dir 函数。

只要将指定的文件名称（包含路径及扩展名）设置为 Dir 函数的参数，再观察 Dir 函数返回的结果即可知道这个文件是否存在。

举个例子，如果想知道"D:\我的文件\汇总表.xlsx"这个文件是否存在，可以将代码写为：

> 如果指定名称的文件存在，那么 Dir 函数将返回该文件的名称（不含路径，但包含扩展名），否则将返回不包含任何字符的文本""。

```
Sub 判断文件是否存在 ()
    If Dir("D:\ 我的文件 \ 汇总表 .xlsx") <> "" Then
        MsgBox " 文件存在 !"
    Else
        MsgBox " 文件不存在 !"
    End If
End Sub
```

在 Windows 系统中，Dir 函数支持使用通配符"?"和"*"来设置文件名，其中"?"代表任意的单个字符，"*"代表任意个数的任意字符。如想知道"D:\我的文件\"这个目录中是否存在扩展名为".xlsx"的文件，可以将代码写为：

```
Sub 使用通配符 ()
    If Dir("D:\ 我的文件 \*.xlsx") <> "" Then
        MsgBox " 文件存在 !"
    Else
        MsgBox " 文件不存在 !"
    End If
End Sub
```

在使用时，可以不给 Dir 函数设置参数。

同一个目录中，扩展名为".xlsx"的文件可能有多个，当执行代码"Dir("D:\我的文件*.xlsx")"时，函数返回的是该目录中第一个扩展名为".xlsx"的文件名称。如果在执行了该行代码之后，继续使用 Dir 函数，但不给函数设置参数，那么函数将返回同一目录中其他扩展名为".xlsx"的文件名称，如图 7-12 所示。

图 7-12　在【立即窗口】中使用 Dir 函数

文件夹中有 4 个扩展名为 ".xlsx" 的文件，第一次执行 Dir 函数时，使用通配符指定了文件名称，函数返回的是指定目录中第一个扩展名为 ".xlsx" 的文件名称，之后 3 次执行不设参数的 Dir 函数时，依次返回的是同一目录下的第 2、3、4 个扩展名为 ".xlsx" 的文件名称，在第 5 次执行 Dir 函数时，函数返回的是不包含任何字符的字符串 ""，因为指定目录中所有扩展名为 ".xlsx" 的文件都已经被 Dir 函数访问过了。

重点来了，因为不替 Dir 函数设置参数时，函数会返回符合上一次参数指定的其他文件名称，所以可以借助这一特征，对指定目录下的多个文件循环操作。如想知道目录 "D:\我的文件\" 中有多少个扩展名为 ".xlsx" 的文件，可以将代码写为：

```
Sub 文件个数()
    Dim FileCount As Integer, FileName As String
    FileName = Dir("D:\我的文件\*.xlsx")
    Do While FileName <> ""
        FileCount = FileCount + 1
        FileName = Dir
    Loop
    MsgBox "【D:\我的文件\】中扩展名为 xlsx 的文件个数为: " & FileCount
End Sub
```

执行这个过程的效果如图 7-13 所示。

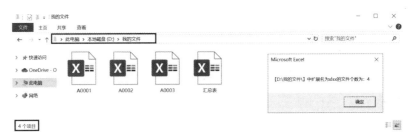

图 7-13　统计指定类型的文件个数

考考你

参照求指定类型文件个数的过程，你能写一个 Sub 过程，获得 "D:\我的文件\" 中所有扩展名为 ".xlsx" 的文件名称，将这些文件名称依次写入活动工作表 A 列的单元格中吗？效果如图 7-14 所示。

演示教程

图 7-14　获得文件夹中满足条件的所有文件名称

7.3.4 打开工作簿并输入数据

如果想在一个未打开的工作簿中输入数据，需要先将文件打开，待输入完数据后，再将其保存关闭。下面，就以在名称为"花名册.xlsx"的文件中添加一条信息为例，看看怎样通过 VBA 在一个未打开的工作簿中输入数据。要解决这个问题，一般需要经历以下步骤。

步骤一：打开要输入数据的文件。

知道文件的名称及所在路径，使用 Workbooks 的 Open 方法即可将它打开。如：

```
Workbooks.Open ThisWorkbook.Path & "\ 花名册 .xlsx"
```

步骤二：确定要输入信息的单元格区域。

如果输入数据的表格是图 7-15 所示的样子，A4:E4 区域就是要输入数据的区域。

要输入数据的区域，是第 1 张工作表中 A 列第一个空单元格所在行。确定 A 列的第一个空单元格，可以用 Range 对象的 End 属性，如：

图 7-15 要输入数据的区域

```
Workbooks(" 花名册 .xlsx").Worksheets(1).Range("A1048576").End(xlUp).Offset(1, 0)
```

获得要输入数据的区域后，设置该区域的 Value 属性即可在其中输入数据。

步骤三：关闭并保存对工作簿的更改。

使用 Workbook 对象的 Close 方法，并设置方法的 SaveChanges 参数为 True，即可在关闭工作簿的同时，保存对工作簿的更改，代码可以写为：

```
Workbooks("花名册.xlsx").Close savechanges:=True
```

考考你

参照这个思路，你能将解决本例中问题的过程写完，让执行过程后，得到如图 7-16 所示的结果吗？

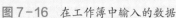

演示教程

图 7-16 在工作簿中输入的数据

7.3.5 隐藏活动工作表外的所有工作表

设置工作表的 Visible 属性即可隐藏或显示指定的工作表，如：

```
Worksheets(1).Visible = False          ' 隐藏活动工作簿中第 1 张工作表
```

如果希望当第一张工作表不是活动工作表时才将其隐藏，否则不执行隐藏工作表的操作，可以借助 If…Then 语句解决，如：

```
If Worksheets(1).Name <> ActiveSheet.Name Then
    Worksheets(1).Visible = False
End If
```

学会隐藏一张工作表的代码，当要将工作簿中除活动工作表之外的所有工作表隐藏时，只要借助循环语句，让相同的操作在所有工作表上执行一次即可。

考考你

有了解决问题的思路，你能写一个 Sub 过程，使过程执行后，能将活动工作簿中除活动工作表之外的所有工作表全部隐藏吗？

如果要显示活动工作簿中所有已经隐藏的工作表，过程又该怎样写？

演示教程

7.3.6 批量新建指定名称的工作表

如图 7-17 所示，在标签名称为"数据"的工作表的 A 列，保存了一些预设的工作表名称，现要根据这些名称在工作簿中新建工作表，效果如图 7-17 所示。

要新建的工作表的标签名称，已经保存在工作表的 A 列中。

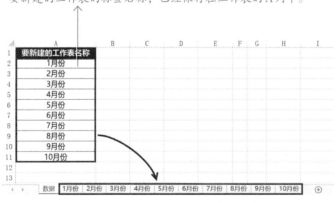

图 7-17 按指定的名称新建工作表

A 列预设的工作表名称个数不定，有几个名称就要新建几张工作表，借助循环语句可以解决这个问题，如：

```
Sub 新建指定名称的工作表 ()
    Dim Irow As Integer, Sht As Worksheet
    Irow = 2
    Set Sht = Worksheets("数据")
    Do While Sht.Cells(Irow, "A").Value <> ""
        Worksheets.Add after:=Worksheets(Worksheets.Count)
        ActiveSheet.Name = Sht.Cells(Irow, "A").Value
        Irow = Irow + 1
    Loop
End Sub
```

考考你

使用这个过程批量新建工作表，要求"数据"工作表 A 列中保存的工作表名称不存在重复数据，也要求工作簿中没有这些名称的工作表，否则会因为不允许在同一工作簿中新建两张相同名称的工作表，导致过程执行出错，如图 7-18 所示。

演示教程

过程在新建第 2 张工作表并试图将新建的工作名称设置为 A3 中保存的"1 月份"时出错，这是因为工作簿中已经存在一张名为"1 月份"的工作表，VBA 无法完成重命名的操作。

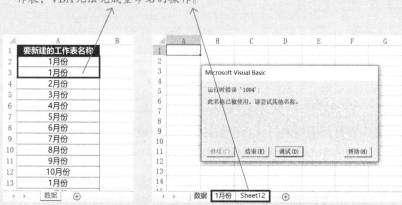

图 7-18　执行过程时出错

Excel 不允许在同一工作簿中插入多张相同名称的工作表，但是预先并不能确定 A 列中是否存在相同的数据，也不知道工作簿中是否已经包含某个名称的工作表。为了避免过程在执行时出错，你知道应该怎样修改本节示例中的过程，当执行过程后，跳过重复的工作表名称，只新建工作簿中不存在的工作表吗？

7.3.7　按某列中的信息拆分数据到工作表

工作簿中有一张保存着订单信息的数据表，如图 7-19 所示。

A	B	C	D	E	F	G	H
配送方式	快递单号	收货人	收货地址	手机号码	订单编号	商品名称	订单金额
宅急送	904995881164	聂南浩	嵋瓜路12号盘小区7-7-3	15152048490	201801141029522666	Excel 2013函数与公式应用大全(彩版)	126
中通快递	1048258378400	万诗薇	慢嬷路15号粟小区6-1-7	15152040695	201801141054373366	Excel2010数据处理与分析	51.75
韵达快递	234631107000	禺政	唤腾路16号蔽小区7-8-9	15895259346	201801141312222544	Excel 2013数据透视表应用大全	74.25
申通快递	435220814871	贾含生	贪蹁路07号妾小区1-3-9	15152047377	201801141731150282	Excel 2016函数与公式应用大全	89.25
邮政快递	897382610888	卢琛	仲闲路12号墩小区8-3-8	15152042621	201801150941356111	函数与公式+数据透视表+VBA其实很简单	296.25
顺丰快递	674730483408	东靖伯	野氓路03号炊小区8-6-4	15895256882	201801171836395894	Excel2010数据处理与分析	51.75
中通快递	701568987882	单听欢	醇薰路15号状小区9-3-4	15895259923	201801180425539036	Excel2010数据处理与分析	51.75
宅急送	164739482998	相琰	蒼妒路15号雅小区3-8-1	15152047494	201801181320458718	Excel VBA其实很简单+Excel VBA实战技巧精粹	88.5
韵达快递	472191198282	黄问澄	付哦路11号拖小区6-8-8	15152046961	201801190115463864	Excel 2013高效办公 财务管理	44.25
EMS	749523536612	蒋怀青	蜀荆路13号帅小区4-7-8	18285312953	201801200913427658	别怕，Excel VBA其实很简单（第2版）	36.75
中通快递	888927703933	赖宏	秤仑路08号迂小区6-5-5	15895251453	201801200937151212	别怕，Excel VBA其实很简单（第2版）	44.25
邮政快递	754008273336	苍祥	薪腾路14号沛小区0-9-3	15895259589	201801202110095862	VBA其实很简单+VBA实用代码2册合本	134.25
申通快递	831577758432	计访琐	鹊坑路05号轱小区8-1-6	15152047351	201801210416412505	别怕，Excel VBA其实很简单（第2版）	44.25
韵达快递	354880328829	史鹏普	湛逝路11号贺小区1-8-3	15895252240	201801210845018257	Excel 2016函数与公式应用大全	89.25
邮政快递	865890754418	徐民	量废路11号僵小区1-3-9	15895252306	201801221338163709	Excel2016应用大全	96

图 7-19　数据表中的信息以及各分表

现要根据A列中的快递名称，将相同快递名称的数据拆分到同名称的工作表中，所得结果如图 7-20 所示。

A	B	C	D	E	F	G	H
配送方式	快递单号	收货人	收货地址	手机号码	订单编号	商品名称	订单金额
中通快递	1048258378400	万诗薇	慢嬷路15号粟小区6-1-7	15152040695	201801141054373366	Excel2010数据处理与分析	51.75
中通快递	701568987882	单听欢	醇薰路12号状小区9-3-4	15895259923	201801180425539036	Excel2010数据处理与分析	51.75
中通快递	406382427284	冀家承	床狭路13号山小区2-6-1	15152041524	201802031705453922	Excel VBA其实很简单+Excel VBA实战技巧精粹	88.5
中通快递	778825668666	毋小荷	回洗路09号杉小区9-2-4	15152042515	201802031705192961	Excel 2013函数与公式应用大全(彩版)	126
中通快递	876541622977	班依影	伪敲路12号瀑小区6-9-7	15895258004	201802091904028973	Excel 2013函数与公式应用大全(彩版)	126
中通快递	344729544570	慎念红	鸿形路12号形小区2-8-1	15152045146	201802191558377700	Word 2013实战技巧精粹	51.75
中通快递	309090614165	莫语震	投酷路12号凉小区0-3-1	15152044075	201802191651159271	Excel 2016函数与公式应用大全	89.25
中通快递	54295178495	齐哲欢	秦鑫路13号晃小区1-9-8	15185563936	201802211731472745	Excel2010数据处理与分析	51.75
中通快递	872050748180	明永	段咏路16号镂小区5-3-6	15152230219296748	201802230219296748	别怕，Excel 函数其实很简单	36.75

图 7-20　分表中希望得到的拆分结果

如果保存拆分数据的工作表中已包含相同的标题行，解决这个问题的主要步骤如下。

步骤一：确定要将数据拆分到目标工作表的哪个区域。

拆分数据就是将数据表中的信息，逐条复制、粘贴到对应的分表中，所以，关键是要确定目标工作表中的第 1 个空行位置。如果想知道数据表中第 2 行的数据应拆分到哪个区域，可以用下面的代码：

变量ShtName是要拆分的数据表中A列保存的信息，也是保存拆分结果的工作表的标签名称。

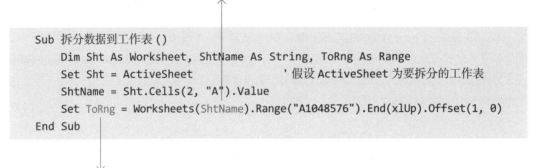

```
Sub 拆分数据到工作表 ()
    Dim Sht As Worksheet, ShtName As String, ToRng As Range
    Set Sht = ActiveSheet              ' 假设 ActiveSheet 为要拆分的工作表
    ShtName = Sht.Cells(2, "A").Value
    Set ToRng = Worksheets(ShtName).Range("A1048576").End(xlUp).Offset(1, 0)
End Sub
```

变量ToRng是目标区域A列的第一个空单元格，也是保存拆分结果的区域的第一个单元格。

步骤二：复制数据表中的信息到目标工作表中。

确定保存拆分结果的目标区域后，就可以直接通过 Range 对象的 Copy 方法将该条记录复制到目标位置，如：

```
Sub 拆分数据到工作表 ()
    Dim Sht As Worksheet, ShtName As String, ToRng As Range
    Set Sht = ActiveSheet
    ShtName = Sht.Cells(2, "A").Value
    Set ToRng = Worksheets(ShtName).Range("A1048576").End(xlUp).Offset(1, 0)
    Sht.Cells(2, "A").Resize(1, 8).Copy ToRng
End Sub
```

ReSize返回的是以A2为左上角的一个1行8列的区域，即A2:H2区域，也是要复制的单元格区域。要拆分的数据表包含几列，就将这里的8改为几。

步骤三：按同样的方法拆分下一条记录，直到将数据表中的记录拆分完成。

要按相同的方式处理工作表中其他行的记录，可以将拆分数据的这些代码放在循环语句中，借助变量确定要拆分的数据，如：

```
Sub 拆分数据到工作表 ()
    Dim Sht As Worksheet, ShtName As String, ToRng As Range, i As Integer
    Set Sht = ActiveSheet
    i = 2                     ' 要拆分的第一条数据的行号
    Do While Sht.Cells(i, "A").Value <> ""
        ShtName = Sht.Cells(i, "A").Value
        Set ToRng = Worksheets(ShtName).Range("A1048576").End(xlUp).Offset(1, 0)
        Sht.Cells(i, "A").Resize(1, 8).Copy ToRng
        i = i + 1            ' 重设变量的值，以便下次循环能拆分新的记录
    Loop
End Sub
```

这就是解决"按某列中的信息拆分数据到工作表"问题的一种思路。在这个示例过程中，使用了Range对象的Copy方法在两张表之间传递数据，即：

```
Sht.Cells(i, "A").Resize(1, 8).Copy ToRng
```

如果需要拆分的数据较多，使用这种方法是比较费时的，如果只需拆分表格中的数据，不保留单元格格式，可以通过单元格的Value属性来直接传递数据，如：

```
ToRng.Resize(1, 8).Value = Sht.Cells(i, "A").Resize(1, 8).Value
```

或者使用数组来传递数据，将代码写为：

```
DataArr = Sht.Cells(i, "A").Resize(1, 8).Value
ToRng.Resize(1, 8).Value = DataArr              'DataArr 是一个 Variant 类型的变量
```

这样执行过程需要的时间会少很多，大家可以亲自试一试，看看不同的代码执行效率有什么区别。

考考你

在执行本例中示例过程之前，工作簿中可能只包含部分保存拆分结果的工作表，如图 7-21 所示。

演示教程

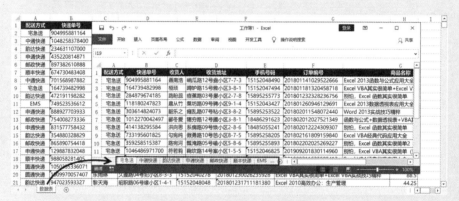

图 7-21　保存拆分结果的工作表

请修改本节中的示例过程，让执行过程后，无论工作簿中是否包含保存拆分结果的工作表，包含几张工作表，执行过程后，都能得到拆分数据的结果，并且能将这些拆分所得的工作表，移动到一个新的工作簿中，效果如图 7-22 所示。

图 7-22　按列拆分数据的结果

你能完成这个任务吗？

7.3.8 将多表信息合并到一张工作表中

将同工作簿中多张工作表里保存的信息合并到一张工作表中，是按某列中的信息拆分数据的逆操作，如图 7-23 所示。

图 7-23　合并多表数据到一张工作表中

要解决这个问题，让我们先看看怎样将"中通快递"工作表中的数据，追加到"汇总结果"

工作表中现有数据之后。

步骤一：确定"中通快递"工作表中保存数据的区域，并将数据保存在数组中。

变量 EndRow 是"中通快递"工作表中最后一条记录所在的行号。

```
Sub 合并多表数据 ()
    Dim EndRow As Long, DataArr As Variant
    EndRow = Worksheets(" 中通快递 ").Range("A1048576").End(xlUp).Row
    DataArr = Worksheets(" 中通快递 ").Range("A2:H" & EndRow).Value
End Sub
```

DataArr 中保存的是"中通快递"工作表中的所有数据（不含第 1 行的表头），是一个二维数组。

除去表头，需要合并的数据是从 A 列到 H 列、第 2 行到第 EndRow 行的区域。

步骤二：将数组中保存的数据写入"汇总结果"工作表的目标区域。

因为"汇总结果"工作表中可能存在数据，所以在将数组写入之前，应先确定工作表中第一行空行所在位置，如：

```
Sub 合并多表数据 ()
    Dim EndRow As Long, DataArr As Variant, ToRng As Range
    EndRow = Worksheets(" 中通快递 ").Range("A1048576").End(xlUp).Row
    DataArr = Worksheets(" 中通快递 ").Range("A2:H" & EndRow).Value
    Set ToRng = Worksheets(" 汇总结果 ").Range("A1048576").End(xlUp).Offset(1, 0)
    ToRng.Resize(UBound(DataArr, 1), 8) = DataArr
End Sub
```

数组第 1 维的最大索引号，就是要占用区域的行数。

执行这部分代码，就能将"中通快递"工作表中的数据，追加到"汇总结果"工作表中现有记录之后。

考考你

如果数组中保存的数据包含纯数字信息且数字超过 15 位，在将数组中的数据写入单元格时，可能会导致 15 位之后的数字信息丢失，如图 7-24 所示。

演示教程

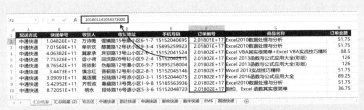

图 7-24 汇总后丢失信息的订单编号

如果使用数组传递数据，为了防止纯数字信息丢失，你能想出解决的办法吗？

步骤三：按同样的方法将其他工作表中的数据追加到"汇总结果"工作表中。

在前面已有代码的基础上，再借助循环语句，就能将所有工作表中保存的信息汇总到一张工作表里，如：

> 变量 ToSht 是名为"汇总结果"的工作表，是要写入数据的目标工作表。这张工作表的数据不需要汇总，所以借助 If⋯Then 语句将这张工作表排除。

```vba
Sub 合并多表数据()
    Dim EndRow As Long, DataArr As Variant, ToRng As Range
    Dim ToSht As Worksheet, Sht As Worksheet
    Set ToSht = Worksheets("汇总结果")          '变量 ToSht 是保存汇总结果的工作表
    For Each Sht In Worksheets
        If Sht.Name <> ToSht.Name Then          '排除保存汇总结果的工作表
            EndRow = Sht.Range("A1048576").End(xlUp).Row
            DataArr = Sht.Range("A2:H" & EndRow).Value
            Set ToRng = ToSht.Range("A1048576").End(xlUp).Offset(1, 0)
            ToRng.Resize(UBound(DataArr, 1), 8) = DataArr
        End If
    Next Sht
End Sub
```

考考你

本例中的示例过程只能汇总表中 A:H 的 8 列数据，但这未必能满足实际需求。

请修改这个 Sub 过程，让执行过程后，无论工作表中要汇总的数据包含几列，都能将这些数据汇总到名为"汇总结果"的工作表中。并且每次执行过程后，"汇总结果"工作表中保留的，都只有各张工作表中汇总过来的最新结果。

演示教程

7.3.9 ▶ 将每张工作表都保存为单独的工作簿文件

要将活动工作簿中所有工作表另存为单独的工作簿，可以先想想将一张工作表另存为工作簿的方法及步骤：用 Copy 方法将工作表复制到新工作簿中→用 SaveAs 方法将新工作簿保存到指定目录中→用 Close 方法关闭新工作簿文件。

有了思路，就能写出将任意工作表另存为工作簿的过程。如果要将活动工作簿中名为"中通快递"的工作表，以工作簿的形式保存在活动工作簿所在的目录中，写成 Sub 过程为：

```vba
Sub 将工作表另存为工作簿()
    Worksheets("中通快递").Copy
    ActiveWorkbook.SaveAs Filename:=ThisWorkbook.Path & "\中通快递.xlsx"
    ActiveWorkbook.Close
End Sub
```

在这个过程的基础上，借助循环语句，就能得到将活动工作簿中所有工作表另存为单独的工作簿的过程，如：

```
Sub 将工作表另存为工作簿()
    Dim Sht As Worksheet
    For Each Sht In Worksheets
        Sht.Copy
        ActiveWorkbook.SaveAs ThisWorkbook.Path & "\" & Sht.Name & ".xlsx"
        ActiveWorkbook.Close
    Next Sht
End Sub
```

执行这个过程后的效果如图 7-25 所示。

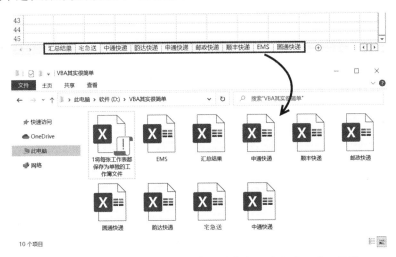

图 7-25　将活动工作簿中所有工作表都另存为单独的工作簿

考考你

这个 Sub 过程还有需要完善的地方，如在使用 Copy 方法复制工作表、使用 Close 方法关闭工作簿时，都会看到屏幕出现相应操作的结果，导致屏幕存在"闪烁"现象。你知道怎样解决这个问题吗？

演示教程

7.3.10 ▶ 按某列中的信息拆分数据到工作簿

前面已经学习了怎样将工作表中保存的数据，按某列中的信息拆分到多张工作表中，也学习了怎样将工作簿中的工作表保存为单独的工作簿。

在这两个示例的基础上，如果要将工作表中保存的数据，按某列的信息拆分到工作簿中，并将拆分结果以单独的工作簿文件保存到指定的目录中，结果如图 7-26 所示。

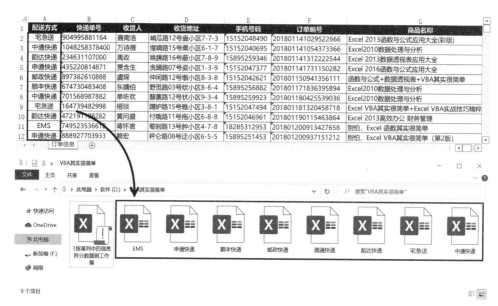

图 7-26 按某列信息将数据拆分为工作簿

考考你

按某列中的信息将数据表拆分为工作簿，可以先按某列中的信息将数据拆分为工作表，再将工作表另存为单独的工作簿文件。你能结合前面的示例，写出解决这个问题的过程吗？

演示教程

7.3.11 ► 将多个工作簿中的工作表合并到一个工作簿中

在 "D:\ VBA其实很简单\" 这个目录中，保存有一些Excel工作簿文件，如图 7-27 所示。

图 7-27 文件夹中的Excel文件

这些工作簿中工作表的数量不定，如图 7-28 所示。

图 7-28　各工作簿中的工作表

现要将这些文件中的所有工作表，全部保存到一个工作簿中，结果如图 7-29 所示。

图 7-29　将工作表合并到一个工作簿中的结果

解决这个问题之前，我们先看看怎样将一个工作簿中的所有工作表复制到另一个工作簿中，如：

```
Sub 合并工作表()
    Application.ScreenUpdating = False
    Dim FileName As String, Sht As Worksheet, Wb As Workbook
    FileName = "D:\VBA其实很简单\中通快递.xlsx"
    Workbooks.Open FileName:=FileName
    Set Wb = ActiveWorkbook
    For Each Sht In Wb.Worksheets
        Sht.Copy after:=ThisWorkbook.Worksheets(ThisWorkbook.Worksheets.Count)
    Next Sht
    Wb.Close savechanges:=False
    Application.ScreenUpdating = True
End Sub
```

打开工作簿，再借助循环语句将其中的每张工作表依次复制到代码所在的工作簿中，最后再将工作簿关闭，就是这个 Sub 过程解决问题的思路。

考考你

借助循环语句和 Dir 函数可以获得指定目录中所有 Excel 工作簿的名称，根据文件名称依次打开每个工作簿，再将其中的每张工作表复制到指定的工作簿中，就可以解决这个问题了。你能继续写完解决这个问题的过程吗？

演示教程

7.3.12 ▶ 将多个工作簿中的数据合并到同一工作表中

有时候，可能需要将保存在多个工作簿中的信息，全部合并到一张工作表里，如图 7-30 所示。

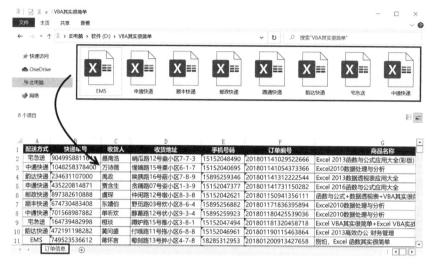

图 7-30 将多个工作簿中的信息合并到一张工作表中

要解决这个问题，基本步骤如下。

步骤一：打开文件夹中保存数据的工作簿，将要汇总的数据存入数组后再关闭工作簿。

如要将"中通快递.xlsx"工作簿中第一张工作表里的数据保存到数组中，代码可以写为：

```vba
Sub 合并多个工作簿中的数据 ()
    Dim DataArr As Variant, DataWb As Workbook, DataSht As Worksheet
    Dim EndRow As Long
    Workbooks.Open Filename:="D:\VBA 其实很简单 \ 中通快递 .xlsx"
    Set DataWb = ActiveWorkbook
    Set DataSht = DataWb.Worksheets(1)   ' 假设要汇总的数据保存在第 1 张工作表中
    EndRow = DataSht.Range("A1048576").End(xlUp).Row
    DataArr = DataSht.Range("A2").resize(endrow-1,8).Value   ' 数据保存在 A:H 列
    DataWb.Close savechanges:=False
End Sub
```

数组 DataArr 中保存的，就是"中通快递 .xlsx"工作簿第 1 张工作表中

保存的数据信息（不含第 1 行的表头）。

步骤二：确定目标工作表中要写入数据的单元格，再将数组中保存的数据写入目标区域

中，如：

```vba
Sub 合并多个工作簿中的数据 2()
    Dim DataArr As Variant, DataWb  As Workbook, DataSht As Worksheet
    Dim EndRow As Long, ToSht As Worksheet, ToRng As Long
    Set ToSht = ThisWorkbook.Worksheets(1)     'ToSht 是保存汇总结果的目标工作表
    Set ToRng = ToSht.Range("A1048576").End(xlUp).Offset(1, 0)   ' 写入数据的单元格
    Workbooks.Open Filename:="D:\VBA 其实很简单 \ 中通快递 .xlsx"
    Set DataWb = ActiveWorkbook
```

```
    Set DataSht = DataWb.Worksheets(1)
    EndRow = DataSht.Range("A1048576").End(xlUp).Row
    DataArr = DataSht.Range("A2").Resize(EndRow - 1, 8).Value
    DataWb.Close savechanges:=False
    ToRng.Resize(UBound(DataArr, 1), 8).Value = DataArr
  End Sub
```

打开工作簿→获取数据存入数组→关闭工作簿→将数组中的数据写入目标单元格，这就是汇总一个工作簿中数据的基本步骤。

考考你

将多个工作簿中的数据汇总到一张工作表，只要借助循环语句和 Dir 函数，依次获得目录中的每个 Excel 文件，按汇总单个文件中数据的方法汇总每个工作簿中的数据。你能在前面示例过程的基础上，继续写完解决这个问题的过程吗？

如果要汇总的工作簿中可能包含多张工作表，希望将所有工作表中的信息全部汇总到同一工作表中，你知道过程应该怎样写吗？

演示教程

7.3.13 ▶ 为工作簿中的工作表建一个带超链接的目录

如果工作簿中包含的工作表较多，给这些工作表建一个带超链接的目录，能帮助我们快速切换到某张工作表，如图 7-31 所示。

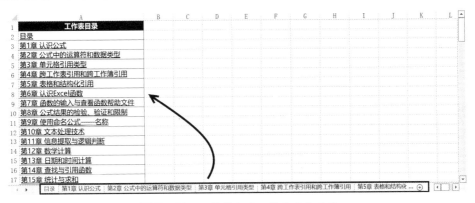

图 7-31　工作簿中的工作表及其目录

要建立工作表目录，需要解决两个问题：一是将工作表名称写入单元格，二是给单元格建立超链接。其中第二点对大家来说可能较为陌生，但可以借助录制宏的功能，获得建立超链接的 VBA 代码，如：

> ActiveSheet.Hyperlinks.Add Anchor:=Selection, Address:="",
> SubAddress:="' 第 1 章 认识公式 '!A1", ScreenTip:=" 单击鼠标跳转到 " 第 1 章
> 认识公式 " 工作表 ", TextToDisplay:=" 第 1 章 认识公式 "

演示教程

从录制宏所得的代码中不难看出，建立超链接，就是调用 Hyperlinks 对象的 Add 方法，

Add方法各参数的用途如表 7-1 所示。

表 7-1　Hyperlinks.Add方法的参数名称及用途

参数名称	参数用途
Anchor	用于设置要建立超链接的位置
Address	用于设置超链接的地址
SubAddress	用于设置单击鼠标后转到的目标地址
ScreenTip	用于设置当鼠标移到超链接时，屏幕上显示的提示信息
TextToDisplay	用于设置单元格中显示的超链接的文本

参照这行代码及各参数的用途，再借助循环语句，就能为工作簿中的所有工作表建立带超链接的目录了，如：

```
Sub 工作表目录()
    Dim T As Worksheet
    Set T = ActiveSheet                      '假设要将目录建立在活动工作表中
    Dim sht As Worksheet, Irow As Integer
    Irow = 2
    For Each sht In Worksheets
        T.Hyperlinks.Add Anchor:=T.Cells(Irow, "A"), Address:="",
SubAddress:="'" & sht.Name & "'!A1", ScreenTip:="单击鼠标跳转到[" & sht.Name & "]
工作表", TextToDisplay:=sht.Name
        Irow = Irow + 1
    Next sht
End Sub
```

考考你

如果在某个目录，如"D:\我的文件\"中有多个Excel的工作簿文件，现希望在Excel的工作表中为这些文件建一个带超链接的目录，当单击超链接后，即可打开指定的文件。

你能写出解决这个问题的Sub过程吗？

演示教程

第4节　Function 过程，VBA 中的自定义函数

7.4.1 ▶ 通过 Function 过程编写一个自定义函数

Excel和VBA内置的函数虽然众多，但仍然无法应对遇到的所有问题。

举个例子：在图 7-32 所示的工作表中，如果想将 A2:B6 区域中的所有数据信息，合并到一个单元格中，在 Excel 2016 中，你能找到合适的函数来解决这个问题吗？

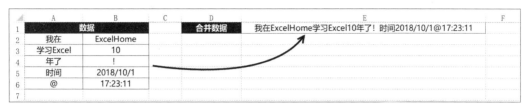

图 7-32　将多个单元格中的数据合并到一个单元格中

你没有猜错，Excel 2016 中并没有合适的函数能完美解决这个问题。

如果将解决这个问题所需要的 VBA 代码写为 Function 过程，就能得到一个合并单元格数据的自定义函数。下面以写一个获取活动工作表标签名称的自定义函数为例，看看怎样在 VBA 中写一个自定义函数。

Function 过程同 Sub 过程一样，都应保存在模块里。插入模块并激活它的【代码窗口】后，可以按图 7-33 所示的步骤在模块中插入一个 Function 过程。

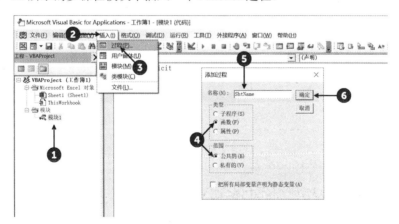

图 7-33　利用菜单命令添加 Function 过程

Function 过程的结构与 Sub 过程相似。想让函数返回活动工作表的标签名称，只要将活动工作表的名称，存储到 Function 过程的名称中即可，如：

```
Public Function ShtName()
    ShtName = ActiveSheet.Name
End Function
```

　　无论Function过程包含多少代码，要执行多少计算，都应该将最后的计算结果保存在过程名称中，这一步必不可少。

　　同Excel工作表中的函数一样，每个自定义函数都应该有返回结果。在VBA中，最后保存在Function过程名称中的数据就是这个自定义函数返回的结果。

7.4.2 ▶ 使用自定义函数完成设定的计算

　　自定义函数，既可以在Excel工作表中使用，也可以在VBA过程中使用。

● 在工作表中使用自定义函数

　　在工作表中使用自定义函数，同使用工作表函数的方法相同，如图 7-34 所示。

`=shtname()`

　　因为在编写ShtName函数时，没有给函数设置参数，所以在使用时不用给它设置参数，但应在函数名称后面写上一对空括号。

图 7-34　在工作表中使用自定义函数

　　同Excel自带的工作表函数一样，自定义的函数可以和其他函数嵌套使用，如图 7-35 所示。

`=INDIRECT(shtname()&"!D1")`

图 7-35　嵌套使用自定义函数

如果自定义的函数（Function 过程）没有被声明为私有过程，也可以在【插入函数】对话框中找到它，如图 7-36 所示。

图 7-36　查看自定义函数

● 在 VBA 的过程中使用自定义函数

在 VBA 中使用自定义函数，与使用 VBA 的内置函数一样，如：

```
Sub 使用自定义函数()
    MsgBox ShtName()
End Sub
```

执行这个过程的效果如图 7-37 所示。

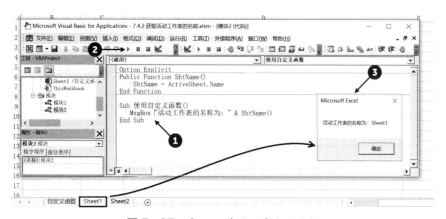

图 7-37　在 VBA 中使用自定义函数

考考你

参照写自定义函数 ShtName 的步骤及方法，你能写一个名为 JionTxt 的自定义函数，使用该函数能将活动工作表中 A2:B6 区域中的所有信息，按先行后列的顺序合并成一个新的字符串，得到如图 7-38 所示的结果吗？

演示教程

=jointext()

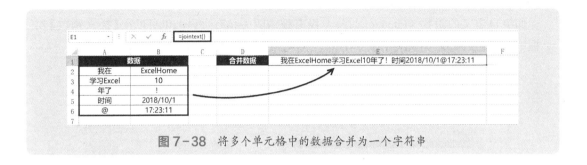

图 7-38 将多个单元格中的数据合并为一个字符串

7.4.3 Function 过程的作用域

和 Sub 过程一样，Function 过程按作用域分为私有过程和公共过程。如果要将一个 Function 过程声明为私有过程，在声明时应带上 Private 关键字，如：

```
Private Function ShtName()
    ShtName = ActiveSheet.Name
End Function
```

如果一个 Function 过程被声明为私有过程，那么只能在该过程所在的模块中才能调用它，在其他模块以及工作表中都不能使用该自定义函数。被声明为私有过程的自定义函数，也不会显示在【插入函数】的对话框中。

如果想在所有模块以及工作表中都能使用某个自定义函数，就应将它声明为公共过程，要将过程声明为公共过程，在声明时可以带上 Public 关键字，如：

```
Public Function ShtName()
    ShtName = ActiveSheet.Name
End Function
```

或者不带任何关键字，直接声明这个过程，如：

```
Function ShtName()
    ShtName = ActiveSheet.Name
End Function
```

7.4.4 声明 Function 过程的代码结构

在声明 Function 过程时，不但可以设置过程的作用域，还可以设置过程的参数，过程返回数据的类型等。声明 Function 过程的代码结构为：

所有写在中括号"[]"里的参数　　　　　　　可以设置函数返回值
或语句都是可以省略的。　　　　　　　　　的数据类型。

```
[Public|Private][Static] Function 函数名([ 参数列表 ]) [As 数据类型]
    [ 语句块 ]
```

242

```
    [ 函数名 = 过程结果 ]
    [Exit Function]
    [ 语句块 ]
    [ 函数名 = 过程结果 ]
End Function
```

可以在Function过程中的任意位置，使用Exit Function语句退出Function过程。Function过程的代码结构与Sub过程的结构相似，可以参照Sub过程来编写Function过程。

7.4.5 设置参数，自定义函数更强大

◆ 函数的参数有什么用

函数的参数告诉Excel应该对哪些数据进行计算，按怎样的规则进行计算。如在工作表中用COUNTA函数统计A2:B6区域中的非空单元格个数时，会将公式写为：

```
=COUNTA(A2:B6)
```

其中的A2:B6就是COUNTA函数的参数，它告诉COUNTA函数，应该对哪个区域进行统计。

◆ 让自定义函数返回指定的工作表名称

可以给前面示例中的自定义函数ShtName设置参数，让函数返回指定工作表的名称，如：

设置函数的参数是Integer类型的变量，名称为ShtIndex。在使用该
函数时，函数的参数就只能设置为Integer类型的整数。

```
Function ShtName(ShtIndex As Integer)
    ShtName = Worksheets(ShtIndex).Name
End Function
```

将参数ShtIndex的值作为索引号，利用索引号引用工作表，再将引
用到的工作表的名称存入自定义函数的名称ShtName中。

完成后，就可以在工作表或VBA中使用这个函数了，如图7-39所示。

函数的参数是工作表的索引号，将参数设置为3，表示要返回工作簿中第3张工作表的标签名称。

```
=ShtName(3)
```

图7-39　获得工作簿中第3张工作表的标签名称

让这个自定义函数与其他函数嵌套使用,能方便地获得工作簿中所有工作表的名称,如图7-40所示。

```
=ShtName(ROW(A1))
```

图7-40　获得工作簿中所有工作表的名称

演示教程

考考你

在前面的练习中有一个用于合并单元格数据的自定义函数JionTxt,你能为它设置参数,让它能将参数指定区域中的所有数据,按先行后列的顺序全部合并成一个字符串吗? 效果如图7-41所示。

```
=jointext(A2:B3)
```

图7-41　将指定区域中的数据合并为一个字符串

7.4.6 给自定义函数设置多个参数

Excel中很多工作表函数都有多个参数，如SUBSTITUTE函数。使用SUBSTITUTE函数，能将字符串中的部分字符替换为一个新的字符，如图 7-42 所示。

```
=SUBSTITUTE(A2," 我 "," 你 ")
```

图 7-42　将字符串中的"我"替换为"你"

这个公式为SUBSTITUTE函数设置了 3 个参数，参数的用途各不相同。在用VBA编写自定义函数时，也可能需要给函数设置多个参数，通过不同的参数告诉Excel计算的数据或规则。

要给Function过程设置多个参数，只要在声明过程时，依次将参数写在过程名称后面的括号中即可。

下面，我们就写一个代替SUBSTITUTE函数的自定义函数ReplaceTxt，通过这个例子学习怎样给自定义函数设置多个参数。如：

自定义函数有 3 个String类型的参数，分别为Txt、OldTxt和NewTxt。

```
Function ReplaceTxt(Txt As String, OldTxt As String, NewTxt As String) As String
    ReplaceTxt = Replace(Txt, OldTxt, NewTxt)
End Function
```

Replace是VBA中的内置函数，用于替换字符串中的部分字符，功能及用法与工作表中的SUBSTITUTE函数类似。

完成后，就能在工作表中使用这个自定义函数了，效果如图 7-43 所示。

```
=replacetxt(A2,"ExcelHome","EH")
```

图 7-43　将"ExcelHome"替换为"EH"

考考你

请为前面练习题中用于合并单元格中数据的自定义函数 JionTxt 设置两个参数，第 1 参数用于指定要合并的数据所在的单元格区域，第 2 参数用于设置合并结果中，各单元格数据之间的分隔符，效果如图 7-44 所示。

演示教程

第 1 参数 A2:A6 是要合并数据所在的单元格区域，第 2 参数"，"是合并结果中，用于分隔各单元格中数据的分隔符。

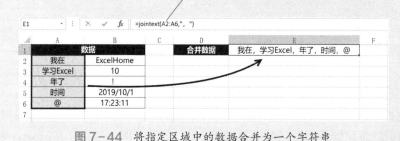

图 7-44 将指定区域中的数据合并为一个字符串

7.4.7 ▶ 为自定义函数设置可选参数

可选参数，就是在使用时可以省略的参数。例如，工作表中的 MATCH、VLOOKUP 函数的最后一个参数就是可选参数。

如果要将自定义函数中的某个参数设置为可选参数，可以在声明该过程时，在该参数名称前加上 Optional。

同时给它设置一个默认值。当省略该参数时，Excel 会让设置的默认值参与函数计算。可以在 Function 过程的开始语句中给可选参数设置默认值，如：

设置参数的默认值，就像给常量赋值一样，直接用"="将默认值赋给参数名称即可。

```
Function ReplaceTxt(Txt As String, OldTxt As String, Optional NewTxt As
String = "-") As String
          ReplaceTxt = Replace(Txt, OldTxt, NewTxt)
End Function
```

也可以在过程中间通过 IsMissing 函数判断是否已经给可选参数设置了默认值，根据判断结果再给它赋值，如：

如果在声明过程时，不给可选参数设置默认值，应将该参数设置为 Variant 类型。

```
Function ReplaceTxt(Txt As String, OldTxt As String, Optional NewTxt As
Variant) As String
```

```
        If IsMissing(NewTxt) Then NewTxt = "-"
        ReplaceTxt = Replace(Txt, OldTxt, NewTxt)
    End Function
```

当可选参数 NewTxt 未设置默认值时，IsMissing 函数返回逻辑值 True，否则返回逻辑值 False。

当把参数的默认值设置为"-"后，如果在使用时省略了该参数，Excel 默认该参数的值为"-"，如图 7-45 所示。

```
=replacetxt(A2,"@")
```

没有为函数设置第 3 参数，但因为第 3 参数是可选参数，所以函数将第 2 参数的"@"替换为第 3 参数的默认值"-"。

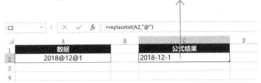

图 7-45　省略函数的可选参数

考考你

请将前面练习题中用于合并单元格数据的 JionTxt 函数的第 2 参数设置为可选参数，如果省略该参数，则以逗号","作为默认分隔符来合并第 1 参数中各个单元格里的数据，效果如图 7-46、图 7-47 所示。

演示教程

```
=jointext(A2:A6, "=")
```

第 2 参数设置为等号"="，返回结果中各单元格中的数据以等号"="分隔。

图 7-46　用指定字符作为分隔符合并数据

```
=jointext(A2:A6)
```

省略第 2 参数，返回结果的各单元格中的数据以默认的分隔符逗号","分隔。

图 7-47　按默认分隔符合并单元格中的数据

7.4.8 ▶ 让自定义函数可以设置不定个数的参数

Excel中许多函数都能设置不定个数的参数，如SUM、AVERAGE、MAX、MIN等。

在VBA中，如果希望写的自定义函数能设置不定个数的参数，应该将函数的最后一个参数设置为一个Variant类型的数组（或者将一个数组设置为这个函数唯一的参数），并且在参数名称前带上ParamArray，如：

> 第2参数是一个名为List的数组，表示这个自定义函数从第2
> 参数起，可以设置不定个数的参数。

```
Function ReplaceTxt(Txt As String, ParamArray List() As Variant) As String
```

> 函数的第1参数是必须设置的参数，应放在数组参数之前。

这样修改后，该自定义函数就可以设置两个及以上的参数了。

图7-48　将日期信息的分隔符统一修改为"-"

举一个例子：如图7-48所示，如果要将A1的日期信息，修改为具有日期格式外观的字符串，就需要对多个位置的字符进行处理。

在这个例子中，需要将原字符串中的4个分隔符替换为"-"，如果使用工作表中的SUBSTITUTE函数解决，需要嵌套使用4个SUBSTITUTE函数，将公式写成这样：

```
=SUBSTITUTE(SUBSTITUTE(SUBSTITUTE(SUBSTITUTE(A2,"、","-"),"。","-"),"，","-"),".","-")
```

下面我们写一个可以设置不定个数参数的自定义函数，使用它一次替换多组字符。

> 因为完成一次替换，需要使用数组中的两个数据（要替换的旧字符和用来替
> 换旧字符的新字符），所以将步长值设置为2。

```
Function ReplaceTxt(Txt As String, ParamArray List() As Variant) As String
    Dim i As Integer
    ReplaceTxt = Txt
    For i = 0 To UBound(List) Step 2
        ReplaceTxt = Replace(ReplaceTxt, List(i), List(i + 1))
    Next i
End Function
```

> 将数组参数中相邻的两个数据分别设置为替换的原字符和新字符。

这样设置后，就可以使用自定义函数ReplaceTxt同时替换多组字符了，如图 7-49 所示。

从第 2 参数起，每两个参数为一组，分别指定要替换的原字符，以及用来替换原字符的新字符。这里的第 2 参数是"Excel"，第 3 参数是"Word"，表示要将第 1 参数 A2 中的"Excel"替换为"Word"。

=replacetxt(A2,"Excel","Word"," 我 "," 大家 "," 做表格 "," 编辑文档 ")

图 7-49 用自定义函数替换文本中的部分字符

在这个自定义函数中，从第 2 参数起，每相邻的两个参数是一组设置，也就是说，必须替自定义函数设置大于或等于 3 的奇数个参数，才能保证函数正常计算。如果希望当参数设置错误时，Excel能给予提示，可以在过程中增加判断参数个数是否设置正确的VBA代码。例如：

使用 Mod 可以求 UBound(List) 与 2 相除所得的余数。

因为数组List的索引号从 0 开始，所以，当数组的最大索引号与 2 相除的余数不为 1 时，则表示数组中包含的数据个数是奇数，即参数设置错误。

```
Function ReplaceTxt(Txt As String, ParamArray List() As Variant) As String
    Dim i As Integer
    If UBound(List) Mod 2 <> 1 Then
        MsgBox prompt:=" 参数个数不匹配 ", Buttons:=vbInformation, Title:=" 参数错误 "
        ReplaceTxt = " 参数错误！"
        Exit Function
    End If
    ReplaceTxt = Txt
    For i = 0 To UBound(List) Step 2
        ReplaceTxt = Replace(ReplaceTxt, List(i), List(i + 1))
    Next i
End Function
```

加入判断参数个数是否设置正确的代码后，当未给函数设置正确个数的参数时，Excel就会给出错误提示，如图 7-50 所示。

图 7-50　给自定义函数设置不正确个数的参数

考考你

请将前面练习题中用于合并单元格中数据的 JionTxt 函数的第 1 参数，设置为连接各个数据使用的分隔符（必选参数），从第 2 参数起，可以替函数设置不定个数的参数，且这些参数可以设置为任意类型的单个数据、多个数据组成的常量数组、包含一个或多个单元格的区域。

演示教程

当使用该函数后，能将第 2 个及之后参数中包含的各个数据，使用第 1 参数指定的字符作为分隔符，合并为一个新的字符串，效果如图 7-51 所示。

从第 2 参数起，参数可以设置为单个数据、单个单元格、多个单元格组成的区域，也可以是由多个数据组成的常量数组。

=jointext("-","我叫叶枫",A2:B3,A4,{"很有收获",100})

图 7-51　使用自定义函数合并多个数据

7.4.9 ▶ 设置易失性，让自定义函数也能重新计算

自定义函数可以完成我们希望的任何运算，其计算对象和范围远远超过 Excel 内置函数。但是，在工作表中使用自定义函数时，并非所有的自定义函数都能自动重算。如 7.4.5 小节中获取指定工作表标签名称的自定义函数，在重新更改工作表的标签名称后，自定义函数不会自动更新工作表名称，如图 7-52 所示。

=ShtName(ROW(A4))

图 7-52 更改工作表标签名称后自定义函数未更新结果

此时，只有重新编辑公式所在单元格，计算结果才会更新，因为这个自定义函数不会随工作表重算而更新计算结果。如果希望强制让这个自定义函数能自动重算，可以将它设置为易失性函数。方法很简单，只需在 Function 过程开始时添加一行代码即可，如：

```
Function ShtName(ShtIndex As Integer)
    Application.Volatile True
    ShtName = Worksheets(ShtIndex).Name
End Function
```

将自定义函数设置为易失性函数后，无论工作表中哪个单元格重新计算，易失性函数都会重新计算。非易失性函数只有函数的参数发生改变时才会重新计算。

但是，有利也有弊。因为大量使用易失性函数也会增加 Excel 的计算量，影响整体计算速度，所以应根据实际需求，合理使用易失性函数，这一点需要注意。

7.4.10 ▶ 让函数参数按值的方式传递数据

同 Sub 过程一样，自定义函数的参数也有两种传递方式：按引用传递和按值传递。

前面示例中的自定义函数，参数都是按引用的方式传递，如果按引用的方式传递参数，那么可能会在自定义函数中修改到主过程中变量的值，这可能并不是我们希望得到的。所以，为了防止自定义函数无意间修改到主过程中变量的值，应尽量设置自定义函数的参数按值的方式传递，如：

```
Function ShtName(ByVal ShtIndex As Integer)
    Application.Volatile True
    ShtName = Worksheets(ShtIndex).Name
End Function
```

除非有特殊需要，一般情况都将函数的参数设置为按值的方式传递。

7.5.1 ▶ 获取字符串中的数字信息

在图7-53所示的表格中，A2单元格中保存的数据包含汉字、英文字母、数字、标点符号等多种字符。如果想获得其中包含的所有数字，你会用什么方法？

	A	B	C
1	数据	包含的数字	
2	苹果Apple，5元一斤。桔子orange，13千克	513	
3			
4			

图7-53 获取文本中的数字

下面，我们就写一个自定义函数"MidS"，使用该函数获得字符串中的所有数字。解决的思路很简单，使用Mid函数分别截取字符串中的每个字符，再判断这些字符是否为数字，即可得到字符串中包含的所有数字。

VBA中的Mid函数用于截取字符串中的部分字符，用法与工作表中的Mid函数相同，如想获得活动工作表A2单元格中保存数据的第6个字符，代码可以写为：

```
Mid(Range("A2").Value, 6, 1)
```

获得这个字符后，使用IsNumeric函数即可判断该字符是否为数字。如果希望第6个字符是数字时，就将这个字符存储到变量MidS中，可以将代码写为：

```
If isNumeric(Mid(Range("A2").Value, 6, 1)) Then
    MidS = Mid(Range("A2").Value, 6, 1)
End If
```

只要借助循环语句，按相同的方式处理数据中包含的每个字符，即可得到字符串中包含的所有数字，如：

未设置参数Txt的数据类型，该参数可以设置为任意类型的数据。

```
Function MidS(ByVal Txt) As String
    Application.Volatile True                '设置函数为易失性函数
    Dim T As String, i As Long
    For i = 1 To Len(Txt)                    '循环次数等于参数的字符个数
        T = Mid(Txt, i, 1)                   '截取参数中的第i个字符
        If IsNumeric(T) Then                 '判断字符是否数字
            MidS = MidS & T                  '将数字字符连接在MidS后
        End If
    Next i
End Function
```

这样，就可以使用 MidS 函数获得参数中的数字字符了，如图 7-54 所示。

```
=mids(A2)
```

图 7-54　使用自定义函数获得文本中包含的数字信息

考考你

在这个过程中，使用 IsNumeric 函数判断截取所得的字符是否为数字。除此之外，还可以借助比较运算符 Like 来判断，如：

```
If T Like "[0-9]" Then
    MidNumber = MidS & T
End If
```

用类似的方法，还可以判断截取的字符是否为英文字母，如：

```
If T Like "[A-Z]" Or T Like "[a-z]"Then
    MidS = MidS & T
End If
```

请给本节中截取数字信息的自定义函数设置第 2 参数，让第 2 参数可以设置为数字 0、1 或 2，具体用途如表 7-2 所示。

表 7-2　自定义函数第 2 参数的设置项及说明

参数	参数说明
0	获得第 1 参数的数据中包含的所有数字
1	获得第 1 参数的数据中包含的所有英文字母
2	获得第 1 参数的数据中除数字和英文字母之外的其他字符

效果如图 7-55 所示。

图 7-55　用自定义函数获得文本中的部分信息

7.5.2▸ 将阿拉伯数字转为中文大写

下面，让我们写一个自定义函数NumberS，使用这个函数能将阿拉伯数字转为中文大写，效果如图7-56所示。

=numberS(A2)

图 7-56 使用自定义函数将阿拉伯数字转为中文大写

将阿拉伯数字转为中文大写，可以借助Excel工作表中的TEXT函数，如：

c是自定义函数的参数，Val函数用于将c中存储的数据转为数值类型。

```
Function NumberS(ByVal c) As String
    Application.Volatile True
    NumberS = Application.WorksheetFunction.Text(Val(c), "[DBNum2]")
End Function
```

"[DBNum2]"是格式代码，表示将TEXT函数第1参数的数值转为"壹贰叁"之类的中文，如果设置为"[DBNum1]"，则转为"一二三"之类的中文。

效果如图7-57所示。

TEXT函数不能将负号"-"和小数点"."转为对应的中文。

图 7-57 用自定义函数将阿拉伯数字转为中文大写

将TEXT函数返回结果中不能转为中文的负号和小数点，使用REPLACE函数替换为对应的中文，即可将负数和小数转为中文，如：

```
Function NumberS(ByVal c) As String
    Application.Volatile True
    NumberS = Application.WorksheetFunction.Text(Val(c), "[DBNum2]")
    NumberS = Replace(Replace(NumberS, ".", "点"), "-", "负")
End Function
```

效果如图 7-58 所示。

对非数字组成的文本、空单元格、逻辑值等这些数据，Val 函数会将其转为数值 0，所以自定义函数返回的结果是"零"。

图 7-58　使用自定义函数将数值转为中文大写

7.5.3▶ 将人民币数字金额转为中文大写

按相关法律法规规定，在填写各种票据和结算凭证时，应使用壹、贰、叁、肆、伍、陆、柒、捌、玖、拾、佰、仟、万、亿、元（圆）、角、分、零、整（正）等中文字样填写人民币金额。这就涉及怎样将阿拉伯数字转为中文大写的问题。按规定，将阿拉伯数字转为中文大写的人民币金额时，应遵循以下规则：

演示教程

一、如果金额不包含小数，只到"元"为止，转为中文大写后，在"元"之后应写"整"（或"正"）字，如图 7-59 所示。

数字金额	中文大写金额
¥4.00	肆元整
¥35.00	叁拾伍元整
¥347.00	叁佰肆拾柒元整
¥1,987,632.00	壹佰玖拾捌万柒仟陆佰叁拾贰元整

图 7-59　将整数金额转为中文大写

二、如果人民币的金额是到"角"为止的，转为中文大写后，在"角"字后面可以写"整"（或"正"）字，也可以不写，如图 7-60 所示两种写法都是正确的。

数字金额	中文大写金额1	中文大写金额2
¥3.50	叁元伍角整	叁元伍角
¥23.10	贰拾叁元壹角整	贰拾叁元壹角
¥0.60	陆角整	陆角

图 7-60　将到"角"为止的数字小写金额转为中文大写

三、如果人民币的金额包含"分"的，转为中文大写后，在"分"字后面不能写"整"（或"正"）字，如图 7-61 所示。

	A	B	C
1	数字金额	中文大写金额	
2	¥3.54	叁元伍角肆分	
3	¥0.61	陆角壹分	
4	¥0.07	柒分	

图 7-61 将包含"分"信息的金额转为中文大写

四、当小写金额数字中有"0"时，中文大写应按照汉语语言规则、金额数字构成和防止涂改的要求进行书写，具体要求包括：

1.数字中间有"0"，在将其写为中文大写金额时，中间的 0 应写为"零"字，如图 7-62 所示。

	A	B	C
1	数字金额	中文大写金额	
2	¥105.00	壹佰零伍元整	
3	¥3,021.00	叁仟零贰拾壹元整	
4	¥120,321.00	壹拾贰万零叁佰贰拾壹元整	
5			

图 7-62 将数字中间的"0"转为"零"

2.数字中间有连续的多个"0"时，中文大写金额中间只需写一个"零"字，如图 7-63 所示。

	A	B	C
1	数字金额	中文大写金额	
2	¥501.00	伍佰零壹元整	
3	¥3,006.00	叁仟零陆元整	
4	¥40,001.00	肆万零壹元整	
5			

图 7-63 将数字中间的多个"0"转为"零"

3.数字万位或元位是"0"，或者数字中间连续有多个"0"，万位、元位也是"0"，但千位、角位不是"0"时，中文大写金额中可以只写一个"零"字，也可以不写"零"字，如图 7-64 所示两种写法都是正确的。

	A	B	C	D
1	数字金额	中文大写金额1	中文大写金额2	
2	¥501,234.00	伍拾万壹仟贰佰叁拾肆元整	伍拾万零壹仟贰佰叁拾肆元整	
3	¥320.31	叁佰贰拾元叁角壹分	叁佰贰拾元零叁角壹分	
4	¥1,003,200.32	壹佰万叁仟贰佰元叁角贰分	壹佰万零叁仟贰佰元零叁角贰分	
5				

图 7-64 将万位及个位存在 0 的数字金额转为中文大写

4.数字角位是"0"，而分位不是"0"时，中文大写金额"元"后面应写"零"字，如图 7-65 所示。

	A	B	C
1	数字金额	中文大写金额	
2	¥3.07	叁元零柒分	
3	¥124.06	壹佰贰拾肆元零陆分	
4			

图 7-65 将角位为 0 的小写金额转为中文大写

所以，将阿拉伯数字的人民币金额转为中文大写的金额，与前面将阿拉伯数字转为中文大写的问题有很多地方是相似的。

考考你

　　有了人民币大写金额的书写规则，请在将阿拉伯数字转为中文大写的自定义函数的基础上，写一个名为 RmbDx 的自定义函数，使用该函数能解决将阿拉伯数字转为规范的中文大写人民币金额的问题。

演示教程

第6节　让代码更容易阅读

　　为了让自己写的过程条理清楚、层次清晰、便于阅读、方便后期维护或与他人共享，在编写 VBA 过程的时候，除要遵循 VBA 的语法规则外，还需养成一些编写代码的好习惯。

7.6.1　缩进代码，让 VBA 过程更有层次

♦　为什么要对特殊代码进行缩进处理

　　使用任何语言编程，都一定会要求对某些特殊代码进行缩进处理，因为缩进可以让过程中的代码结构层次更清晰。一个过程中的代码，是否进行规范的缩进处理，对阅读和管理这些代码，是有差别的，如图 7-66、图 7-67 所示。

在未对代码进行缩进处理的过程中，你能快速知道这个 If…Then 语句包含哪些代码吗？

```
(通用)                                              ▼   TestSub                          ▼
Option Explicit
Sub TestSub()
Application.ScreenUpdating = False
Dim i As Integer, ShtName As String, ToRng As Range
Dim DateSht As Worksheet, Sht As Worksheet
Set DateSht = Worksheets("数据表")
i = 2
On Error Resume Next
Do While DateSht.Cells(i, "C").Value <> ""
ShtName = DateSht.Cells(i, "C").Value
If Worksheets(ShtName) Is Nothing Then
Worksheets.Add After:=Worksheets(Worksheets.Count)
ActiveSheet.Name = ShtName
DateSht.Range("A1:G1").Copy ActiveSheet.Range("A1")
Else
Worksheets(ShtName).Rows("2:1048576").ClearContents
End If
i = i + 1
Loop
On Error GoTo 0
i = 2
Do While DateSht.Cells(i, "C").Value <> ""
ShtName = DateSht.Cells(i, "C").Value
Set ToRng = Worksheets(ShtName).Range("A1048576").End(xlUp).Offset(1, 0)
ToRng.Resize(1, 7).Value = DateSht.Cells(i, "A").Resize(1, 7).Value
i = i + 1
Loop
For Each Sht In Worksheets
If Sht.Name <> "数据表" Then
Sht.Move
ActiveWorkbook.SaveAs FileName:=ThisWorkbook.Path & "\" & Worksheets(1).Name & ".xlsx"
ActiveWorkbook.Close
End If
Next Sht
Application.ScreenUpdating = True
End Sub
```

图 7-66　未对代码作缩进处理的过程

如果对特殊代码做过缩进处理,一眼就能看出某个If…Then语句包含哪些代码、一个循环语句从哪里开始,到哪里结束。

```
(通用)                                              ▼ TestSub                              ▼
Sub TestSub()
    Application.ScreenUpdating = False
    Dim i As Integer, ShtName As String, ToRng As Range
    Dim DateSht As Worksheet, Sht As Worksheet
    Set DateSht = Worksheets("数据表")
    i = 2
    On Error Resume Next
    Do While DateSht.Cells(i, "C").Value <> ""
        ShtName = DateSht.Cells(i, "C").Value
        If Worksheets(ShtName) Is Nothing Then
            Worksheets.Add After:=Worksheets(Worksheets.Count)
            ActiveSheet.Name = ShtName
            DateSht.Range("A1:G1").Copy ActiveSheet.Range("A1")
        Else
            Worksheets(ShtName).Rows("2:1048576").ClearContents
        End If
        i = i + 1
    Loop
    On Error GoTo 0
    i = 2
    Do While DateSht.Cells(i, "C").Value <> ""
        ShtName = DateSht.Cells(i, "C").Value
        Set ToRng = Worksheets(ShtName).Range("A1048576").End(xlUp).Offset(1, 0)
        ToRng.Resize(1, 7).Value = DateSht.Cells(i, "A").Resize(1, 7).Value
        i = i + 1
    Loop
    For Each Sht In Worksheets
        If Sht.Name <> "数据表" Then
            Sht.Move
            ActiveWorkbook.SaveAs FileName:=ThisWorkbook.Path & "\" & Worksheets(1).Name & ".xlsx"
            ActiveWorkbook.Close
        End If
    Next Sht
    Application.ScreenUpdating = True
End Sub
```

图7-67 对特殊代码作缩进处理的过程

很显然,对特殊代码进行缩进处理,可以让过程中代码的结构和层次更加清楚,让代码更具阅读性,便于后期的维护和管理。

♦ 在VBA中,应该对哪些代码进行缩进

在VBA中,过程中的代码比首、末行声名过程的代码要缩进一定的字符,如图7-68所示。

过程中的两行代码相对于声明过程的第1行代码,要缩进一定的距离。即过程中间的代码前面要空出一定的字符。

图7-68 缩进的代码

对于VBA中的特殊语句结构,如If…Then语句、Select Case语句、With语句、For…Next语句、Do…Loop语句等,语句中间的代码,相对于开始语句也要缩进一定的距离,如

图 7-69 所示。

特殊语句块中的代码，相对于上一级代码，要缩进一定的宽度。

图 7-69 特殊语句块中缩进的代码

◆ 怎样对代码进行缩进

代码缩进的宽度通常是一个 <Tab> 键的宽度，当要对某行代码进行缩进时，只要将光标定位到代码的行首，按一次键盘上的 <Tab> 键即可。

一个 <Tab> 键的宽度通常为 4 个空格，可以在 VBE 中执行【工具】→【选项】命令，在调出的【选项】对话框中修改 Tab 键的宽度，如图 7-70 所示。

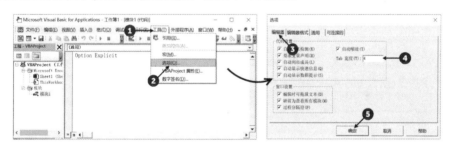

图 7-70 修改 <Tab> 键的宽度

如果要统一对几行代码进行缩进处理，可以先选中这些代码，再按 <Tab> 键（或依次单击【编辑】→【缩进】菜单命令）即可将它们统一缩进一个 <Tab> 键的宽度，如图 7-71 所示。

图 7-71 利用菜单命令缩进代码

如果要取消对代码的缩进，可以选中要取消缩进的代码块，按 <Shift+Tab> 组合键（或依次单击【编辑】→【凸出】菜单命令）。

提示: 如果觉得每行代码都手工缩进太麻烦,可以借助第三方工具来完成代码的批量缩进,比如ExcelHome出品的免费VBA插件——VBA代码宝。如果你已经安装了VBA代码宝,在【代码窗口】中选中代码,单击鼠标右键,依次执行【代码缩进】→【过程缩进】命令即可对选中的代码自动缩进,如图7-72所示。

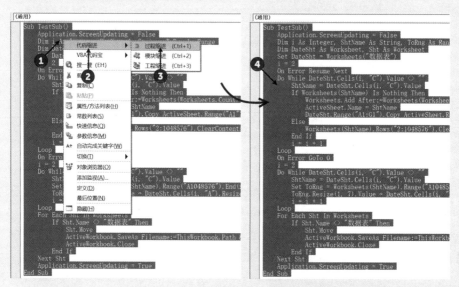

图7-72 借助VBA代码宝来缩进代码

使用VBA代码宝不仅可以自动缩进代码,还能用来管理我们编写的代码,甚至可以快速输入ExcelHome的VBA图书中的示例过程,如图7-73所示。

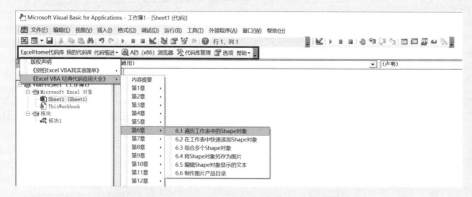

图7-73 VBA代码宝

VBA代码是一个非常适用的工具,你可以在本书附录中获得有关它的使用教程及下载链接。

VBA代码宝有多好,谁用谁知道。你下载了吗?

7.6.2 将长行代码改写为多行

在 VBA 中，一行代码代表一个命令。为了保证命令的完整性，VBA 不允许直接按 <Enter> 键将一行代码改写为多行。而有些很长的代码，如果直接写成一行，又不便于阅读或编辑，这时可以考虑对该行代码进行换行处理。在代码中要换行的位置输入一个空格和下划线 "_"，然后按 <Enter> 键，即可把一行代码分成两行。如：

> 注意，下划线的前面还有一个空格。
>
> 如果一行 VBA 代码以空格和下划线结尾，那么 VBA 知道，这行代码还没有结束，下一行代码也是这行代码的一部分。

```
Sub 创建超链接 ()
    ActiveSheet.Hyperlinks.Add Anchor:=ActiveSheet.Range("A1"), Address:="", _
        SubAddress:="Sheet11!A1", ScreenTip:=" 单击鼠标左键跳转到【Sheet1】工作表 ", _
        TextToDisplay:="Sheet 工作表 "
End Sub
```

【代码窗口】中换行后的代码如图 7-74 所示。

> 为了便于区分，换行后的代码相对于第 1 行代码，通常应缩进一个 <Tab> 键的宽度。

图 7-74 换行后的代码

换行处理后的代码与未换行的代码在功能上完全相同，但盲目地分行也不是一个好习惯，一般只有当一行代码超过 80 个字符，且不能完整显示在【代码窗口】中时，才会考虑对它进行换行处理。

7.6.3 为重要的代码添加注释语句

注释语句用于介绍 VBA 代码的功能及意图，是对过程中代码的简要说明。注释语句以英文半角单引号开头，可以放在一行代码的末尾，也可以单独写成一行，如：

无论注释语句是否单独写成一行，通常都以英文单引号开头。

```
Sub 拆分数据到工作表()
    Dim Sht As Worksheet, ShtName As String, ToRng As Range, i As Integer,
DataArr As Variant
    Set Sht = ActiveSheet
    i = 2
    Do While Sht.Cells(i, "A").Value <> ""
        ShtName = Sht.Cells(i, "A").Value
        ' 获得要写入数据的目标单元格
        Set ToRng = Worksheets(ShtName).Range("A1048576").End(xlUp).Offset(1, 0)
        DataArr = Sht.Cells(i, "A").Resize(1, 8).Value
        ToRng.Resize(1, 8).Value = DataArr
        i = i + 1                ' 重设变量的值，以便下次循环能拆分新的记录
    Loop
End Sub
```

在【代码窗口】中，所有的注释语句都显示为绿色，如图 7-75 所示。VBA 在执行过程时，并不会执行这些绿色的注释语句。

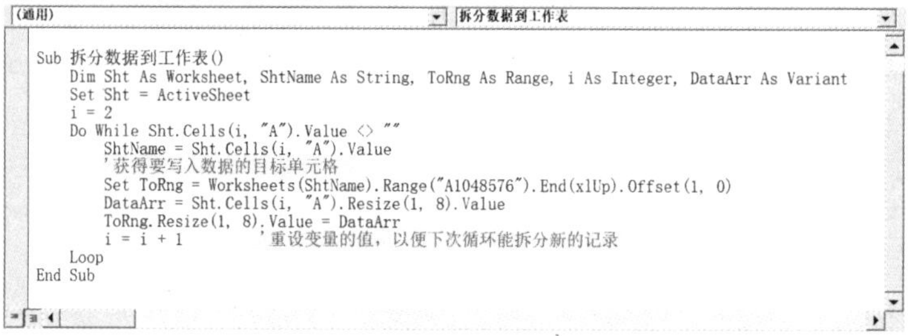

图 7-75 【代码窗口】中的注释语句

当注释语句单独成一行时，也可以使用 Rem 关键字代替英文单引号，如：

以 Rem 关键字开始，说明这一行代码是注释语句，执行过程时不会执行它。

```
……
ShtName = Sht.Cells(i, "A").Value
Rem 获得要写入数据的目标单元格
Set ToRng = Worksheets(ShtName).Range("A1048576").End(xlUp).Offset(1, 0)
……
```

过程中的注释语句就像备忘录，千万不要认为它没有用，相信我，多数人不出三个月就会忘记自己所写代码的用途，所以，哪怕只是为自己，也应该为较重要的代码添加注释。

第 8 章

通过窗体和程序互动

计算机名词里面的窗体，一般是指应用程序的各种图形化窗口或交互的对话框。Excel 也有很多内置的窗体，比如常见的【另存为】、【Excel 选项】对话框等。

在使用 VBA 处理数据时，用户有时可能需要和程序进行互动，以提供执行过程所需的信息，或者在程序提供的多种方案中做出选择，比如选择要打开的文件、设置保存文件的目录等。

所以，窗体就是一个可供我们与程序"互动"的通道。这一章，我们就一起来了解在 VBA 中创建和使用窗体的方法。

 学习建议

学习完本章内容后，你需要掌握以下技能：

1. 会通过 VBA 调用 Excel 的【打开】、【另存为】等内置对话框，通过对话框获取执行过程所需的文件信息；

2. 会使用 MsgBox 函数、InputBox 方法等创建对话框与程序互动；

3. 会使用 UserForm 对象及 ActiveX 控件创建简单的交互对话框，满足执行过程的需求。

第1节 为什么要在 VBA 中使用窗体

8.1.1 和程序互动，就是告诉计算机我们要做什么

早期的计算机系统都没有图形界面，用户只能通过命令行输入各种指令来操作计算机。比如在 PC 机的 DOS 系统里，要将 C 盘根目录下的文件"1.txt"复制到 D 盘根目录下，可以使用下面的命令：

```
Copy C:\1.txt D:\
```

试想一下：如果在计算机中的每个操作，都需要像这个复制文件的
操作一样，在窗口中输入各种命令来实现，你还能熟练地使用计算机吗？

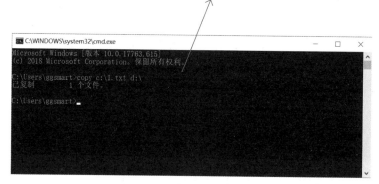

图 8-1　用 Dos 命令复制文件

这个命令可以让计算机知道我们的意图，也只有准确地将我们的意图传递给计算机，它才会完成我们期望的操作。

8.1.2 窗体，让我们和程序互动的方式更简单

在 Dos 时代，哪怕只需要完成一些简单的操作，也需记住很多命令及参数才能向计算机下达正确的指令，否则完全无法指挥计算机做任何事情。正因为这样，以前只有很少一部分人才能熟练地操作计算机。

然而今天，连几岁的小朋友都能熟练地打开计算机，找到喜欢看的动画片，这是因为计算机有了像 Windows 这样的可视化操作系统。

可视化的操作界面，让我们和计算机互动的方式变得更简单，只要动动鼠标，或者点点屏幕，就能指挥计算机完成各种任务。试想一下，如果 Excel 没有提供图 8-2 所示的【页面设置】对话框，需要通过输入并执行命令去调整 Excel 工作表的页边距，该有多麻烦啊。

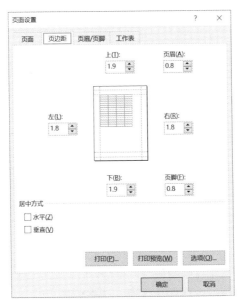

图 8-2 【页面设置】对话框

　　一个合理的程序，包括使用 VBA 写的项目，也会需要提供操作界面来直观展现程序的功能，降低使用它的难度。接下来，我们就来看看，VBA 是如何借助窗体实现互动功能的。

第 2 节　使用 Excel 内置的对话框与程序互动

8.2.1▸ 通过 InputBox 函数创建交互对话框，向程序传递数据

　　为了实现更人性化的功能，某些过程被设计为在执行时由用户提供必要的信息，使用 VBA 中的 InputBox 函数就可以满足这一需求，如：

```
Sub 新建工作表 ()
    Dim ShtName As String
    ShtName = InputBox("请设置要新建的工作表名称：")      '将对话框中输入的内容存入变量
    Worksheets.Add.Name = ShtName              '新建一张工作表，以变量中存储的信息命名
End Sub
```

这部分代码就能创建一个可输入数据的对话框。

　　执行这个过程的效果如图 8-3 所示。

　　根据提示，在对话框中输入信息，单击【确定】按钮后，如果输入的内容是一个合法的工作表名称，且工作簿中没有该名称的工作表，VBA 就会以该信息为名称，在活动工作簿中新建一张工作表，如图 8-4 所示。

对话框中显示的这个提示信息，是通过 InputBox 函数的参数设置的。

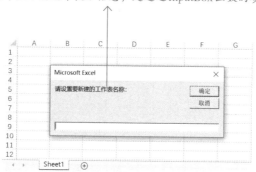

图 8-3　执行过程创建的对话框

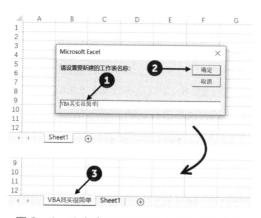

图 8-4　通过对话框指定新建工作表的名称

除对话框中的提示信息外，还可以通过其他参数设置对话框的标题、默认的输入内容、显示的位置等，如：

```
Sub 新建工作表()
    Dim ShtName As String
    Dim MsgTxt As String, TitTxt As String, DefTxt As String, xp As Integer,
yp As Integer
    MsgTxt = "请设置要新建的工作表名称: "
    TitTxt = "新建工作表"
    DefTxt = "NewSheet" & Worksheets.Count + 1
    xp = 2000
    yp = 1500
    ShtName = InputBox(prompt:=MsgTxt, Title:=TitTxt, Default:=DefTxt,
xpos:=xp, ypos:=yp)
    Worksheets.Add.Name = ShtName
End Sub
```

这行代码共给 InputBox 函数设置了 5 个参数，这些参数都写在函数名称后面的括号中，参数间用逗号分隔。参数包含参数名称和参数值两部分（设置参数值的代码结构为"参数名称:=参数值"）。

执行这个过程的效果如图 8-5 所示。

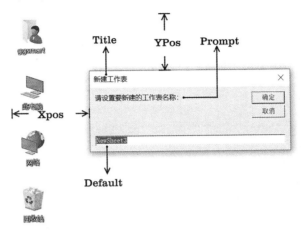

图 8-5 InputBox 函数各参数的作用

在写代码时，可以只设置参数值，省略参数的名称，如：

```
ShtName = InputBox("请设置要新建的工作表名称：", "新建工作表", "NewSheet",
2000, 1500)
```

如果在代码中省略了参数名称，VBA通过参数的位置辨别不同的参数，各参数必须按prompt、Title、Default、xpos、ypos的顺序输入，如果要省略中间某个参数，被省略参数所在的位置也必须用英文逗号空出来。

对于 InputBox 函数，通常只会用到该示例过程中用到的 5 个参数，它们的作用如表 8-1 所示。

表 8-1 InputBox 函数的常用参数及说明

参数名称	参数说明
Prompt	必选参数，不能省略。参数值为文本表达式，用于设置对话框中显示的提示信息
Title	可选参数。参数值为文本表达式，用于设置对话框标题栏中显示的内容。如果省略该参数，标题栏中显示的信息为"Microsoft Excel"
Default	可选参数。参数值为文本表达式，用于设置对话框中默认的输入内容。如果省略，输入内容的文本框为空
XPos	可选参数。参数值为数值表达式，用于设置对话框距离屏幕左端边缘的距离（单位：twips）。如果省略，对话框在水平方向居中显示
YPos	可选参数。参数值为数值表达式，用于设置对话框距离屏幕顶端边缘的距离（单位：twips）。如果省略，对话框在垂直方向上距屏幕顶端大约屏幕三分之一的位置显示

8.2.2 创建交互对话框，使用 InputBox 方法更方便

除 InputBox 函数外，还可以通过 Application 对象的 InputBox 方法创建交互对话框。InputBox 方法与 InputBox 函数的用法类似，如：

```
Sub 新建工作表()
    Dim ShtName As String
    Dim MsgTxt As String, TitTxt As String, DefTxt As String, L As Integer,
T As Integer
    MsgTxt = "请设置要新建的工作表名称: "
    TitTxt = "新建工作表"
    DefTxt = "NewSheet" & Worksheets.Count + 1
    L = 2000
    T = 1500
    ShtName = Application.InputBox(prompt:=MsgTxt, Title:=TitTxt, Default:=
DefTxt, Left:=L, top:=T, Type:=2)
    Worksheets.Add.Name = ShtName
End Sub
```

一定要注意，与前面用 InputBox 函数写的代码相比，在用 InputBox 方法写的代码中，这四个地方是不一样的。

执行这个过程的效果如图 8-6 所示。

图 8-6　用 InputBox 方法创建交互对话框

◆ InputBox 函数和 InputBox 方法的区别

当在【代码窗口】中使用 InputBox 函数和 InputBox 方法编写代码时，可以通过 VBE 显示的提示信息了解它们的区别，如图 8-7 所示。

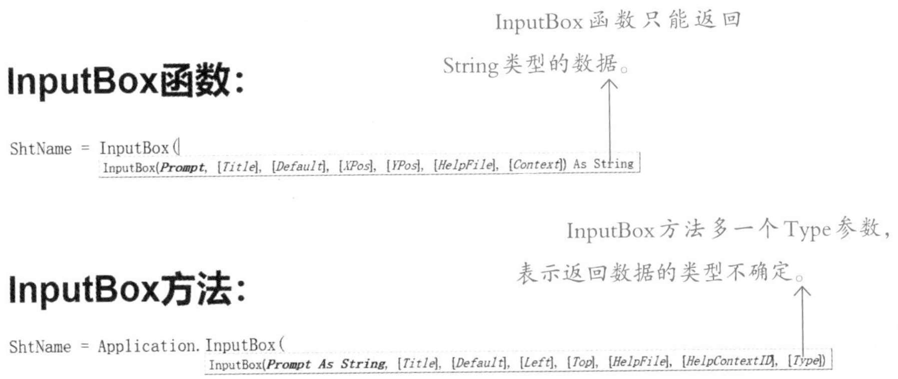

InputBox函数：

InputBox 函数只能返回 String 类型的数据。

ShtName = InputBox(

InputBox(**Prompt**, [*Title*], [*Default*], [*XPos*], [*YPos*], [*HelpFile*], [*Context*]) As String

InputBox方法：

InputBox 方法多一个 Type 参数，表示返回数据的类型不确定。

ShtName = Application.InputBox(

InputBox(**Prompt As String**, [*Title*], [*Default*], [*Left*], [*Top*], [*HelpFile*], [*HelpContextID*], [*Type*])

图 8-7 在【代码窗口】中查看参数

很显然，InputBox 函数只能返回 String 类型的数据，而 InputBox 方法返回结果的类型可以自己设置，并且 InputBox 方法比 InputBox 函数多一个 Type 参数。InputBox 方法常用的参数及说明如表 8-2 所示。

表 8-2 InputBox方法常用的参数说明

参数名称	参数说明
Prompt	必选参数，用于设置对话框中显示的消息
Title	可选参数，用于设置对话框的标题。如果省略该参数，则默认标题为"输入"
Default	可选参数，用于设置对话框文本框中默认输入的值。如果省略该参数，则不设置默认输入的内容
Left	可选参数，用于设置对话框在 Excel 窗口中水平方向的位置（以磅为单位）
Top	可选参数，用于设置对话框在 Excel 窗口中垂直方向的位置（以磅为单位）
Type	可选参数，用于指定对话框返回的数据类型。如果省略该参数，则对话框返回的是 String 类型的数据

● 通过 Type 参数指定 InputBox 方法返回值的类型

InputBox方法通过Type参数指定对话框返回结果的数据类型，参数的可设置项如表8-3所示。

表 8-3 Type参数的可设置项

可设置的参数值	方法返回结果的类型
0	公式
1	数字
2	文本（字符串）
4	逻辑值（True 或 False）
8	单元格引用（Range 对象）
16	错误值，如#N/A
64	数值数组

如果想让InputBox方法返回一个Range对象，就应将它的Type参数设置为数值8，如：

```
Sub 输入数据()
    Dim Rng As Range
    On Error GoTo Cancel
    Set Rng = Application.InputBox(prompt:=" 请选择输入数据的区域: ", Type:=8)
    Rng.Value = 100              ' 在选中的单元格输入 100
Cancel:
End Sub
```

执行这个过程后，Excel会显示一个对话框，我们可以通过对话框选择一个单元格区域，单击【确定】按钮后，Excel会在选择的区域中输入数值100，如图8-8所示。

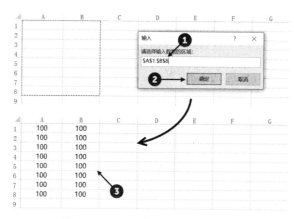

图8-8 选中单元格并输入数值

如果想让InputBox方法能返回多种类型数据中的一种，就将参数值设置为多种数据类型对应的参数值之和，如：

1表示数字，2表示文本。

1+2表示对话框返回的数据可以是文本，也可以是数字。

```
Application.InputBox(prompt:=" 请输入内容: ", Type:=1 + 2)
```

或者

```
Application.InputBox(prompt:=" 请输入内容: ", Type:=3)
```

3＝1+2，将参数值设置为3或1+2，效果是相同的。

8.2.3 用 MsgBox 函数创建对话框显示信息

VBA中的MsgBox函数可以创建一个输出信息的对话框，如：

```
MsgBox "你正在阅读的是《别怕,Excel VBA 其实很简单》"
```

执行这行代码的效果如图 8-9 所示。

图 8-9　用 MsgBox 函数创建的对话框

MsgBox 函数在前面章节中，已经接触过很多次了，相信大家对它的用法并不陌生。

但那都是 MsgBox 函数最简单的应用，下面我们就系统地来学习 MsgBox 函数的用法，记得做好笔记。

◆ 设置对话框中显示的各项内容

在使用 MsgBox 函数创建对话框时，除对话框中显示的提示信息外，还可以设置对话框中显示的图标、按钮的个数及样式、对话框的标题等，如：

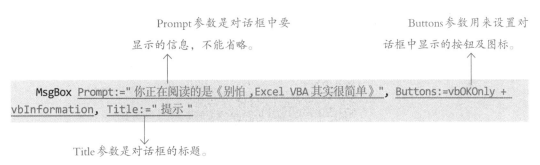

```
MsgBox Prompt:="你正在阅读的是《别怕,Excel VBA 其实很简单》", Buttons:=vbOKOnly +
vbInformation, Title:=" 提示 "
```

执行这行代码的效果如图 8-10 所示。

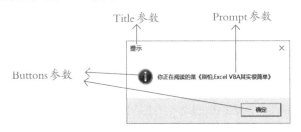

图 8-10　MsgBox 函数创建的对话框

这行代码为 MsgBox 函数设置了 Prompt、Buttons 和 Title 三个参数。在使用 MsgBox 函数时，用得最多的就是这三个参数，它们的用途如表 8-4 所示。

表 8-4　MsgBox 函数常用的参数及说明

参数名称	参数说明
Prompt	必选参数，用于设置对话框中显示的提示信息
Buttons	可选参数，用于设置对话框中显示的按钮数量、按钮类型、要使用的图标样式、默认的按钮和消息框的模式
Title	可选参数，用于设置对话框标题栏中显示的内容，即对话框的标题。如果省略，则对话框的标题为 "Microsoft Excel"

对于 MsgBox 函数，最重要的是通过 Buttons 参数设置对话框的样式，下面我们将学习它的常用设置。

● 设置对话框中显示的按钮数量及按钮类型

如果省略 Buttons 参数，则 MsgBox 函数创建的对话框中将只显示【确定】按钮，但 MsgBox 函数一共有 6 种不同的按钮设定，不同按钮对应的参数设置如表 8-5 所示。

表 8-5　MsgBox 的 6 种按钮设定

常量	数值	说明
vbOkonly	0	显示【确定】按钮
vbOkCancel	1	显示【确定】和【取消】两个按钮
vbAbortRetryIgnore	2	显示【中止】【重试】和【忽略】三个按钮
vbYesNoCancel	3	显示【是】【否】和【取消】三个按钮
vbYesNo	4	显示【是】和【否】两个按钮
vbRetryCancel	5	显示【重试】和【取消】两个按钮

例如：

> 在写代码时，可以将参数值设置为常量名称，也可以设置为常量对应的数值，效果是相同的。所以这部分代码还可以写为：Buttons:=1。

```
Sub 设置对话框中的按钮()
    MsgBox prompt:="只显示【确定】按钮", Buttons:=vbOKOnly
    MsgBox prompt:="显示【确定】和【取消】按钮", Buttons:=vbOKCancel
    MsgBox prompt:="显示【中止】【重试】和【忽略】按钮", Buttons:=vbAbortRetryIgnore
    MsgBox prompt:="显示【是】【否】和【取消】按钮", Buttons:=vbYesNoCancel
    MsgBox prompt:="显示【是】和【否】按钮", Buttons:=vbYesNo
    MsgBox prompt:="显示【重试】和【取消】按钮", Buttons:=vbRetryCancel
End Sub
```

执行这个过程后，可以先后看到如图 8-11 所示的 MsgBox 函数的 6 种不同样式对话框。

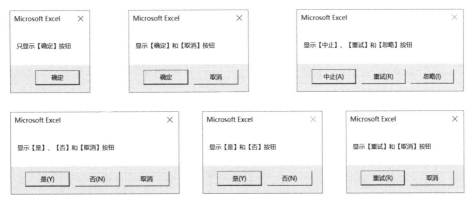

图 8-11 MsgBox 函数 6 种不同的按钮样式

◆ 设置对话框中显示的图标

除按钮之外，还可以通过Buttons参数设置在对话框中显示的图标，如：

```
MsgBox prompt:=" 你喜欢 Excel VBA 吗？ ", Buttons:=vbQuestion
```

vbQuestion是常量，将Buttons参数设置为这个常量，在创建
的对话框中，文本信息的左侧将会显示一个形如问号的图标。

执行这行代码后的效果如图 8-12 所示。

这个"问号"形状的
图标就是通过设置Buttons
参数设置得到的。

图 8-12 对话框中的图标

MsgBox 函数一共可以设置 4 种图标样式，不同的图标样式如图 8-13 所示。

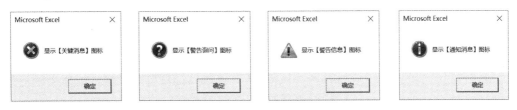

图 8-13 对话框中不同的图标样式

不同图标的参数设置如表 8-6 所示。

表 8-6　MsgBox 函数的 4 种图标

常量	数值	说明
vbCritical	16	显示【关键信息】图标
vbQuestion	32	显示【警告询问】图标
vbExclamation	48	显示【警告消息】图标
vbInformation	64	显示【通知消息】图标

设置各种不同图标的代码为：

```
Sub 设置对话框中的图标 ()
    MsgBox prompt:=" 显示【关键消息】图标 ", Buttons:=vbCritical
    MsgBox prompt:=" 显示【警告询问】图标 ", Buttons:=vbQuestion
    MsgBox prompt:=" 显示【警告信息】图标 ", Buttons:=vbExclamation
    MsgBox prompt:=" 显示【通知消息】图标 ", Buttons:=vbInformation
End Sub
```

● 同时设置对话框中的按钮和图标样式

对话框中显示的按钮和图标，都是通过Buttons参数设置的，如果想让对话框中显示【是】和【否】按钮的同时，也显示【警告询问】图标，代码应该怎样写？

如果要同时设置对话框中显示的按钮和图标，可以将Buttons参数设置为对应的两个常量或数值之和。

例如：

```
MsgBox prompt:=" 你喜欢 Excel VBA 吗? ", Buttons:=vbYesNo + vbQuestion
```

常量vbYesNo对应的数值是 4，vbQuestion对应的数值是 32，所以还可以把Buttons的参数值设置为 4+32 或它们之和 36。

执行这行代码后，显示的对话框如图 8-14 所示。

● MsgBox 函数的返回值

函数都有返回值，MsgBox 函数也不例外。

图 8-14　同时设置对话框中的按钮和图标

MsgBox 函数根据在对话框中单击的按钮来确定自己的返回值。单击的按钮不同，函数的返
回值也不同，各个按钮及其对应的返回值如表 8-7 所示。

表 8-7　MsgBox 函数的返回值

单击的按钮	返回的常量	常量对应的数值
【确定】按钮	vbOK	1
【取消】按钮	vbCancel	2
【中止】按钮	vbAbort	3
【重试】按钮	vbRetry	4
【忽略】按钮	vbIgnore	5
【是】按钮	vbYes	6
【否】按钮	vbNo	7

可以通过函数返回的值，判断用户单击了对话框中的哪个按钮，从而选择下一步要执行
的操作或计算，如：

注意：当需要将 MsgBox 函数的返回值赋给变量时，参数必须写在括
号中，否则不能加括号。

```
Sub MsgBox 函数的返回值()
    Dim yn As Integer
    yn = MsgBox(prompt:=" 你确定要在工作簿中插入一张新工作表吗？ ",
Buttons:=vbYesNo + vbQuestion)
    If yn = vbYes Then
        Worksheets.Add after:=Worksheets(Worksheets.Count)
    End If
End Sub
```

演示教程

如果用户单击对话框中的【是】按钮，则返回的常量为 vbYes。因为 vbYes 对应
的数值为 6，所以也可以将代码中的 vbYes 改为数值 6。

8.2.4 通过【打开】对话框选择并打开文件

使用 Application 对象的 FindFile 方法可以显示 Excel 的【打开】对话框，在对话框中选择
并打开文件，如：

```
Sub 选择并打开文件()
    If Application.FindFile = False Then    ' 判断是否单击了对话框中的【取消】按钮
```

```
        MsgBox "你单击了【取消】按钮，操作没有完成。"
    Else
        MsgBox "你选择的文件已打开。"
    End If
End Sub
```

执行这个过程的效果如图 8-15 所示。

选中文件，再单击对话框中的【打开】按钮，Excel 将打开选中的文件，FindFile 方法的返回值为 True。

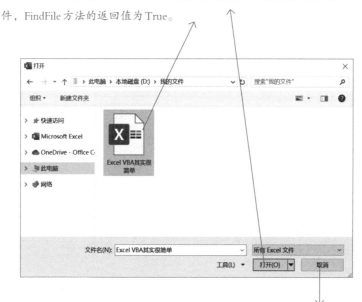

单击对话框中的【取消】按钮，Excel 不会打开任何文件，FindFile 方法的返回值为 False。

图 8-15　用 FindFile 方法显示【打开】对话框

在【打开】对话框中，可以按住 <Ctrl> 键选择多个文件，单击对话框中的【打开】按钮后，Excel 会将选中的多个文件都打开。

8.2.5▸ 通过【打开】对话框选择并获取文件名称

如果只希望通过对话框获得目标文件的名称，那么可以使用 Application 对象的 GetOpenFilename 方法。

用 Application 对象的 GetOpenFilename 方法也可以显示 Excel 的【打开】对话框，当在对话框中选择文件并单击【打开】按钮后，Excel 不会打开选中的文件，只是返回该文件所包含路径的文件名称，如：

当在【打开】对话框中选择文件并单击【确定】按钮后，GetOpenFilename方法返回的是选中文件的名称（String类型）。如果单击【取消】按钮，方法返回的是逻辑值False。因为方法返回的数据类型不确定，所以在声明变量时，应将变量声明为Variant类型。

```
Sub 获取文件名称 ()
    Dim FileName As Variant
    FileName = Application.GetOpenFilename()      '.将选择的文件名赋给变量 FileName
    If FileName = False Then
        MsgBox " 没有选择任何文件！"
        Exit Sub                                  '退出程序
    Else
        Range("A1").Value = FileName              '将文件名写入 A1 单元格
    End If
End Sub
```

执行这个过程的效果如图 8-16 所示。

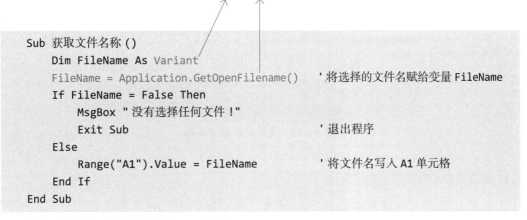

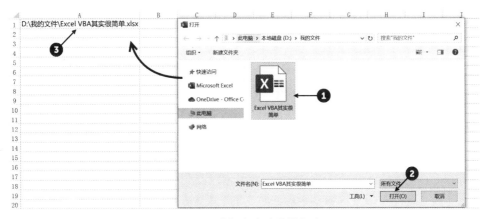

图 8-16　选择文件并获得文件名

● 设置对话框的标题

在默认情况下，通过 GetOpenFilename 方法显示的对话框标题为"打开"，可以通过 GetOpenFilename 方法的 Title 参数设置标题内容，如：

```
FileName = Application.GetOpenFilename(Title:=" 请选择你要获取名称的文件 ")
```

执行这行代码后的效果如图 8-17 所示。

图 8-17　更改对话框的标题

◆ 设置只能选择某种类型的文件

如果只希望在对话框中选择某种类型，如扩展名为"JPG"的文件，则可以通过 GetOpenFilename 方法的 FileFilter 参数来设置，如：

```
FileName = Application.GetOpenFilename(FileFilter:="JPG 图片文件，*.JPG")
```

FileFilter 参数的值是一个字符串，该字符串中逗号前的"JPG 图片文件"是对筛选条件作说明的文字，逗号后的"*.JPG"用来设置可以在对话框中显示的文件类型。

执行这行代码的效果如图 8-18 所示。

对话框中只显示扩展名为"JPG"的图片文件以及文件夹。

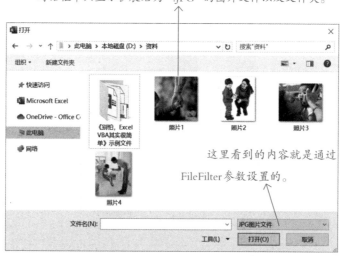

图 8-18　只在对话框中显示某种类型的文件

限制可显示的文件类型后，对话框中将只显示该类型的文件，在【文件类型】下拉列表中也只能选择指定的文件类型，如图 8-19 所示。

除代码中设置的文件类型外,【文件类型】下拉列表中没有其他选项可以选择。

图 8-19　【文件类型】下拉列表中的可选项

类似地, 如果只想在对话框中显示扩展名为"xlsm"的 Excel 文件, 就将参数设置为:

```
FileFilter:=" 启用宏的工作簿文件 , *.xlsm"
```

♦ 设置可以同时选择多种扩展名的文件

> 如果想在对话框中显示所有的 Excel 工作簿文件, 可是, Excel 工作簿文件的扩展名有".xls"".xlsx"".xlsm"等多种, 应该怎么设置参数?

如果要同时显示多种扩展名的文件, 应在参数中列出所有的扩展名, 不同的扩展名间用分号分隔, 如:

```
FileName = Application.GetOpenFilename(FileFilter:="Excel 工作簿文件 ,
*.xls;*.xlsx;*.xlsm")
```

在代码中用分号 ";" 将多个扩展名隔开, 表示可以在对话框中同时显示这些扩展名的文件。

执行这行代码后的效果如图 8-20 所示。

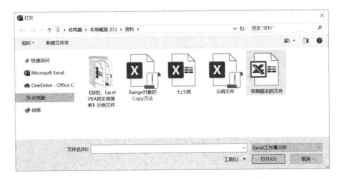

图 8-20　在对话框中显示 Excel 工作簿文件

如果允许显示的多种文件的扩展名大部分相同，可以借助通配符指定文件类型，如：

```
FileName = Application.GetOpenFilename(FileFilter:="Excel 工作簿文件 ,*.xls?")
```

● 设置可以选择显示多种类型中的一种文件

如果希望可以在对话框中选择显示多种类型中的一种文件，应在参数中将多种类型的筛选条件用逗号"，"隔开。例如，要设置可以在对话框中选择显示"Excel工作簿文件"或"Word文档文件"，代码可以写为：

```
FileName = Application.GetOpenFilename(FileFilter:="Excel 工作簿文件 ,*.xls;*.
xlsx;*.xlsm,Word 文档 ,*.doc;*.docx;*.docm")
```

无论要设置可以选择几种类型的文件，FileFilter参数的值都是一个字符串。但每种可选择的文件类型之间应使用逗号","分隔。

执行这行代码后的效果如图 8-21 所示。

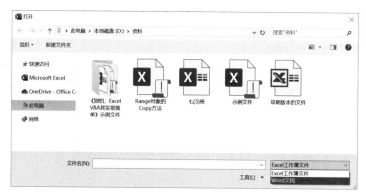

图 8-21　设置可以选择多种类型中的一种文件

● 设置对话框中默认显示的文件类型

如果设置【文件类型】下拉列表中包含多种类型的文件，默认情况下，对话框中显示的是设置的第一种类型的文件，但可以通过 GetOpenFilename 方法的 FilterIndex 参数设置默认显示的文件类型，如：

```
FileName = Application.GetOpenFilename(FileFilter:="Excel 工作簿文件 ,*.xls?,
Word 文档 ,*.doc?", FilterIndex:=2)
```

设置 FilterIndex 参数的值为 2，表示将【文件类型】下拉列表中的第 2 项设置为默认选项。

执行这行代码的效果如图 8-22 所示。

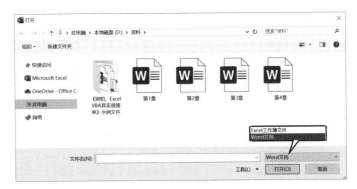

图 8-22 设置默认显示的文件类型

⬥ 设置可以在对话框中同时选择多个文件

如果设置 GetOpenFilename 方法的 MultiSelect 参数为 True，就可以在对话框中同时选中多个文件，获得这些文件的文件名，如：

```
FileName= Application.GetOpenFilename(FileFilter:="Excel 工作簿文件,*.xls?,
Word 文档,*.doc?", MultiSelect:=True)
```

MultiSelect 参数决定是否可以在对话框中同时选中多个文件。如果设置为 True，则表示可以同时选中多个文件，如果省略或将其设置为 False，则表示只能在对话框中选择一个文件。

执行这行代码后的效果如图 8-23 所示。

按住 Ctrl 键的同时，可以用鼠标同时选中对话框中的多个文件。

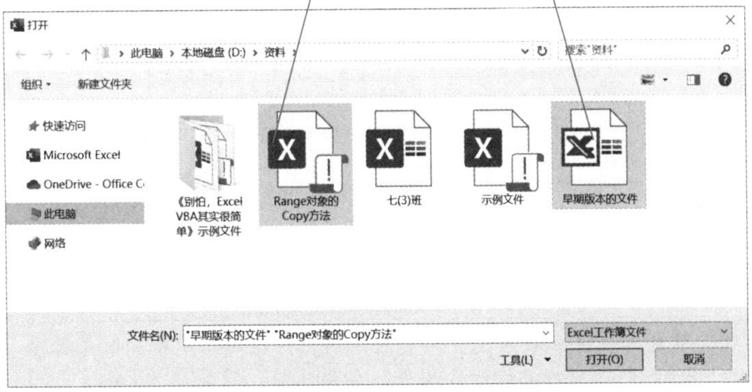

图 8-23 在对话框中同时选中多个文件

如果在对话框中选中多个文件，那么单击对话框中的【打开】按钮后，GetOpenFilename 方法返回的，是由所有选中文件的名称组成的一维数组，如：

```
Sub 获取多个文件名 ()
    Dim FileName As Variant
```

```
        FileName = Application.GetOpenFilename(MultiSelect:=True)
        Range("A1").Resize(UBound(FileName), 1) =Application.WorksheetFunction.
Transpose(FileName)
    End Sub
```

将一维数组写入一列单元格前，应先将数组转置为一列。

执行这个过程后的效果如图 8-24 所示。

图 8-24　获得多个文件的文件名

◆ GetOpenFilename 方法的参数

在 Windows 的 操 作 系 统 中，GetOpenFilename 方 法 有 FileFilter、FilterIndex、Title 和 MultiSelect 四个参数，各参数的用途如表 8-8 所示。

表 8-8　GetOpenFilename 方法的参数说明

参数名称	参数说明
FileFilter	可选参数，用来设置对话框中文件筛选条件的字符串。如果省略，则对话框中默认显示所有类型的文件
FilterIndex	可选参数，用来设置对话框中默认显示的文件类型。如果省略或设置的数值大于设置的筛选条件总数，则对话框中默认显示第一种类型的文件
Title	可选参数，用来设置对话框的标题。如果省略该参数，则默认标题为"打开"
MultiSelect	可选参数，如果参数值设置为 True，则允许在对话框中同时选择多个文件，若设置为 False，则仅允许选择一个文件。如果省略，默认值为 False

考考你

1.如果希望借助 GetOpenFilename 显示对话框后，对话框的标题为"选择"，在对话框中能选择显示扩展名为".txt"或".mp3"的文件（默认显示扩展名为"mp3"的文件），并且当在对话框中选择文件、单击其中的【打开】按钮后，能将选中的一个或多个文件的名称，逐个写入活动工作表A列的单元格中。你能编写出解决这个问题

演示教程

的代码吗?

2.在 7.3.12 的示例中,执行过程后,能将固定目录,如"D:\我的文件\"中所有
工作簿中保存的信息合并到一张工作表中。但是,有时可能只需要对选择的文件中保存
的数据进行汇总即可。学习完本节的内容后,你能改写那个过程,让执行过程后,能通
过对话框选择要合并数据的工作簿吗?

演示教程

8.2.6 ▶ 通过【另存为】对话框获取文件名称

使用 Application 对象的 GetSaveAsFilename 方法可以调出 Excel 的【另存为】对话框,在
对话框中选择文件,可以获得该文件包含路径名的文件名称,如:

```
Sub 获得文件名称()
    Dim Fil As String, FileName As String, Filter As String, Tile As String
    FileName = "默认的文件名称"
    Filter = "Excel 工作簿,*.xls;*.xlsx;*.xlsm,Word 文档,*.doc;*.docx;*.docm"
    Tile = "请选择要获取名称的文件"
    Fil = Application.GetSaveAsFilename(InitialFileName:=FileName,
filefilter:=Filter, FilterIndex:=2, Title:=Tile)
    Range("A1") = Fil                  ' 将选中文件的名称写入活动工作表的 A1 单元格
End Sub
```

执行这个过程的效果如图 8-25 所示。

Title 参数用来设
置对话框的标题。

FileFilter 参数用来设置可选择的文件类型,
与 GetOpenFilename 方法的 FileFilter 参数设置相同。

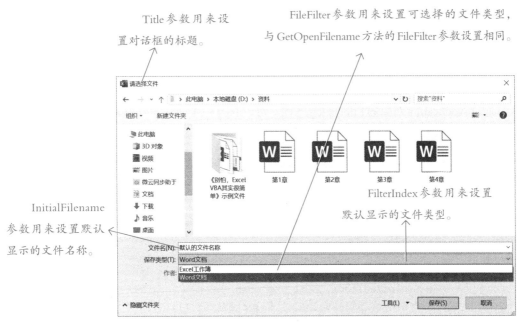

InitialFilename
参数用来设置默认
显示的文件名称。

FilterIndex 参数用来设置
默认显示的文件类型。

图 8-25　通过 GetSaveAsFilename 方法获取文件名

与 GetOpenFilename 方法不同,使用 GetSaveAsFilename 获得的是包含文件所在路径的文
件名称,如图 8-26 所示。

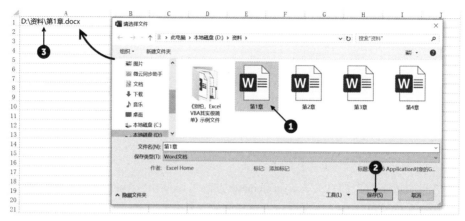

图 8-26 获得选择文件的名称

GetSaveAsFilename方法在Windows操作系统中的参数用途如表8-9所示。

表 8-9 GetSaveAsFilename方法的参数

参数名称	参数说明
InitialFilename	可选参数，用来设置对话框默认显示的文件名称。如果省略，则"文件名"文字框中为空
FileFilter	可选参数，用来设置对话框中可以显示的文件类型。如果省略，则对话框中默认显示所有类型的文件
FilterIndex	可选参数，用来设置对话框默认显示的文件类型。如果省略或设置的数值大于存在的筛选条件数，则对话框中默认显示第一种类型的文件
Title	可选参数，用来设置对话框的标题。如果省略，则默认标题为"另存为"

8.2.7 获得指定文件夹的路径及名称

通过Application对象的FileDialog属性，可以打开一个对话框，在对话框中选择并获得某个文件夹的路径，如：

> 该参数值的作用是设置只允许在对话框中选择一个文件夹。

```
Sub 获取文件夹名称()
    With Application.FileDialog(filedialogtype:=msoFileDialogFolderPicker)
        .InitialFileName = "D:\"                      ' 设置D盘根目录为起始目录
        .Title = "请选择一个目录"                      ' 设置对话框标题
        .Show                                         ' 显示对话框
        If .SelectedItems.Count > 0 Then              ' 判断是否选中了目录
            Range("A1").Value = .SelectedItems(1)     ' 将选中的目录名及路径写
入单元格
        End If
    End With
End Sub
```

执行这个过程后的效果如图 8-27 所示。

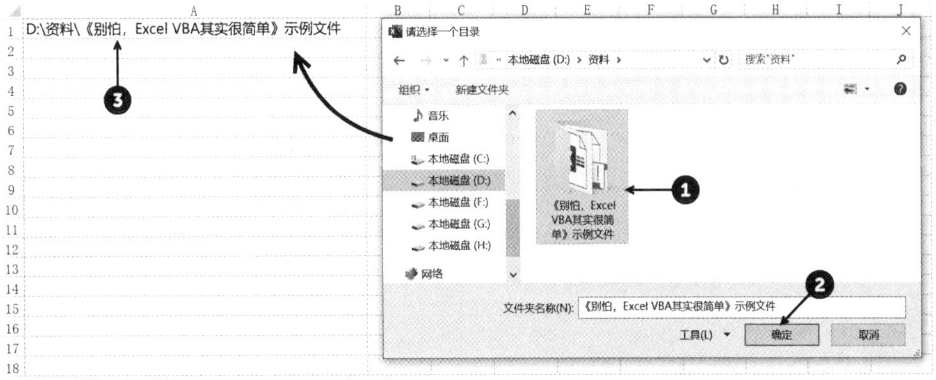

图 8-27 获取文件夹的路径及名称

第 3 节 设计更加个性化的交互界面

8.3.1 内置对话框不能满足程序执行的所有需求

尽管可以通过 VBA 调用 Excel 中的部分内置对话框，但这些对话框并不能满足所有需求。在 7.3.7 和 7.3.10 小节中，我们学习过怎样将类似图 8-28 所示的数据表，按列信息拆分为多张工作表或多个工作簿。

配送方式	快递单号	收货人	收货地址	手机号码	订单编号	商品名称	订单金额
宅吉送	904995881164	聂南浩	峭瓜路12号盎小区7-7-3	15152048490	201801141029522666	Excel 2013函数与公式应用大全(彩版)	126
中通快递	1048258378400	万诗薇	惺嫡路15号粟小区6-1-7	15152040695	201801141054373366	Excel2010数据处理与分析	51.75
韵达快递	234631107000	禹政	唤胰路16号蔽小区7-8-9	15895259346	201801141312222544	Excel 2013数据透视表应用大全	74.25
申通快递	435220814871	贾含生	贪踊路07号姿小区1-3-9	15152047377	201801141731150282	Excel 2016函数与公式应用大全	89.25
邮政快递	897382610888	虞琛	仲闲路12号墩小区8-3-8	15152042621	201801150941356111	函数与公式+数据透视表+VBA其实很简单	296.25
顺丰快递	674730483408	东靖伯	野觅路03号炊小区8-6-4	15895256882	201801171836395894	Excel2010数据处理与分析	51.75
中通快递	701568987882	单听欢	醇蓖路12号状小区9-3-4	15895259923	201801180425539036	Excel2010数据处理与分析	51.75
宅吉送	164739482998	桓琰	蹲妒路15号雅小区3-8-1	15152047494	201801181320458718	Excel VBA其实很简单+Excel VBA实战技巧精粹	88.5
韵达快递	472191198282	黄问盛	付哦路11号拖小区6-8-8	15152046961	201801190115463864	Excel 2013高效办公 财务管理	44.25
EMS	749523536612	蒋怀言	萄剎路13号肿小区4-7-8	18285312953	201801200913427658	别怕，Excel 函数其实很简单	36.75
申通快递	888927703933	赖宏	秤仑路08号迂小区6-5-5	15895251453	201801200937151212	别怕，Excel VBA其实很简单（第2版）	44.25
邮政快递	754008273336	苍祥	薪腾路14号淖小区0-9-3	15895259589	201801202110095862	VBA其实很简单+VBA实用代码2册合本	134.25
申通快递	831577758432	计访琰	鹊仗路05号毓小区8-1-6	15152047351	201801210416412505	别怕，Excel VBA其实很简单（第2版）	44.25
韵达快递	354880328829	史鹏善	湛逝路11号贸小区1-8-3	15895252240	201801210845018257	Excel 2016函数与公式应用大全	89.25
邮政快递	865890754418	徐民	量废路11号僮小区1-3-9	15895252306	201801221338163709	Excel2016应用大全	96

订单信息

图 8-28 数据表

按列信息拆分数据，是一个较为常见的问题。为了让拆分数据的过程能适用不同样式和结构的工作表，可以在执行拆分操作前进行一些设置。例如，设置要拆分的数据区域、数据表包含的表头区域、按哪列信息拆分、拆分的方式等。这时，就可能需要一个自定义的对话框来完成这些设置。

图 8-29 展示了一个可以用来设置拆分数据选项的简易对话框。

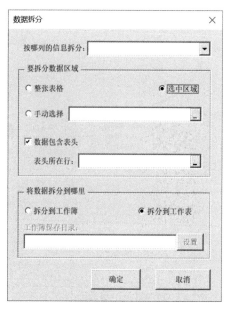

图 8-29　自定义的拆分数据对话框

8.3.2▶ 控件，设置交互界面必不可少的"素材"

在 Excel 中设计和创建个性化的交互界面，就是根据需求在工作表或窗体中添加控件，使它们能有效地接收、传递各种指令。所以，在开始设计用户界面前，有必要先认识 Excel 里的控件。

Excel 中有两种类型的控件：表单控件和 ActiveX 控件。可以在 Excel 的【开发工具】选项卡中找到它们，如图 8-30 所示。

注意：这两类控件的外观虽然相似，功能却完全不同。

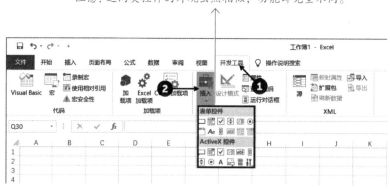

图 8-30　Excel 中的两种控件

创建在 VBA 中使用的操作界面，通常使用的是 ActiveX 控件。

8.3.3▸ 在工作表中使用 ActiveX 控件

♦ Excel 中的 ActiveX 控件

默认情况下，在【功能区】的【开发工具】选项卡中可以看到部分 ActiveX 控件，如图 8-31 所示。

但能在工作表中使用的 ActiveX 控件远不止这些，可以单击【其他控件】按钮，在弹出的对话框中选择使用其他控件，如图 8-32 所示。

图 8-31 【开发工具】选项卡中可以看到的 ActiveX 控件

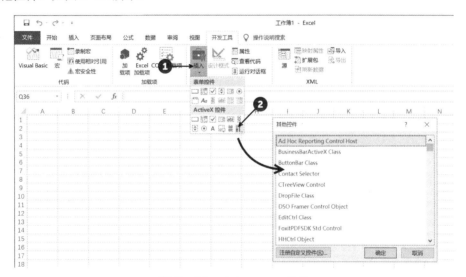

图 8-32 其他 ActiveX 控件

♦ 在工作表中添加一个选项按钮

在【开发工具】选项卡中选择某个 ActiveX 控件，按住鼠标左键拖动鼠标即可将该控件添加到工作表中。图 8-33 所示为在工作表中添加一个选项按钮的操作步骤。

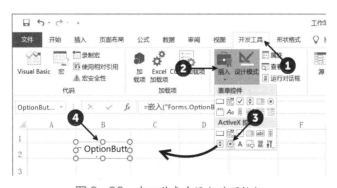

图 8-33 在工作表中添加选项按钮

◆ 设置选项按钮控件的格式

ActiveX控件的格式需要在【属性窗口】中设置，在控件处于可编辑状态（设计模式）时，单击【开发工具】选项卡中的【属性】按钮即可调出【属性窗口】，如图8-34所示。

图8-34　调出【属性窗口】

【属性窗口】中列出了当前选中控件的各种属性，可以通过修改控件的属性来设置控件，如设置控件的名称，更改控件的外观等，如图8-35所示。

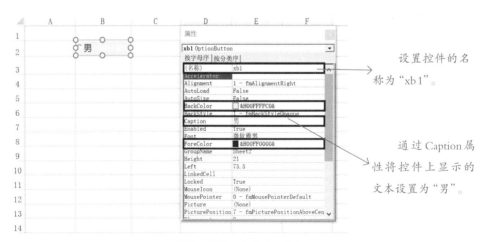

图8-35　设置选项按钮

用同样的方法再绘制一个标签为"女"、名称为"xb2"的选项按钮，如图8-36所示。

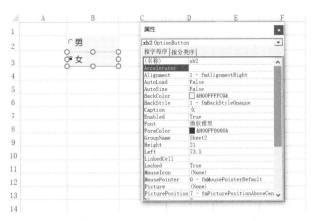

图 8-36　新添加的选项按钮

如果要新建的控件与现有控件的外观相同，可以通过直接复制控件的方式得到，如本例中的"xb2"就可以直接复制"xb1"得到，这样会省去设置控件外观的步骤。

♦ 编写代码，为控件设置功能

ActiveX 控件需要编写 VBA 代码来指定其功能。如果想知道用户选择的是"男"还是"女"，就应分别给这两个控件编写相应功能的 VBA 代码。

想要为"xb1"控件（显示为"男"的控件）添加代码，首先得调出该控件所在工作表的【代码窗口】，如图 8-37 所示。

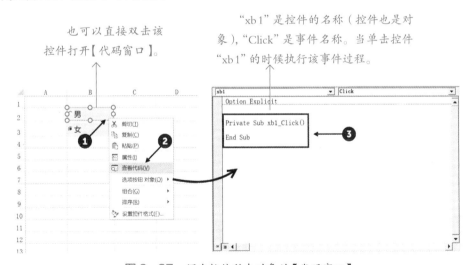

图 8-37　调出控件所在对象的【代码窗口】

在该事件过程中增加要执行的 VBA 代码，如：

```
Private Sub xb1_Click()
    If xb1.Value = True Then          ' 如果控件 xb1 已选中则执行 If 与 End If 之间的代码
        Range("D2").Value = " 男 "     ' 在 D2 单元格里输入 " 男 "
        xb2.Value = False             ' 更改控件 xb2 为未选中状态
```

```
        End If
End Sub
```

用同样的方法为控件"xb2"编写事件过程:

```
Private Sub xb2_Click()
    If xb2.Value = True Then        ' 如果控件 xb2 被选中则执行 If 与 End If 之间的代码
        Range("D2").Value = " 女 "   ' 在 D2 单元格里输入 " 女 "
        xb1.Value = False           ' 更改控件 xb1 为未选中状态
    End If
End Sub
```

写完的代码如图 8-38 所示。

图 8-38　为控件添加的代码

♦　在工作表中使用选项按钮

设置好控件的功能后,返回工作表区域,依次单击【功能区】中的【开发工具】→【设计模式】命令退出对控件的编辑,插入的控件就可以使用了,如图 8-39 所示。

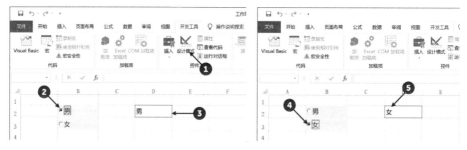

图 8-39　在工作表中使用选项按钮

对于已经添加到工作表中的 ActiveX 控件,得先切换到设计模式之后才能重新编辑或设置控件。

这就是在工作表中使用选项按钮控件的基本步骤,其他 ActiveX 控件可以参照这种方法来设置使用。

8.3.4 在工作表中设计程序交互界面

Excel 的工作表就像一张现成的画布，可以在这张画布中添加控件，设计一些简单的交互界面。图 8-40 所示是在 Excel 中建立的，保存单位职工档案信息的简易数据库。

职工编号	姓名	性别	学历	出生年月	年龄	身份证号码	参加工作时间	部门	职务	联系电话	备注
A0001	杜康姬	女	博士	1970年2月	49	429006197002261747	1995年7月	人力资源部	总监	139587806282	
A0002	吕兰	女	博士	1981年10月	37	422322198110072829	2002年10月	研发部	部长	139369409978	
A0003	翟梁	男	中专	1985年4月	34	452632198504234634	2011年6月	研发部	经理	131704301339	
A0004	武林	男	高中	1986年4月	33	320623198604196130	2015年1月	人力资源部	助理	1310328198953	
A0005	张雨飞	男	博士	1984年6月	35	310106198406082538	2010年2月	销售部	经理	133608353047	
A0006	崔冀	男	高中	1976年3月	43	522502197603153575	2008年8月	行政部	助理	131272144181	
A0007	廖咏	男	硕士	1970年10月	48	522502197010205535	2002年4月	产品开发部	总监	132712089397	
A0008	李开富	男	本科	1981年7月	38	440902198107143613	2012年10月	企划部	策划员	139509770275	
A0009	王志刚	男	硕士	1974年7月	45	130302197407163813	1997年7月	行政部	办事员	134937137170	

图 8-40 职工档案信息

为了便于管理这些数据，可以设计一个类似图 8-41 所示的职工信息管理界面。

职工信息管理界面

图 8-41 职工信息管理界面

考考你

你能选择使用合适的 ActiveX 控件，在工作表中创建一个如图 8-41 所示的职工信息管理界面吗？要想让这个管理界面工作起来，还得编写 VBA 代码为每个控件设置功能，你能完成这个任务吗？

演示教程

第4节 使用 UserForm 对象设计交互界面

8.4.1▶ 使用 UserForm 对象设计操作界面

尽管可以在工作表界面中添加控件来设计操作界面，但更多时候，在程序中使用的，是一个类似图 8-42 所示的独立对话框。

图 8-42　Excel 中的【数据验证】对话框

这样的对话框，只有在执行相应的命令之后才会显示出来。

呼之即来，挥之即去，这才是我想要在程序中使用的窗体。

要设计类似这样的交互窗体，需要用到 VBA 中的另一类对象——UserForm 对象。

跟着我一起操作，包你学会。

一个用户窗体，就是一个 UserForm 对象，下面，让我们以设计一个录入数据的窗体为例，介绍怎样创建一个自定义的操作界面。

8.4.2▶ 在工程中添加一个用户窗体

● 通过菜单命令插入窗体

在 VBE 窗口中，依次单击【插入】→【用户窗体】菜单命令，即可在工程中插入一个窗体，如图 8-43 所示。

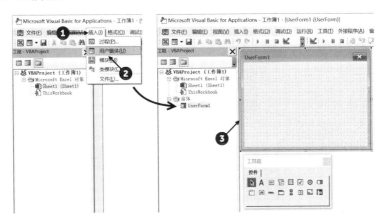

图 8-43　利用菜单命令插入窗体

◆ 利用右键菜单插入窗体

在【工程窗口】中的空白处单击鼠标右键，依次单击右键菜单中的【插入】→【用户窗体】
命令，也可以在工程中插入一个用户窗体，如图 8-44 所示。

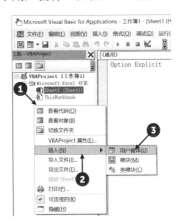

图 8-44　利用右键菜单插入窗体

一个工程中可以插入任意多个用户窗体。

8.4.3 设置属性，改变窗体的外观

新插入的窗体是一个带标题栏的灰色框，里面什
么控件也没有，如图 8-45 所示。

可以在【属性窗口】中设置相应的属性来更改窗体
的外观，图 8-46 所示为更改窗体名称及标题栏中信息
的设置项。

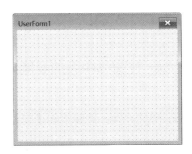

图 8-45　新插入的窗体

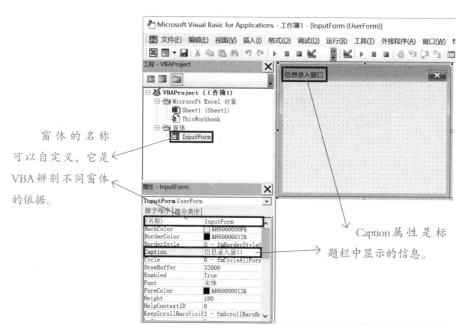

图 8-46　通过【属性窗口】设置窗体

窗体的名称可以自定义，它是 VBA 辨别不同窗体的依据。

Caption 属性是标题栏中显示的信息。

默认情况下，【属性窗口】中的属性按字母排序，这样的排序方式不便看出每个属性的用途，可以选择【按分类序】选项卡查看、设置对象的属性，如图 8-47 所示。

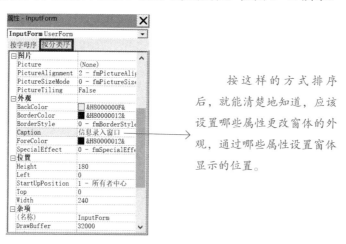

图 8-47　按分类序查看对象的属性

按这样的方式排序后，就能清楚地知道，应该设置哪些属性更改窗体的外观，通过哪些属性设置窗体显示的位置。

8.4.4 在窗体中添加要使用的控件

◆ 添加控件，需要用到【工具箱】

如果要向窗体中添加控件，则需要用到图 8-48 所示的【工具箱】。

图 8-48　【工具箱】及其中的控件

【工具箱】是一个浮动窗口，如果选中窗体时，VBE 没有显示【工具箱】，可以依次单击【视图】→【工具箱】菜单命令调出它，如图 8-49 所示。

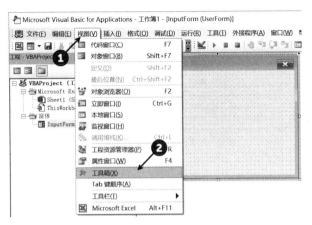

图 8-49　调出【工具箱】

◆ 添加控件，制作信息录入窗口

在【工具箱】中选择某个控件，单击窗体内部即可将该控件添加到窗体中，图 8-50 所示为在窗体中添加一个标签控件的操作步骤。

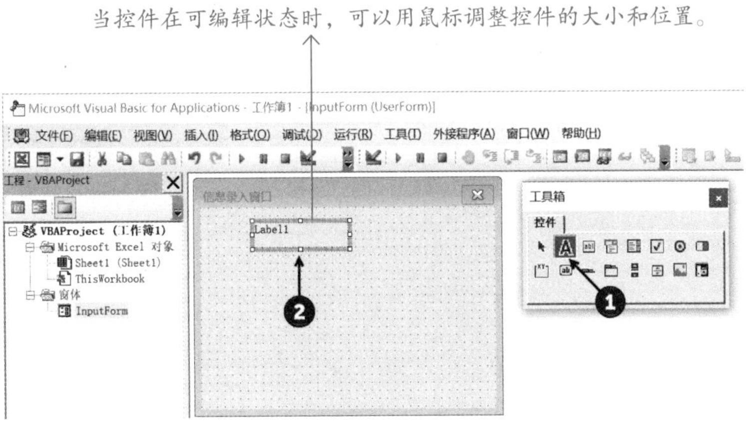

当控件在可编辑状态时，可以用鼠标调整控件的大小和位置。

图 8-50　在窗休中添加标签控件

新添加的控件，总是显示为默认样式，可以通过【属性窗口】来设置它，如图 8-51 所示为标签控件的一些设置项。

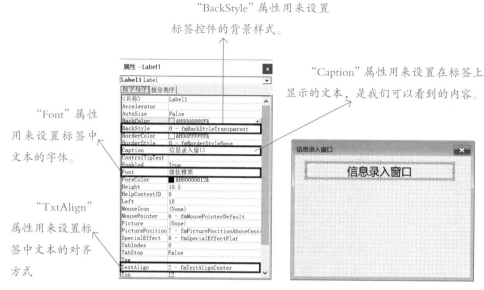

"BackStyle"属性用来设置标签控件的背景样式。

"Caption"属性用来设置在标签上显示的文本，是我们可以看到的内容。

"Font"属性用来设置标签中文本的字体。

"TxtAlign"属性用来设置标签中文本的对齐方式

图 8-51 设置标签控件

考考你

参照添加和设置标签控件的方法，你能继续在窗体中添加其他控件，得到图 8-52 所示的信息录入界面吗？试一试。

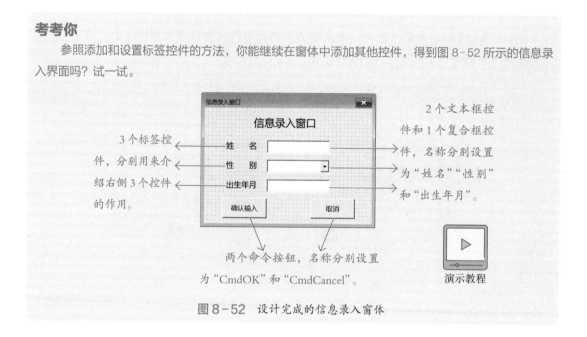

3 个标签控件，分别用来介绍右侧 3 个控件的作用。

2 个文本框控件和 1 个复合框控件，名称分别设置为"姓名""性别"和"出生年月"。

两个命令按钮，名称分别设置为"CmdOK"和"CmdCancel"。

演示教程

图 8-52 设计完成的信息录入窗体

第 5 节 用 VBA 代码操作设计的窗体

8.5.1 显示用户窗体

显示窗体就是把设计好的窗体显示出来以供使用，可以手动或用 VBA 代码显示窗体。

♦ 手动显示窗体

在VBE窗口中选中窗体，依次单击【运行】→【运行子过程/用户窗体】菜单命令（或按<F5>键），即可显示选中的窗体，如图 8-53 所示。

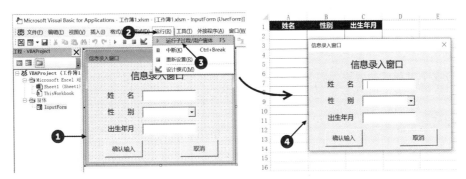

图 8-53　手动显示窗体

通常，只有在设计窗体时，为测试窗体效果，才会使用手动的方法来显示窗体。

♦ 在过程中用 VBA 代码显示窗体

要用VBA代码显示一个窗体，可以直接调用该窗体的Show方法，如：

InputForm是窗体的名称（【属性窗口】中的名称属性的值），更改窗体名称即可更改要显示的窗体。

```
Sub 显示窗体()
    InputForm.Show              '显示名称为 "InputForm" 的窗体
End Sub
```

显示窗体的代码结构为"窗体名称.Show"。

8.5.2 设置窗体的显示位置

默认情况下，VBA会将窗体显示在Excel窗口的中心位置，但可以通过设置窗体的属性改变其显示位置，如：

要更改窗体显示在屏幕上的位置，应先将窗体的StartUpPosition属性设置为 0。

```
Sub 设置窗体的显示位置()
    With InputForm
        .StartUpPosition = 0    '设置窗体初次显示时的位置由用户定义
        .Top = 100              '设置窗体顶端离屏幕最顶端的距离
```

```
        .Left = 200                            ' 设置窗体左端离屏幕最左端的距离
        .Show                                  ' 显示窗体
    End With
End Sub
```

通过 Top 和 Left 属性来设置对话框显示在屏幕中的位置。

执行这个过程后的效果如图 8-54 所示。

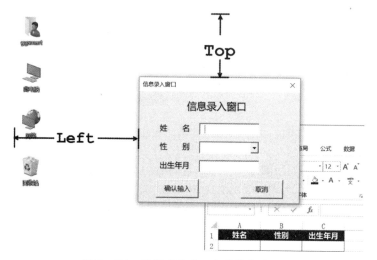

图 8-54　设置窗体显示在屏幕上的位置

也可以直接在【属性窗口】中设置这些属性来确定窗体初次显示的位置，如图 8-55
所示。

图 8-55　在【属性窗口】中设置窗体的显示位置

8.5.3 设置窗体的显示模式

窗体的显示模式决定在显示窗体时，是否还能操作窗体之外的其他对象。可以将窗体显示为模式窗体和无模式窗体。

● 模式窗体不能操作窗体之外的对象

将窗体显示为模式窗体后，过程将暂停执行"显示窗体"命令之后的代码，直到关闭或隐藏窗体，才可以继续执行余下的代码，操作窗体外的其他对象。通过 VBE 菜单或直接调用窗体的 Show 方法显示的都是模式窗体，如：

```
InputForm.Show
```

● 无模式窗体允许操作窗体外的其他对象

要将窗体显示为无模式窗体，应将代码写为：

```
InputForm.Show vbModeless
```

vbModeless 告诉 VBA，将名称为 InputForm 的窗体显示为无模式窗体。

如果将窗体显示为无模式窗体，那么当窗体显示后，会继续执行过程中余下的代码，也允许操作窗体之外的其他对象，如图 8-56 所示。

将窗体显示为无模式窗体后，在显示窗体的同时，依然可以
选中工作表中的单元格，使用右键菜单。

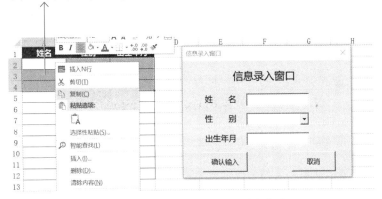

图 8-56 将窗体显示为无模式窗体

8.5.4 关闭或隐藏已显示的窗体

● 用 Unload 命令关闭已经显示的窗体

要关闭一个窗体，可以使用 Unload 命令，如：

```
Unload InputForm          ' 关闭名称为 "InputForm" 的窗体
Unload Me                 ' 关闭代码所在的窗体
```

使用代码"Unload　窗体名称"可以关闭任意的窗体，使用"Unload Me"只能关闭代码所在的窗体。

如果通过窗体名称来关闭窗体，那么当将窗体的名称从"InputFrom"更改为其他名称后，得重新修改代码中的窗体名称才能关闭该窗体。但如果使用关键字 Me 引用要关闭的窗体，那么无论将窗体的名称更改为什么，都一定能将代码所在的窗体关闭。所以，要关闭代码所在的窗体，使用"Unload Me"会更合适。

● 使用 Hide 方法隐藏窗体

如果只想隐藏而不是关闭窗体，可以用 UserForm 对象的 Hide 方法，代码结构为：

```
窗体名称 .Hide
```

例如：

```
InputForm.Hide            ' 隐藏名称为 "InputForm" 的窗体
Me.Hide                   ' 隐藏代码所在的窗体
```

● 隐藏和关闭窗体的区别

> Unload 语句和 Hide 方法都是让窗体从屏幕上消失，一样的视觉效果，它们有区别吗？

> 从感观上来看，隐藏和关闭窗体的结果是一样的，但在计算机的眼里二者却有本质的区别。

用 Unload 语句关闭窗体，不但会将窗体从屏幕上删除，还会将其从内存中卸载。当窗体从内存中卸载后，窗体及其中的控件都将还原成最初的值，代码将不能操作或访问窗体及其中的控件。如果使用 Hide 方法隐藏窗体，只会将窗体从屏幕上删除，而窗体依然加载在内存中，仍然可以访问窗体及其中的控件。

所以，如果需要反复使用某个窗体，建议使用Hide方法隐藏，而不是用Unload语句关闭它，这样当再次显示窗体时，会省去加载和初始化窗体的过程。

考考你

前面我们学习过将工作表中保存的数据，按某列中的信息拆分到工作表或工作簿的方法，如果希望让拆分数据的过程更容易使用，可以为拆分数据的程序设置一个拆分选项的界面，如图 8-57 所示。

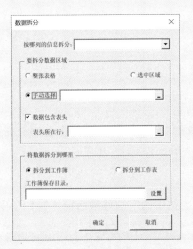

演示教程

图 8-57　设置拆分数据的窗体

你能在Excel中利用窗体对象，创建一个类似的窗体，并在过程中合适位置添加显示窗体的命令吗？

第6节　UserForm 对象的事件应用

窗体主要是依靠其自身或窗体中控件的事件进行工作。下面，我们就来看看它们是怎样工作的。

8.6.1 借助 Initialize 事件初始化窗体

Initialize是UserForm对象的事件，发生在显示窗体之前，当使用Show方法显示窗体时，就会引发该事件。正因为该事件在显示窗体之前发生，所以可以借助它对窗体进行初始化设置。

　　如前面创建的信息录入窗口，因为在设计这个窗体时，未对其中用来录入性别的复合框进行任何设置，所以显示窗体后，无法使用它选择输入数据，如图 8-58 所示。

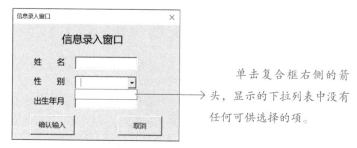

图 8-58　窗体中不能使用复合框控件

不能选择输入，那在窗体中使用复合框控件还有什么意义？

可以借助 UserForm 对象的 Initialize 事件设置复合框中可以选择的项，跟着我一起操作。

步骤一：用鼠标左键双击窗体中的空白处激活窗体的【代码窗口】，如图 8-59 所示。

　　如果是首次双击窗体激活它的【代码窗口】，VBE 会自动在其中生成一个关于该窗体的 Click 事件过程，该过程会在单击窗体时自动执行。

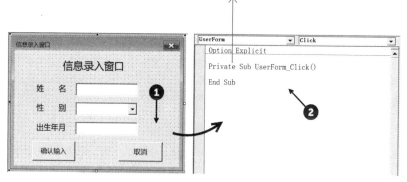

图 8-59　激活窗体的【代码窗口】

步骤二：在确保【对象】列表框中的对象名称是 UserForm 的同时，在【事件】列表框中选择 Initialize，这样，VBE 就会在【代码窗口】中自动生成该事件的过程，如图 8-60所示。

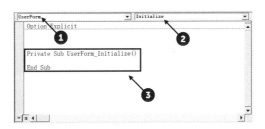

图8-60 【代码窗口】中的Initialize事件过程

步骤三：在过程中通过VBA代码设置复合框中的可选项，如：

```
Private Sub UserForm_Initialize()
    性别.List = Array("男", "女")
End Sub
```

"性别"是复合框的名称，设置复合框的List属性为Array函数返回的一维数组，该数组中的每个元素都是复合框中的一个可选项。

设置完成后，再次显示窗体，就可以通过复合框选择输入数据了，如图8-61所示。

图8-61 窗体中的复合框控件

还有一个与Initialize事件功能类似的事件——Activate事件。Activate事件在显示窗体时发生，如果想在显示窗体时设置窗体或其中的控件，也可以使用Activate事件来处理，自己试试吧。

8.6.2 借助 QueryClose 事件让窗体自带的【关闭】按钮失效

当窗体显示后，可以直接单击窗体右上角的【关闭】按钮来关闭它，但我们希望用户能对窗体中的某些项进行设置后，才允许关闭窗体，这就可能需要禁用窗体右上角的【关闭】按钮，或在单击该按钮后，判断是否已完成了必须进行的设置，防止用户通过这种方式提前关闭窗体。

要让窗体自带的【关闭】按钮失效，可以借助UserForm对象的QueryClose事件实现。在每次执行关闭窗体的操作或命令后，关闭窗体的操作发生之前都会引发QueryClose事件，只要在事件中通过代码取消卸载窗体的操作，就不会关闭窗体了。

步骤一：调出窗体的【代码窗口】，在【对象】列表中选择UserForm，在【事件】列表中选择QueryClose，得到该事件的过程，如图8-62所示。

【代码窗口】中自动生成的是一个带参数的事件过程，其中参数Cancel用来确定是否关闭窗体，CloseMode是关闭窗体的方式。

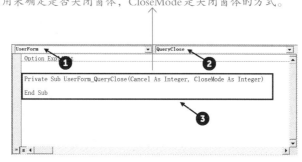

图8-62 【代码窗口】中QueryClose事件的过程

步骤二：在事件过程中添加VBA代码，禁止通过单击对话框中的【关闭】按钮来关闭窗体，如：

```
Private Sub UserForm_QueryClose(Cancel As Integer, CloseMode As Integer)
    If CloseMode <> vbFormCode Then Cancel = True
End Sub
```

在窗体中加入这行代码后，再次显示窗体，就不能再通过窗体右上角的【关闭】按钮关闭窗体了。

这行代码是靠什么禁止关闭窗体的？

QueryClose事件过程有两个参数，Cancel参数确定是否执行关闭窗体的操作，当值为True时，VBA将不执行关闭窗体的操作，如果Cancel的值为False，则VBA将执行关闭窗体的操作。CloseMode参数是关闭窗体的方式，不同的关闭方式返回的值也不相同，详情如表8-10所示。

表8-10 CloseMode参数的返回值说明

常量	数值	说明
vbFormControlMenu	0	在窗体中单击【关闭】按钮关闭窗体
VbFormCode	1	通过Unload语句关闭窗体
vbAppWindows	2	正在结束当前Windows操作环境的过程（仅用于VisualBasic 5.0）
vbAppTaskManager	3	Windows的【任务管理器】正在关闭这个应用（仅用于VisualBasic 5.0）

代码"If CloseMode <> vbFormCode Then Cancel = True"判断是否通过Unload语句来关闭窗体（当CloseMode参数值为vbFormCode或数值 1 时，就是使用Unload语句关闭窗体），如果不是使用Unload语句关闭窗体，则将Cancel参数的值设置为True，也就是不执行关闭窗体的操作。

如果只想禁用窗体中的【关闭】按钮，也可以将代码写为：

```
If CloseMode = vbFormControlMenu Then Cancel = True
```

或者

```
If CloseMode = 0 Then Cancel = True
```

考考你

如果希望单击窗体中的【关闭】按钮后，Excel自动关闭该窗体，同时关闭窗体所在的工作簿（不保存对工作簿的更改），你知道代码应该怎样写吗？

演示教程

8.6.3▸ UserForm 对象的其他事件

UserForm对象拥有 20 多个事件，只要在【代码窗口】的【对象】列表框中选择UserForm，在右侧的【事件】列表框中就可以看到这些事件，如图 8-63 所示。

图 8-63　在【代码窗口】中查看窗体对象的事件

表 8-11 中列出的，是UserForm对象较为常用的事件。

表 8-11　UserForm对象常用的事件

事件名称	执行事件过程的时间
AddControl	当将控件插入窗体时
Activate	当激活窗体时
BeforeDragOver	当在窗体中执行拖放操作时
BeforeDropOrPaste	即将在一个对象上放置或粘贴数据时
Click	在窗体中单击鼠标时
DblClick	在窗体中双击鼠标时
Deactivate	当窗体由活动窗体变为不活动窗体时

续表

事件名称	执行事件过程的时间
Error	当控件检测到一个错误，并且不能将该错误信息返回调用程序时
Initialize	加载窗体之后、显示这个窗体之前
KeyDown	当按下任意键时
KeyUp	当某键弹起时
KeyPress	当按下一个 ANSI 键时（按键后能产生某字符时）
Layout	当修改窗体的位置时
MouseDown	当按下任意鼠标键时
MouseUp	当释放鼠标按键时
MouseMove	当移动鼠标时
QueryClose	关闭窗体之前
RemoveControl	当从窗体中删除一个控件时
Resize	当更改窗体的大小时
Scroll	当按下滚动条时
Terminate	关闭窗体之后
Zoom	当修改窗体的缩放比例时

第 7 节　编写代码，为窗体中的控件设置功能

　　窗体中添加的控件，在没有编写代码为其设置功能前，还不能使用它们执行任何操作。下面让我们编写代码，为前面设计的信息录入窗口增加能往工作表中输入数据的功能，如图 8-64 所示。

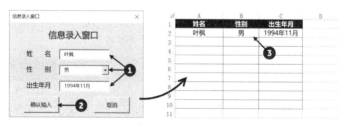

图 8-64　利用窗体向工作表中录入数据

8.7.1 为【确认输入】按钮添加事件过程

　　窗体中的【确认输入】按钮用于确认输入数据，需要用到按钮的 Click 事件。

步骤一：双击【确认输入】按钮，激活按钮所在窗体的【代码窗口】，同时在【代码窗口】中会得到一个该按钮的 Click 事件过程，如图 8-65 所示。

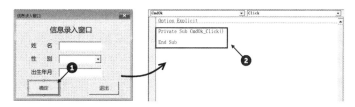

图 8-65 使用窗体在工作表中输入数据

步骤二：在 Click 事件过程中，加入单击【确认输入】按钮后要执行的代码，如：

```
Private Sub CmdOk_Click()
    Dim MaxRow As Long
    MaxRow = Range("A1").CurrentRegion.Rows.Count + 1
    Cells(MaxRow, "A").Value = 姓名 .Value
    Cells(MaxRow, "B").Value = 性别 .Value
    Cells(MaxRow, "C").Value = 出生年月 .Value
    姓名 .Value = ""
    性别 .Value = ""
    出生年月 .Value = ""
End Sub
```

8.7.2 使用窗体输入数据

替【确认输入】按钮设置功能后，显示窗体并在窗体中输入数据，单击【确认输入】就可以将窗体中输入的数据写入工作表了，如图 8-66 所示。

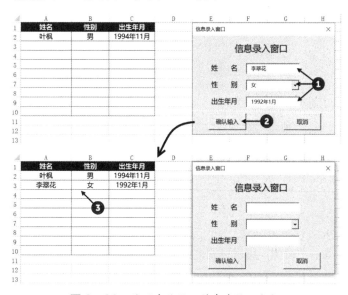

图 8-66 使用窗体往工作表中输入数据

8.7.3 ▸ 给【取消】按钮添加事件过程

窗体中的【取消】按钮用于关闭窗体。参照为【确认输入】按钮添加事件过程的方法，为【取消】按钮添加事件过程：

```
Private Sub CmdCancel_Click()
    Unload Me
End Sub
```

Me是代码所在的窗体，即用来输入数据的窗体。

第8节 为 Excel 文件制作一个简易的登录窗体

登录窗体大家一定见过不少吧？如QQ、微信、微博，在使用前都得先在登录窗体中输入用户名和密码，待身份验证通过后才能使用。

下面，让我们制作一个类似图 8-67 所示的登录窗体。当打开工作簿时先显示该登录窗体，只有输入正确的用户名及密码后，才能显示和使用该工作簿。

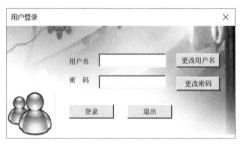

演示教程

图 8-67　登录窗体

8.8.1 ▸ 设计登录窗体的界面

步骤一：新插入一个窗体，用鼠标调整其大小，直到满意为止，如图 8-68 所示。

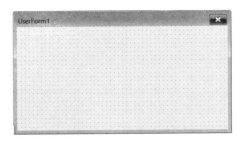

图 8-68　新插入的窗体

步骤二： 在窗体中添加控件，得到如图 8-69 所示的界面。

将输入用户名的文本框
名称设置为 User。

将输入密码的文本框
名称设置为 Password。

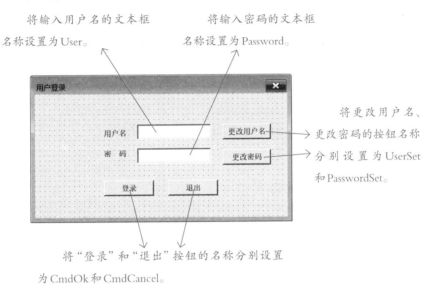

将更改用户名、
更改密码的按钮名称
分别设置为 UserSet
和 PasswordSet。

将"登录"和"退出"按钮的名称分别设置
为 CmdOk 和 CmdCancel。

图 8-69　窗体中的控件及名称

步骤三： 将窗体的名称设置为"denglu"，标题栏中的标题设置为"用户登录"，并对窗
体外观作适当装饰，如图 8-70 所示。

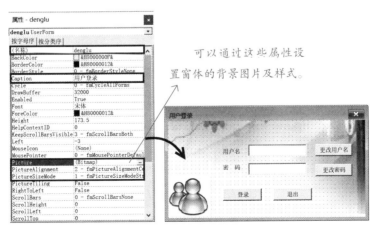

可以通过这些属性设
置窗体的背景图片及样式。

图 8-70　设置窗体的外观

步骤四：设置用于输入用户名和密码的文本框属性（如字体），特别要设置输入密码的文本框的 PasswordChar 属性为"*"，让输入其中的内容都显示为"*"，如图 8–71 所示。

设置文本框的 PasswordChar 属性为"*"后，无论在文本框中输入什么内容，都将显示为"*"，就像输入 QQ 密码的文本框一样。

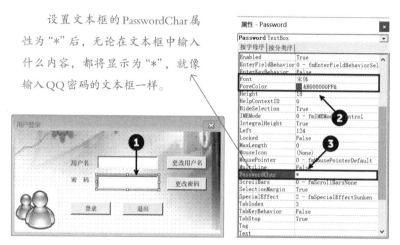

图 8–71　设置密码输入框的属性

8.8.2 ▶ 设置初始用户名和密码

因为后期可能会更改登录窗体中的用户名或密码，所以得找一个地方来保存它们以便后期更改。

　　本例中，我们新建两个名称，使用名称来保存用户名和密码，当然，你也可以选择其他方式。

返回 Excel 界面，依次单击【功能区】中的【公式】→【定义名称】命令，调出【新建名称】对话框，在其中新建一个名为"UserName"的名称，用来保存登录用户名"excel"，如图 8–72 所示。

图 8–72　新建名称保存用户名

再新建一个名为 PassWord 的名称来保存登录密码 1234，如图 8–73 所示。

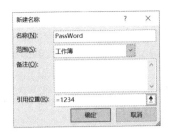

图 8-73 新建名称保存用户密码

考考你

为了不让别人在【名称管理器】中看到保存用户名和密码的名称，可以将名称隐藏。怎样隐藏名称，应该设置它的什么属性？

试一试，看自己能不能写出解决这个问题的过程。

演示教程

8.8.3▸ 添加代码，为控件设置功能

● 设置打开工作簿时只显示登录窗体

因为只有登录窗体中的信息输入正确，单击【登录】按钮后，才能显示Excel程序的界面。所以在打开工作簿时，应先隐藏Excel的界面，只显示登录窗体，这可以使用Workbook的Open事件解决。在ThisWorkbook模块中写入下面的过程：

```
Private Sub Workbook_Open()
    Application.Visible = False
    denglu.Show
End Sub
```

● 为【登录】按钮添加代码

本例中的【登录】按钮是用于验证输入的用户名、密码是否正确，以确认是否显示Excel界面。在窗体中双击【登录】按钮，激活按钮所在窗体的【代码窗口】，在其中使用【登录】按钮，即名称为CmdOk的按钮的Click事件编写过程，如：

```
Private Sub CmdOk_Click()
    Application.ScreenUpdating = False
    Static i As Integer
    If "=" & CStr(User.Value) = Names("UserName").RefersTo _
            And "=" & CStr(Password.Value) = Names("PassWord").RefersTo Then
        Unload Me
        Application.Visible = True
    Else
        i = i + 1
```

```
        If i = 3 Then
            MsgBox "对不起，你无权打开工作簿！", vbInformation, "提示"
            ThisWorkbook.Close savechanges:=False
        Else
            MsgBox "输入错误，你还有" & (3 - i) & "次输入机会。", vbExclamation, "
提示"
            User.Value = ""
            Password.Value = ""
        End If
    End If
    Application.ScreenUpdating = True
End Sub
```

考考你

这个示例过程中的第 3 行代码"Static i As Integer"，用于声明一个类型为Integer、名称为i的变量，你知道这里为什么使用Static语句来声明变量吗？它的用途是什么？试一试，如果换成"Dim i As Integer"，效果有什么不同？

演示教程

◆ 为【退出】按钮添加代码

【退出】按钮要完成的任务有两件：一是关闭登录窗体，二是关闭打开的工作簿。用下面的过程就能解决：

```
Private Sub CmdCancel_Click()
    Unload Me
    ThisWorkbook.Close savechanges:=False
End Sub
```

◆ 为【更改用户名】按钮添加代码

更改用户名，就是设置名称"UserName"的RefersTo属性为表示新用户名的字符串。双击【更改用户名】按钮（名称为UserSet），在激活的【代码窗口】中写入过程：

```
Private Sub UserSet_Click()
    Dim old As String, new1 As String, new2 As String
    old = InputBox("请输入原用户名：", "提示")
    If "=" & old <> Names("UserName").RefersTo Then
        MsgBox "原用户名输入错误，不能修改！", vbCritical, "错误"
        Exit Sub
    End If
    new1 = InputBox("请输入新用户名：", "提示")
    If new1 = "" Then
        MsgBox "新用户名不能为空，修改没有完成", vbCritical, "错误"
        Exit Sub
    End If
```

```
    new2 = InputBox(" 请再次输入新用户名: ", " 提示 ")
    If new1 = new2 Then
        Names("UserName").RefersTo = "=" & new1
        ThisWorkbook.Save
        MsgBox "用户名修改完成, 下次登录请使用新用户名! ", vbInformation, " 提示 "
    Else
        MsgBox " 两次输入的新用户名不一致 , 修改没有完成! ", vbCritical, " 错误 "
    End If
End Sub
```

● 为【更改密码】按钮添加代码

【更改密码】按钮执行的操作与【更改用户名】按钮类似，双击【更改密码】按钮（名称为PasswordSet），在激活的【代码窗口】中写入过程：

```
Private Sub PasswordSet_Click()
    Dim old As String, new1 As String, new2 As String
    old = InputBox(" 请输入原密码: ", " 提示 ")
    If "=" & old <> Names("PassWord").RefersTo Then
        MsgBox " 原密码输入错误, 不能修改 !", vbCritical, " 错误 "
        Exit Sub
    End If
    new1 = InputBox(" 请输入新密码: ", " 提示 ")
    If new1 = "" Then
        MsgBox " 新密码不能为空, 修改没有完成 ", vbCritical, " 错误 "
        Exit Sub
    End If
    new2 = InputBox(" 请再次输入新密码: ", " 提示 ")
    If new1 = new2 Then
        Names("PassWord").RefersTo = "=" & new1
        ThisWorkbook.Save
        MsgBox " 密码修改完成, 下次登录请使用新密码! ", vbInformation, " 提示 "
    Else
        MsgBox " 两次输入的密码不一致 , 修改没有完成! ", vbCritical, " 错误 "
    End If
End Sub
```

● 禁用窗体自带的【关闭】按钮

打开工作簿后，能看到的虽然只有登录窗体，但并不代表工作簿没有打开。

事实上，也只有打开工作簿，才能看到在工作簿中设计的登录窗体，之所以看不到Excel工作簿的界面，是因为借助Workbook对象的Open事件将Excel界面隐藏了。但如果直接单击登录窗体自带的【关闭】按钮关闭登录窗体，Excel只会执行关闭窗体的命令，并不会关闭被隐藏的工作簿。为了防止因直接关闭窗体带来的其他麻烦，可以禁止用户单击窗体中的【关闭】按钮来关闭登录窗体，或者设置单击窗体中的【关闭】按钮后，同时执行关闭窗体和工作簿的操作。

> 禁用窗体自带的【关闭】按钮，还记得怎样设置吗？如果你忘记了，可以在 8.6.2 小节中找到答案。

设置完成后，保存并关闭工作簿，再重新打开它，就可以使用登录窗体了。

9

调试与优化编写的代码

在 Word 里写一篇讲话稿，无论多么认真仔细，都难免会出现错误，如不小心输入了错别字、写了几个病句等。要想一次性完成一篇优秀的文章而不出现任何问题是很不容易的。

VBA 编程也一样，在编写代码时，总会因为这样或那样的原因，导致过程出现一些被自己忽略的问题。

文章需要修改，代码也需要调试。

 学习建议

学习完本章内容后，你需要掌握以下技能：

1. 了解可能导致 VBA 过程执行出错的原因；

2. 会借助 VBE 中的【立即窗口】、【监视窗口】、【本地窗口】等辅助查找过程出错的原因，掌握调试代码常用到的一些技巧；

3. 会使用 On Error 语句处理过程中可能出现的运行时错误；

4. 养成一些可以提高过程执行效率的编程习惯。

第1节 出错无法避免，关键是要弄清出错原因

9.1.1 VBA 过程中可能会发生的三种错误

要修正过程中存在的错误，首先得知道过程在哪里出错，为什么会出错。下面，让我们先来看看VBA中可能会发生哪些错误。

● 编译错误

编译错误是因为过程中的VBA代码书写错误产生的，写错关键字、语句结构不配对等都会引起编译错误，如：

```
Sub 编译错误()
    If Range("A1").Value > 0 Then
        MsgBox "A1单元格的数是正数。"
End Sub
```

If…Then 语句写成多行的语句块，却没有以 End If 结尾。

当试图执行存在编译错误的VBA过程时，VBA会拒绝执行，并显示一个对话框提示出错原因，如图 9-1 所示。

图9-1 执行存在编译错误的过程

● 运行时错误

如果过程在执行时试图完成一个不可能完成的操作，如除以 0、打开一个不存在的文件、删除正在打开的文件等都会发生运行时错误。

代码所在的工作簿是一个已经打开的文件，删除正在打开的文件，这个操作是不可能完成的。

```
Sub 运行时错误 ()
    Kill ThisWorkbook.FullName              ' 删除代码所在的工作簿文件
End Sub
```

VBA 不会执行存在运行时错误的代码，并会通过对话框告知我们出错的原因，如图 9-2
所示。

图 9-2 执行存在运行时错误的过程

● 逻辑错误

如果过程中的代码没有任何语法问题，执行过程时，也没有不能完成的操作，但执行过
程后，却没有得到预期的结果，那么这样的错误称为逻辑错误。

举个例，如果要把 1 到 10 的自然数依次写进 A1:A10 区域，却将过程写成这样：

Cells(1,1) 引用的是 A1 单元格，虽然这行代码被执行 10 次，但每次都是在 A1 中输入数据。

```
Sub 逻辑错误 ()
    Dim i As Integer
    For i = 1 To 10 Step 1                  ' 循环执行循环体的代码 10 次
        Cells(1, 1).Value = i               ' 将变量 i 中保存的数据写入单元格中
    Next i
End Sub
```

这个过程中的每行代码都没有语法错误，也没有不可执行的操作，但执行过程后，却没
有得到期望的结果，如图 9-3 所示。

执行过程没有得到期望的结果，是因为循环体中的代码"Cells(1,1).Value = i"存在问题。
虽然过程中的代码将 1 到 10 的自然数都写入了单元格中，但每次写入数据的都是 Cells(1,1)
引用的 A1 单元格，所以执行过程后，看到的是最后一次写入单元格中的 10。

希望将 1 到 10 的自然数写入 A1：A10 区域中，每个自然数占一个单元格，但执行过程后，只在 A1 单元格输入了 10。

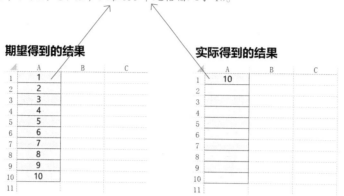

图 9-3　执行存在逻辑错误的过程

很多原因都会导致过程出现逻辑错误，如循环变量的初值和终值设置错误，变量类型不正确等。与编译错误和运行时错误不同，存在逻辑错误的过程，执行后 Excel 并不会给出任何提示。所以，逻辑错误最不容易被发现，但是在所有错误类型中占的比例却最大。

调试代码时，很多时候都是在处理过程中存在的逻辑错误。

9.1.2▸ VBA 程序的三种状态

想知道什么时候更容易发现和修改过程中存在的错误吗？那么让我们先看看 VBA 过程都有哪些状态，各有什么特点。

♦ 设计模式

设计模式就是编写 VBA 过程时的模式。当过程处于设计模式时，可以对其中的代码进行任意修改。

♦ 运行模式

过程正在执行时的模式称为运行模式。在运行模式下，可以通过输入、输出对话框与过程"互动"，也可以查看过程中的代码，但不能修改代码。

♦ 中断模式

中断模式是过程被临时中断、暂停执行时所处的模式。在中断模式下，可以检查过程中变量的值，查看或修改存在错误的代码，也可以按键盘上的 <F8> 键逐语句执行过程，观察过程中每行代码执行所得的结果，一边发现错误，一边更正错误。

9.1.3 什么状态容易发现过程中的错误

如果一个过程出现逻辑错误，多数时候，是因为过程中的变量或引用的对象设置出现问题，所以要找出过程中存在的逻辑错误，很多时候都是在检查过程中的变量或引用对象的代码是否有误。

因为在中断模式下可以一边执行代码，一边查看代码执行的效果，很容易发现并更正存在错误的代码，所以要查找过程中存在的逻辑错误，很多时候都会选择在中断模式下进行。

第2节 怎样让过程进入中断模式

9.2.1 让过程进入中断模式

◆ 当过程存在编译错误时

如果一个过程存在编译错误，执行过程后 Excel 会给出一个错误提示对话框，对话框中有两个按钮，单击【确定】按钮即可让过程进入中断模式，如图 9-4 所示。

进入中断模式后，过程停止在黄色底纹所在行，这时就可以对其中的代码进行修改。

图 9-4 提示对话框中的按钮

◆ 当过程存在运行时错误时

如果过程存在运行时错误，执行过程后，VBA 会停止在错误代码所在行，同时显示如图 9-5 所示的对话框提示出错的原因。这时，单击对话框中的【调试】按钮可以让过程进入中断模式，如图 9-5 所示。

图 9-5 对话框及其中的按钮

◆ 中断一个正在执行的过程

如果过程中没有出现编译错误和运行时错误，过程会一直执行，直到结束。如果出现死循环，也会一直执行下去，如：

因为变量 i 的值不可能比 1 小，所以 Do…Loop 循环语句不会结束，会一直执行下去。

```vba
Sub 不会停止执行的过程()
    Dim i As Long
    i = 1
    Do Until i < 1                    '当变量 i 的值小于 1 时终止循环
        i = i + 1
    Loop
End Sub
```

执行这个过程时，因为过程中变量 i 的值不可能会小于 1，设置的循环条件 i<1 的值就不可能返回 True，所以过程会一直执行下去。

可以按 <Esc> 键或 <Ctrl+Break> 组合键中止一个正在执行的过程。

当按下 <Esc> 键或 <Ctrl+Break> 组合键后，VBA 将中断正在执行的过程，并显示如图 9-6 所示的对话框，单击对话框中的【调试】按钮即可进入该过程的中断模式。

图 9-6　中断正在执行的过程时显示的对话框

9.2.2 ▶ 设置断点，让过程暂停执行

◆ 断点就像公路上的检查站

如果怀疑过程中的某行（或某段）代码存在问题，可以在该处设置一个断点。在过程中设置了断点，当过程执行到断点所在行的代码时，就会暂停执行，进入过程的中断模式，如图 9-7 所示。

执行过程后，过程停止在断点所在行。

这就是为过程设置的断点。如果在某行代码处设置了断点，该行代码会被填充棕色底纹，且在边界条上添加一个圆形的符号。

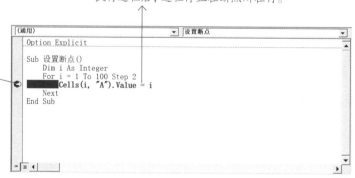

图 9-7　执行设置了断点的过程

当过程暂停在断点所在行后，可以按<F8>键（或单击【调试】工具栏中的【逐语句】命令）来逐行执行代码，观察过程中每行代码的执行情况，从而发现并修正代码中可能存在的错误，如图9-8所示。

图9-8　执行【逐语句】命令逐行执行过程

通过逐语句执行过程，可以观察每行代码执行所得的结果与预期结果是否相符，从而发现过程出现错误的地方。逐语句执行过程是调试代码常用到的一个命令。

◆ 在过程中设置或清除断点

方法一：按<F9>键设置或清除断点

将光标定位到要设置断点的代码所在行，按<F9>键即可在光标所在行的代码处设置一个断点，如图9-9所示。

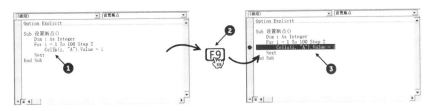

图9-9　按<F9>键在过程中设置断点

再次按键盘上的<F9>键可以清除已设置的断点。

方法二：利用菜单命令设置断点

将光标定位到代码中间，依次单击【调试】→【切换断点】菜单命令，即可在光标所在行设置或清除一个断点，如图9-10所示。

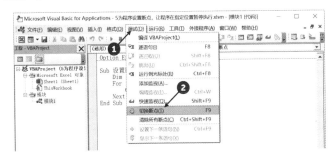

图9-10　利用菜单命令设置或清除断点

方法三：单击代码所在行的【边界条】设置断点

直接用鼠标单击代码所在行的【边界条】，也可以在该行代码位置添加或清除一个断点，如图 9-11 所示。

图 9-11　单击【边界条】设置或清除断点

🔷 清除过程中的所有断点

如果在过程中设置了多个断点，想一次性清除所有断点，则可以依次单击【调试】→【清除所有断点】菜单命令（或按<Ctrl+Shift+F9>组合键），如图 9-12 所示。

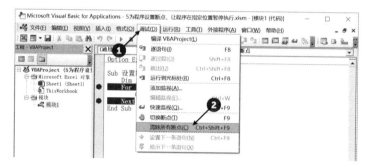

图 9-12　清除过程中设置的所有断点

9.2.3 使用 Stop 语句让过程暂停执行

设置的断点会在关闭工作簿的同时自动清除，如果希望关闭并重新打开工作簿后，能继续使用以前设置的断点，可以在过程中使用 Stop 语句代替断点，如图 9-13 所示。

执行过程后，过程暂停在 Stop 语句所在行，过程暂停执行的行被添加黄色底纹。

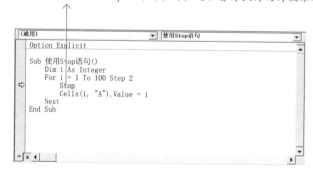

图 9-13　使用 Stop 语句暂停执行过程

Stop语句的作用与断点类似，不同的是，Stop语句在重新打开文件后依然存在，当不再
需要Stop语句的时候，需要手动清除它们。

9.2.4 ▶ 注释语句还有其他妙用

因为注释语句不会被执行，所以在调试代码时，如果怀疑某行代码存在错误不想执行它，
可以在代码行前加个单引号或Rem将其转为注释语句，这样，当需要恢复这些代码的功能时，
只要将单引号或Rem删除即可，这是调试代码时常用的一个技巧。

如果要将多行代码转为注释语句，可以选中这些代码，单击【编辑】工具栏中的【设置
注释块】按钮，如图 9-14 所示。

如果VBE中没有显示【编辑】工具栏，可以依次单击【视
图】→【工具栏】→【编辑】菜单命令调出它。

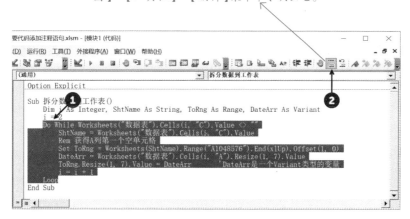

图 9-14　注释代码块

如果要取消注释，还原被注释代码的功能，可以选中已经注释的代码块，单击【编辑】
工具栏中的【解除注释块】按钮，如图 9-15 所示。

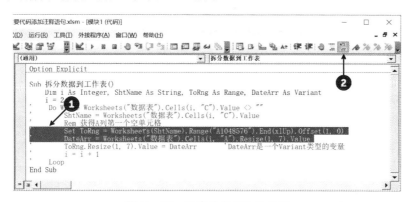

图 9-15　取消对代码块的注释

第3节 ▶ 检查变量的值，查找导致逻辑错误的原因

如果一个过程存在逻辑错误，多数时候是因为过程中的变量或表达式设置有问题。所以，检查过程中的逻辑错误，大多是在检查过程中的变量或表达式在执行过程时的变化情况。VBA中拥有一套用于代码调试的工具，能帮助我们查找过程中存在的逻辑错误。

下面，让我们一起来看看怎样使用这些工具吧。

9.3.1 ▶ 使用【立即窗口】查看变量值的变化情况

如果怀疑过程出错的原因是变量的值设置错误，可以在过程中使用Debug对象的Print方法，将执行过程时变量或表达式的值输出到【立即窗口】中，在【立即窗口】中查看变量值的变化情况。代码结构为：

```
Debug.Pring 变量或表达式
```

例如：

```
Sub 逻辑错误()
    Dim i As Integer
    For i = 1 To 10
        Cells(1, 1).Value = i
        Debug.Print "i=" & i & ", 数据被写入: " & Cells(1, 1).Address
    Next i
End Sub
```

执行这行代码后，Debug.Print后面代码的计算
结果会输出到【立即窗口】中。

在这个过程中，For…Next语句中的代码会被执行 10 次，所以执行过程后能在【立即窗口】中看到 10 个输出的结果，如图 9-16 所示。

这时候，就可以通过变量值的变化情况来判断过程中的变量是否设置正确，从而找到过程出错的原因。

有些错误很难发现，分析原因的时候一定要细心。

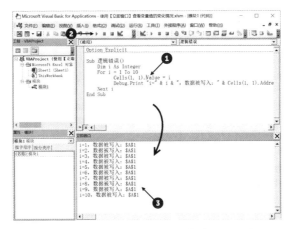

图 9-16　使用【立即窗口】查看变量的值

如果过程在中断模式下，也可以直接在【立即窗口】中输入下面的代码：

```
Print "i=" & i & "，数据被写入：" & Cells(1, 1).Address
```

然后按<Enter>键，即可看到Print后面表达式的结果，如图 9-17 所示。

图 9-17　在【立即窗口】中查看表达式的值

在【立即窗口】中，可以使用问号"?"代替Print，将代码写为：

```
? "i=" & i & "，数据被写入：" & Cells(1, 1).Address
```

如果过程处于中断模式下，要查看此时过程中某个变量的值，还有一种较为简便的方法：
将光标移到变量名称上，VBE会直接显示此时该变量的值，如图 9-18 所示。

将鼠标光标移到变量名称上，可以看到此时变量i的值等于1。

图 9-18　在中断模式下查看变量的值

9.3.2 在【本地窗口】中查看过程中变量的信息

如果过程中的变量较多，想了解过程中所有变量在执行过程时的变化情况，那么更为合适的工具是VBE中的【本地窗口】。让过程进入中断模式，依次单击VBE中【视图】→【本地窗口】菜单命令调出【本地窗口】，即可在其中看到处于中断模式的过程中所有变量的信息，如图9-19所示。

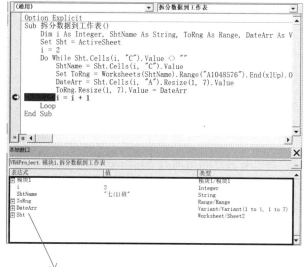

在【本地窗口】中，可以看到过程中所有变量的名称、当前

变量的值，以及变量的数据类型等信息。

图9-19　在【本地窗口】中查看变量的值及类型

按<F8>键逐语句执行过程中的代码，就可以在【本地窗口】中看到各变量值的变化情况。对于对象变量或数组，可以单击【本地窗口】中变量名称前的"+"，了解对象或数组的更多信息，如图9-20所示。

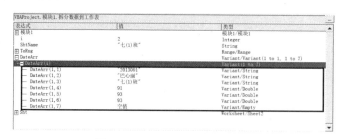

图9-20　查看数组中的信息

9.3.3 使用【监视窗口】监视过程中的变量

如果过程处于中断模式，可以使用【监视窗口】观察过程中变量或表达式的值。使用

【监视窗口】了解某个变量或表达式的值，应先设置要监视的变量或表达式。

◆ 快速添加监视条件

在【代码窗口】中选中需要监视的变量或表达式，依次单击【调试】→【快速监视】菜单命令（或按<Shift+F9>组合键），调出【快速监视】对话框，即可在其中添加要监视的变量或表达式，如图 9-21 所示。

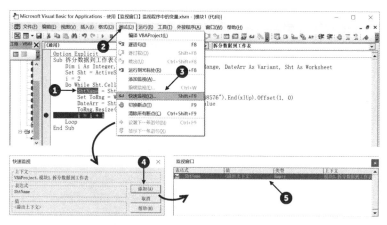

图 9-21　执行【快速监视】命令添加监视

设置完成后，让过程进入中断模式，即可在【监视窗口】中看到设置的监视条件的信息，如图 9-22 所示。

图 9-22　【监视窗口】中的信息

◆ 手动添加监视条件

如果想自己设置一个新的监视条件，比如：

```
Worksheets(ShtName).Range("A1048576").Row>10
```

可以调出【添加监视】对话框，在对话框中设置要监视的表达式，如图 9-23 所示。

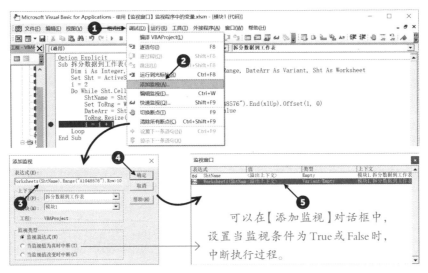

图9-23　手动添加监视表达式

　　有一点需要注意，只有当过程处于中断模式时才能使用【监视窗口】，无论是用哪种方法添加监视，只有将过程切换到中断模式，【监视窗口】才能正常工作。

◆ 编辑或删除监视对象

　　在【监视窗口】中用鼠标右键单击该表达式，执行右键菜单中的【编辑监视】或【删除监视】命令，可以修改或删除一个已设置的监视表达式，如图9-24所示。

图9-24　编辑或删除监视

第4节　处理运行时错误，可能会用到这些语句

　　因为执行过程时，总会遇到一些无法预料、无法避免的运行时错误，如激活一个根本不

存在的工作表，将一个空单元格设置为除数，将工作表重命名为一个已经存在的名称等，所以无论编写代码时多么认真、仔细，都不能避免在执行过程时发生错误。

> 然而，有些运行时错误，是可以预先知道它们发生的位置的，对这种预先知道可能发生的错误，可以在过程中加入一些错误处理的代码，以保证过程能正常执行。

在VBA中，通过On Error语句来获取过程中运行时错误的信息，并对错误进行处理。

9.4.1 ▶ 如果出错，让过程跳转到另一行代码处继续执行

如果希望在发生运行时错误时，过程能自动跳转到指定行的代码处继续执行，可以使用代码：

```
On Error GoTo Line
```

其中，代码中的"Line"是替GoTo语句设置的标签。这个语句告诉VBA，当在"On Error GoTo Line"这行代码之后发生运行时错误时，跳转到标签所在行的位置继续执行过程，如：

如果活动工作簿中没有标签名称为"Excel"的工作表，在执行选中该工作表的代码时就会出错。如果过程执行出错，则跳到标签"Er"所在行继续执行过程。

```
Sub 选中名为 Excel 的工作表 ()
    On Error GoTo Er
    Worksheets("Excel").Select
    Exit Sub
Er: MsgBox " 没有标签名称为【Excel】的工作表 "
End Sub
```

如果过程不发生运行时错误，当执行上一行的 Exit Sub 后就结束执行过程，标签"Er"所在的这一行代码不会得到执行的机会。

如果活动工作簿中没有标签名称为"Excel"的工作表，那么执行这个过程后，得到的是如图 9-25 所示的结果。

图 9-25　使用 On Error 语句处理过程中的运行时错误

9.4.2 ▶ 如果出错，忽略出错行的代码继续执行

On Error Resume Next 是 VBA 中另一个处理运行时错误的语句。

在执行过程时，如果 On Error Resume Next 之后发生运行时错误，则忽略存在运行时错误的代码，继续执行之后的其他代码。如：

如果在这行代码之后发生运行时错误，VBA 会忽略出错的代码，继续执行之后的代码。

```
Sub 选中名为Excel的工作表()
    On Error Resume Next
    Worksheets("Excel").Select
    Exit Sub
    MsgBox "没有标签名称为【Excel】的工作表"
End Sub
```

无论工作簿中是否存在名称为"Excel"的工作表，这行代码都不会得到执行的机会。

因为 VBA 会忽略 On Error Resume Next 之后所有存在运行时错误的代码，所以执行这个过程后，无论工作簿中是否存在标签名称为"Excel"的工作表，VBA 都不会为是否能执行代码 Worksheets("Excel").Select 提示错误信息，Exit Sub 也一定会被执行，MsgBox 函数所在的代码行将不会得到执行的机会。

注意：在编写过程时，因为只有 On Error 语句之后发生的运行时错误才会被捕捉到，所以应该把 On Error 语句放在可能发生运行时错误的代码之前。

9.4.3 ▶ 停止对过程中运行时错误的处理

无论是 On Error GoTo Line 语句，还是 On Error Resume Next 语句，只要在它们之后的代

码发生运行时错误，都会按预先设置好的处理方式执行过程。可是执行过程时真正发生运行时错误的代码，有可能并不是预先估计会出错的那行代码，再使用预设的方式处理错误，未必就是正确的，如：

在这个过程中，On Error GoTo Er 之后的两行代码，都会因为工作簿中没有相应名称的工作表而导致代码执行出错。

```
Sub 处理运行时错误 ()
    On Error GoTo Er
    Worksheets("Excel").Select
    Worksheets("ExcelHome").Range("A1").Value = "VBA"
    Exit Sub
Er: MsgBox " 没有标签名称为【Excel】的工作表 "
End Sub
```

此时，如果活动工作簿中存在标签名称为"Excel"的工作表，但没有标签名称为"ExcelHome"的工作表，执行过程后，得到的是如图 9-26 所示的结果。

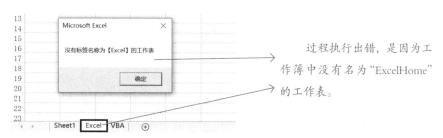

过程执行出错，是因为工作簿中没有名为"ExcelHome"的工作表。

图 9-26　处理过程中存在的运行时错误

很显然，这并不是希望得到的结果。在这个过程中，通过 On Error GoTo Er 设置的，是当 Worksheets("Excel").Select 执行出错时的处理方式，而在刚才的例子中，发生运行时错误的却是另一行代码。

如果不希望其他代码出错时，也按预设的错误处理方式执行过程，可以在希望处理运行时错误的代码之后，停止对之后代码中可能存在的运行时错误的处理。

要停止对运行时错误的处理，可以使用 On Error GoTo 0 语句，在过程中写入了 On Error GoTo 0 后，那么无论在这行代码之前做了怎样的设置，之后出现的运行时错误都不会再按之前的设置执行过程，除非之后又通过 On Error GoTo Line 或 On Error Resume Next 设置了运行时错误的处理方式，如：

在过程开始时设置了该行代码之后的所有运行时错误的处理方式。

```
Sub 处理运行时错误()
    On Error GoTo Er
    Worksheets("Excel").Select
    On Error GoTo 0
    Worksheets("ExcelHome").Range("A1").Value = "VBA"
    Exit Sub                                        ' 结束执行程序
Er:  MsgBox " 没有标签名称为【Excel】的工作表 "
End Sub
```

尽管过程开始时已经设置了运行时错误的处理方式，但因为这行代码取消了之前的
设置，所以该行代码之后发生的运行时错误不会按之前的设置来处理。

如果活动工作簿中拥有名为"Excel"的工作表，但没有名为"ExcelHome"的工作表，
则执行过程就会出错，如图 9-27 所示。

图 9-27　发生运行时错误的过程

单击对话框中的【调试】按钮，让过程进入中断模式，可以看到过程出错的代码所在行，
如图 9-28 所示。

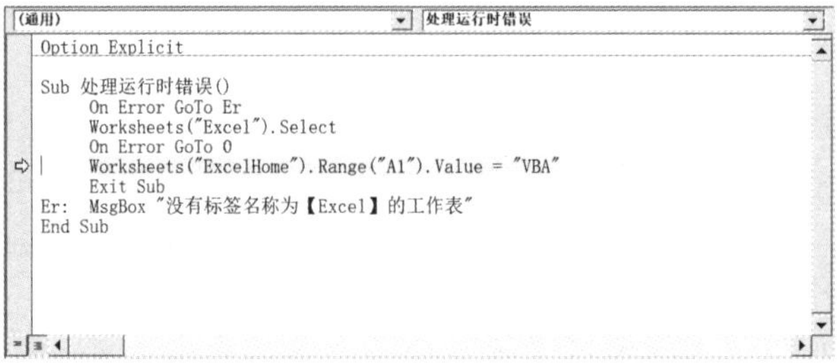

图 9-28　执行过程时出错的代码

如果要处理这行代码可能发生的运行时错误，应重新使用 On Error GoTo Line 或 On Error Resume Next 设置，如：

```
Sub 处理运行时错误 ()
    On Error GoTo Er
    Worksheets("Excel").Select
    On Error GoTo 0
    On Error GoTo Er2
    Worksheets("ExcelHome").Range("A1").Value = "VBA"
    Exit Sub
Er: MsgBox " 没有标签名称为【Excel】的工作表 "
    Exit Sub
Er2: MsgBox " 没有标签名称为【ExcelHome】的工作表 "
End Sub
```

这样，执行过程后就能得到期望的结果了，如图 9-29 所示。

图 9-29　处理过程中出现的运行时错误

第 5 节　养成好习惯，让代码跑得更快一些

要解决一个问题，能使用的代码可能有多种。但不同的代码执行所需的时间也不完全相同。

　　既然效率不同，当然选择耗时短的，一分钟能完成的事，谁愿意花十分钟？

如果想让自己写的过程尽量跑得快一些，得养成下面的这些编程的习惯。

9.5.1▸ 在过程中合理使用变量和常量

♦ 尽量避免使用 Variant 类型的变量

不同的数据类型占用的内存空间也不相同，可用内存空间的大小直接影响计算机处理数据的速度。

VBA中所有没有声明数据类型的变量默认都是Variant类型，Variant类型占用的存储空间远远大于其他数据类型，占用内存空间的大小直接影响计算机处理数据的速度。所以，除非必须需要，否则应尽量避免将变量声明为Variant类型。

让我们通过一个简单的例子，来看看不同数据类型的变量，执行相同的计算所需时间的差别，如：

```
Sub Variant 类型 ()
    Dim a As Variant, b As Variant, c As Variant
    a = 40
    b = 20
    Dim i As Long, t As Date
    t = Timer            'Timer 函数返回的是从凌晨 0 时到执行这行代码时经过的时间
    For i = 1 To 10000000
        c = a + b
        c = a - b
        c = a * b
        c = a / b
    Next i
    MsgBox " 耗时 " & Format(Timer - t, "0.00000") & " 秒 "
End Sub
```

在这个过程中，变量a、b、c都是Variant类型的变量，过程利用For…Next语句，让这3个变量执行加、减、乘、除运算10000000次。

执行这个过程，看看需要花多少时间，结果如图9-30所示。

图9-30 执行过程需要的时间

将这个过程中的a、b、c三个变量设置为Integer类型，其他计算的代码不变，如：

```
Sub Integer 类型 ()
    Dim d As Integer, e As Integer, f As Integer
    d = 40
    e = 20
    Dim i As Long, t As Date
    t = Timer            'Timer 函数返回的是从凌晨 0 时到执行这行代码时经过的时间
    For i = 1 To 10000000
        f = d + e
        f = d - e
```

```
        f = d * e
        f = d / e
    Next i
    MsgBox " 耗时 " & Format(Timer - t, "0.00000") & " 秒 "
End Sub
```

同样的代码，只改变了过程中三个变量的类型，再看看在同一台计算机上执行这个过程需要多少时间，结果如图 9-31 所示。

图 9-31　执行过程需要的时间

同样的代码，只是变量的数据类型不同，执行代码所需要的时间相差 3 倍左右。如果写的过程较短，执行的计算也不多，将变量声明为哪种类型也许感觉不到差别，但如果是写一个较大的项目，则时间的差别就很明显了。

演示教程

　　　现在知道为什么我们一直强调将变量声明为合适的数据类型，是学习编程需要养成的好习惯了吧？

◆ 使用变量引用需要反复引用的对象

如果在一个过程中需要多次对同一个对象进行操作或设置，可能会使用一些重复的代码来引用对象，如：

```
Sub 设置单元格 ()
    ThisWorkbook.Worksheets(1).Range("A1").Clear
    ThisWorkbook.Worksheets(1).Range("A1").Value = "Excel Home"
    ThisWorkbook.Worksheets(1).Range("A1").Font.Name = " 宋体 "
    ThisWorkbook.Worksheets(1).Range("A1").Font.Size = 16
    ThisWorkbook.Worksheets(1).Range("A1").Font.Bold = True
    ThisWorkbook.Worksheets(1).Range("A1").Font.ColorIndex = 3
End Sub
```

这个过程中的 6 行代码都引用了同一个对象：

```
ThisWorkbook.Worksheets(1).Range("A1")
```

为了降低编写代码的工作量，同时减少过程中点运算符 "." 的数量，可以使用变量来引用对象，将这个过程改为：

```
Sub 设置单元格 ()
    Dim rng As Range
    Set rng = ThisWorkbook.Worksheets(1).Range("A1")
    rng.Clear
    rng.Value = "Excel Home"
    rng.Font.Name = " 宋体 "
    rng.Font.Size = 16
    rng.Font.Bold = True
    rng.Font.ColorIndex = 3
End Sub
```

这样编写代码还有一个好处: 当要更改过程中操作或设置的对象时, 只要更改给对象变量赋值的代码即可。

考考你

演示教程

这个过程也可以使用 VBA 中的 With 语句进行简化, 如果要使用 With 语句来改写这个过程, 你知道代码应该怎样写吗?

💧 尽量用常量存储需多次使用的某个数据

同使用对象变量一样, 当在过程中需要多次让某个常数参与计算时, 可以声明一个常量来存储该数据, 在需要使用该数据的位置, 使用常量代替它。

💧 尽量减小变量和常量的作用域

如果过程中的某个变量或常量不会在其他过程中使用, 就应将其声明为本地变量或本地常量。尽量减小变量和常量的作用域, 这也是在编程时需要养成的一个好习惯。

💧 及时释放内存中的对象变量

如果过程使用了对象变量, 当不需要再使用这些变量了, 请记得释放它, 代码结构为:

```
Set 对象变量名称 = Nothing
```

例如:

```
Sub 翻译对象变量 ()
    Dim rng As Range
    Set rng = Worksheets(1).Range("A1:D100")
    rng = 200
    Set rng = Nothing                    ' 设置 rng 变量不保存任何对象或值
End Sub
```

将 Nothing 赋值给一个对象变量后, 该变量将不再引用任何对象。

9.5.2 ▶ 尽量使用内置函数解决计算问题

对某个问题，如果 Excel 或 VBA 已经有现成的函数可以解决，那就尽量使用函数来解决。使用内置函数解决计算问题，不但可以减小编写代码的工作量，而且多数情况下，比自己写代码来解决问题的效率更高。

9.5.3 ▶ 不要让过程中的代码执行多余的操作

如果过程中的代码是通过录制宏得到的，那么里面可能会包含一些多余操作对应的代码，如：

```
Sub 宏1()
    Range("A1").Select
    Selection.Copy
    Sheets("Sheet2").Select
    Range("B1").Select
    ActiveSheet.Paste
    Sheets("Sheet1").Select
End Sub
```

这是一个复制单元格的宏，其中的代码调用了 4 次 Range 对象或 Worksheet 对象的 Select 方法。但并不需要激活工作表或选中单元格后才能执行复制、粘贴的操作，所以这些选中工作表和单元格的操作都是多余的，这个过程可以简化为：

```
Sub 宏1()
    Range("A1").Copy Sheets("Sheet2").Range("B1")
End Sub
```

去掉多余的代码，过程执行的操作就减少了，执行的时间自然也就缩短了。

9.5.4 ▶ 在过程中合理使用数组

下面的过程，用于把 1 到 100000 的自然数写入活动工作表 A1:A100000 区域中。

```
Sub 逐个写入数据()
    Dim start As Date
    start = Timer                '取得从凌晨0时到执行这行代码时经过的时间
    Dim i As Long
    For i = 1 To 100000
        Cells(i, "A").Value = i
    Next
    MsgBox "程序运行的时间约是    " & Format(Timer - start, "0.00") & "  秒。"
End Sub
```

过程借助循环语句，通过逐个写入的方法将数据写入各个单元格中。

执行这个过程，看看需要花多少时间，结果如图 9-32 所示。

图 9-32　逐个将数据写入单元格需要的时间

下面我们换一种方式，先将这 10 万个数据保存到一个数组中，再通过数组一次性写入
单元格区域。

```
Sub 数组写入数据 ()
    Dim start As Date
    start = Timer                ' 取得从凌晨 0 时到执行这行代码时经过的时间
    Dim i As Long, arr(1 To 100000, 1 To 1) As Long
    For i = 1 To 100000
        arr(i, 1) = i
    Next
    Range("A1:A100000").Value = arr
    MsgBox " 程序运行的时间约是  " & Format(Timer - start, "0.00") & "  秒。"
End Sub
```

在同一台计算机上执行这个过程需要的时间如图 9-33 所示。

图 9-33　利用数组将数据写入单元格所需的时间

两种处理方式的时间相差 60 多倍，惊不惊喜? 意不意外?

9.5.5 如果不需和程序互动，就关闭屏幕更新

在执行过程时，如果不需要和程序互动，待过程执行结束后直接输出最后的结果，就可

以关闭屏幕更新。

关闭屏幕更新,就是设置 Application 对象的 ScreenUpdate 属性为 False,让过程在执行时不将中间代码操作或计算的结果输出到屏幕上,这样可以在一定程度上减少过程执行所需的时间。

千万不要觉得 0.1 秒和 0.2 秒的差距不大。

如果你的过程很短,需要执行的操作或计算不多,那么代码是否优化也许差别不大。但如果要处理的数据很多,要执行的操作很复杂,哪怕一小串操作只能节约 0.1 秒,在一个执行大批量操作和计算的过程中,千万个 0.1 秒累积起来的时间也是很明显的。

无论大家现在是否接触过这些复杂的问题,但请相信,从一开始就养成良好的编程习惯,一定会给你学习和使用 VBA 带来很大的帮助。

附录 你和VBA高手之间，还差一个"代码宝"

对于VBA学习者而言，要了解VBA学习的几个阶段，就是看懂别人的代码→修改代码为我所用→独立编写代码。在学习过程中，有一条非常重要的技巧：

> 顶尖的编程高手通常都有自己的代码库，几乎所有的新程序都是从代码库中调取所需的模块，修改后搭建而成，而绝不是从头一行一行写出来的。高手们平时很重要的工作就是维护好自己的代码库。

那么，现在有几个问题需要弄清楚。

一、什么时候开始创建自己的代码库呢？

答案很简单，现在。哪怕你还只是刚刚开始学习VBA，也应该着手开始建立自己的代码库，这会让你的学习更有效率，也更有成就感。

二、什么样的代码可以放进代码库呢？

首先，当然是可以正确运行的代码，这需要你亲自验证。其次，最好是经过你认真剖析理解过的代码，如有必要，为它们添加详细的代码注释。最后，如果代码是来自互联网，如有几千万VBA讨论帖的ExcelHome技术论坛，那么在整理代码的时候一定要留存原文链接，这样日后可以在必要的时候回访当时大家的讨论内容以及具体的案例。

三、用示例文件代替代码库可以吗？

这两者并不冲突，示例文件包含原始数据、完整的VBA窗体和模块，是很好的学习素材，本书就提供了所有案例的示例文件。但是，当学习完成后，如果代码只保留在示例文件中，一来难以管理，二来不方便复用，所以，根据自己的实际需要将代码整理到代码库仍是一项必要的工作。

四、如何建立代码库，如何把代码整理到代码库呢？

记事本、笔记软件不适合管理VBA代码，其他高大上的专业工具也都是为专业程序开发人员准备的。

在此，向大家隆重推荐ExcelHome开发并持续维护升级的Office插件"VBA代码宝"，专为VBA用户打造自己的代码库而生。

首先，我们可以借助"VBA代码宝"方便地管理自己的常用代码。

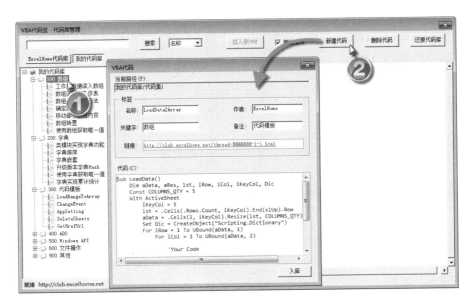

只需在代码库窗口中单击一下，或者在代码宝工具栏中单击一下，库存代码就可以自动复制到当前代码窗口中，是不是超级方便？

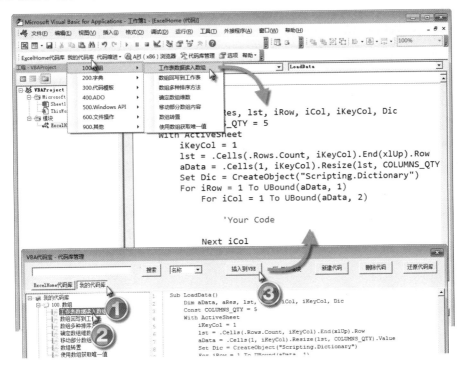

其次，可以从ExcelHome提供的官方代码库中搜索可用代码。官方代码库的代码来源主要是ExcelHome出版的VBA图书，以及由各位版主从ExcelHome论坛海量发帖中筛选出的精华。相关代码资源不定时更新，为大家省去了很多查找、辨别的时间。

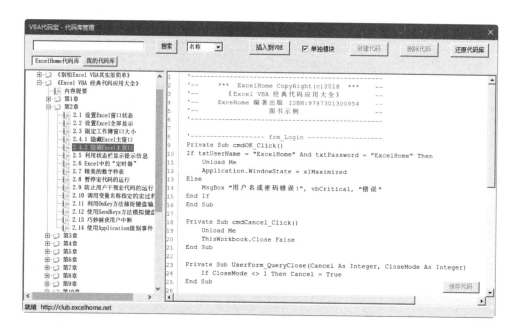

另外，还有Windows API浏览器、代码一键缩进、VBA语法关键字着色等一大波可以提高代码编写效率的实用工具，限于篇幅，就等着大家自己去探索吧。

VBA代码宝是共享软件，目前，只需关注微信公众号"VBA编程学习与实践"就可以免费获得激活码进行试用。

本书的读者将获得特别赠礼：购书后一个月内关注微信公众号"VBA编程学习与实践"，发送消息"我要代码宝"，即可获得激活有效期为12个月的特别激活码哦。嘘，读者专享，不要到处传播啦。

VBA代码宝下载地址：http://vbahelper.excelhome.net。